重庆市普通高中精品选修课程资助项目《化学与健康》研究成果
重庆市普通高中化学课程创新基地（重庆市两江中学校）阶段性建设成果
重庆市渝北区科技局资助项目《善学善思：通过互联网+项目式学习变革高中科学教育》研究成果

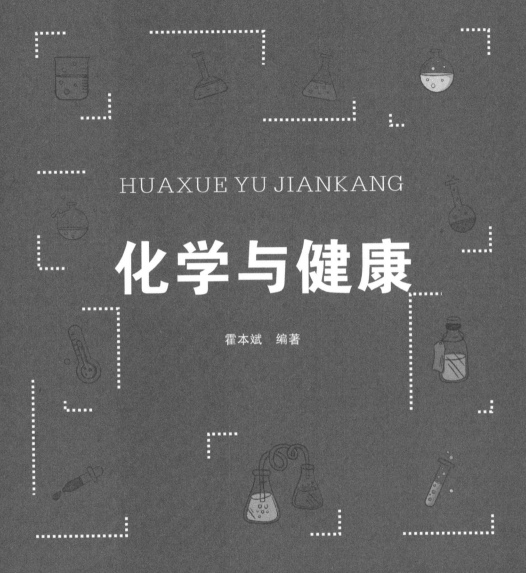

HUAXUE YU JIANKANG

化学与健康

霍本斌　编著

U0190669

重庆大学出版社

图书在版编目(CIP)数据

化学与健康 / 霍本斌编著. -- 重庆：重庆大学出
版社,2023.11
ISBN 978-7-5689-4321-5

Ⅰ.①化… Ⅱ.①霍… Ⅲ.①化学—关系—健康—研
究 Ⅳ.①O6-05

中国国家版本馆 CIP 数据核字(2023)第 250885 号

化学与健康

霍本斌 编著

策划编辑:鲁 黎

责任编辑:文 鹏 版式设计:鲁 黎
责任校对:谢 芳 责任印制:张 策

*

重庆大学出版社出版发行
出版人:陈晓阳
社址:重庆市沙坪坝区大学城西路 21 号
邮编:401331
电话:(023)88617190 88617185(中小学)
传真:(023)88617186 88617166
网址:http://www.cqup.com.cn
邮箱:fxk@ cqup.com.cn(营销中心)
全国新华书店经销
POD:重庆市圣立印刷有限公司

*

开本:787mm×1092mm 1/16 印张:17.25 字数:435 千
2023 年 11 月 1 版 2023 年 11 月第 1 次印刷
ISBN 978-7-5689-4321-5 定价:48.00 元

编委会

前 言

项目式学习是近年来深受教育界广泛关注的一种学习方式,同时是党和国家在深化教育教学改革和推进育人方式改革中所倡导的学习方式。《国务院办公厅关于新时代推进普通高中育人方式改革的指导意见》(国办发〔2019〕29号)中明确提出"项目设计"等跨学科综合性教学;随后,《关于深化教育教学改革全面提高义务教育质量的意见》(2019年)中提出"项目化学习"。这为开发和建设项目式课程以及推进项目式学习提供了强有力的宏观政策支持。在教育部制订的《普通高中化学课程标准》(2017年版、2020年修订)中提出大单元教学、主题学习、任务群等学科概念,这些概念体现了项目化学习的理念,此外,结合学科核心素养的要求,笔者开发了"化学与健康"项目式选修课程,该课程于2020年经重庆市教委批准立项,成为一门重庆市普通高中精品选修课程,并经实践、完善,最终形成项目研究成果——《化学与健康》。

《化学与健康》一书作为现行国家课程、地方课程的有益补充,它与其他教材的编写相比,充满了创新,呈现了与以往教材不同的风格和特征,具有以下特点:

第一,从课程开发的理念来看,该课程建立在"寻找真人真事"和"实现两个转化"的基础之上。所谓"寻找真人真事",就是优先选择某一领域的科学家、专家、学者在其研究领域所取得的典型性、代表性成果;"实现两个转化"就是将这些科学家、工程师等解决问题的思路转化为教师在教学过程中解决问题的思路,再将教师解决教学问题的思路转化为学生解决问题的思路。各个项目的开发都是基于"真人真事",实现"两个转化"。

第二,从项目内容的呈现来看,项目的主体内容(正文部分)采取"七步程序法"展开,即明确目标、寻找思路、形成思路、思路具化、方案实施、思路提炼、思路迁移。

第三,从项目内容的框架来看,每个项目的框架都包括项目学习目标、项目导引、项目任务、项目活动、项目学习评价等。

第四,从项目中的栏目设置来看,本书设置了交流研讨、方法导引、头脑风暴、拓展视野、拓展视野、材料分析、调查分析、展示交流等栏目。其中,方法导引主要从学科本体的视角对项目的展开和推进提供方法论的指导。部分拓展视野和拓展视野栏目内容设计成微信小程序,让学生通过扫码即可获得相关信息。这样操作可以缩减书的篇幅,还可以增大书的容量。

第五,从问题解决的过程来看,每个项目及其项目中的任务都提供了一般性问题和领域性问题解决的一般思路,要求学生根据解决问题的一般思路进行任务规划,如描述现象类问题解决的一般思路、麻烦类问题解决的一般思路、产品设计类问题解决的一般思路、建立规律类问题解决的一般思路、有机合成类问题解决的一般思路等。文本内容的呈现则是根据问题解决的思路逐步展开的。

第六,从教学评价一体化的视角来看,本书非常关注对学生的项目学习评价。项目学习评价主要从 3 个维度展开:一是项目学习的成果交流。学生经过项目学习后制作一个产品,或调查报告,或一篇小论文等。二是项目学习的过程评价。通过设置交流研讨、方法导引等栏目,对学生进行项目学习的效果和能力发展进行诊断。过程评价主要是教师根据学生在活动中的表现进行评价。三是自我评价。学生根据每个项目需要重点发展的学生核心素养指标体系进行对照,自我诊断项目学习后素养的达成度。

第七,从问题解决的科学性来看,每个项目在达成目标时都采用了科学的研究方法进行实验探究——利用正交试验探索不同因素对某一变量的协同影响。

从总体上讲,本书内容翔实,能够回应"培养什么样的人""怎样培养人""培养得怎么样"的问题,能够将立德树人、培养学生的核心素养融入其中。本书可以作为普通高中学生的选修课程,也可以作为高校师范生的选修课程。

本书涉及化学与体内平衡、化学与饮品、化学与食品、化学与药物、化学与居家环境等相关内容,能够让学生充分感受化学的魅力和价值,正确理解化学与健康之间的密切联系。先后有李圣宇、袁静、田爽等教师参与本书的编写。本书共 12 个项目,其中,项目 3 由李圣宇老师编写,项目 8 由田爽老师编写,项目 9 由袁静老师编写,其余项目由霍本斌老师编写。此外,霍本斌老师负责了本书框架体系的架构和全书的审定及校稿工作。

本书的出版得到了重庆市教委、重庆市渝北区教委的经费支持。课程开发的理念借鉴了北京师范大学魏锐教授及其研究团队的项目开发理念。在此对支持和帮助本书课程建设与开发的各位领导、专家、学者和同仁表示衷心的感谢。

本书项目式课程体系,能够充分培养学生的模型认知与证据推理、科学探究与创新精神、科学态度与社会责任等方面的核心素养,以及跨学科解决问题的能力。

由于参与课程开发的编者能力有限,书中难免会出现一些疏漏,敬请有关专家、读者批评指正,并与编者联系,共同参与项目式教材的研究与完善工作。

编　者

2023 年 3 月

目录

项目 **1**
揭秘人体内的化学平衡

项目学习目标

1.通过认识人体内的化学反应和揭秘人体内化学平衡与人体健康的关系,培养学生分析与归纳、概括与综合分析问题的能力。

2.通过对沉淀溶解平衡、酸碱平衡的影响因素的探讨,让学生学会运用化学平衡理论解决现实问题,发展学生变化观念与守恒思想、科学探究与创新能力。

3.通过对人体内化学反应与人体健康关系的研讨,让学生学会运用所学知识,通过改善饮食习惯和运动习惯调节人体内各种化学平衡,维持人体健康,培养学生健康生活的理念。

项目导引

人体内时刻都在进行着新陈代谢,使体内细胞随时处于更新过程中。据估计,人体每分钟换气 5~8 L;每天产生 10 460~10 552 kJ 的热量,完成体内 3% 的蛋白质更新;一周之内会更新体内 1/2 的水;构成人体的原子在一年之内约有 98% 得到更新;人的一生会消耗大约 40 t 水和 25 t 其他营养物质。这些人体的变化与更新,与人体摄入的物质在体内发生的各种化学变化密切相关。正确认识体内的化学反应,维持体内反应的各种内外环境,是提高健康的重要保证。

本项目通过认识人体内的化学反应及其存在的化学平衡,介绍人体这个复杂的化工厂是如何进行工作的,增强学生对自身体内平衡对维护人体健康的正确认识,懂得如何通过饮食调节体内平衡,使身体机能正常运转。

任务1　认识人体内的化学反应

人体内进行的一切生命活动,包括新陈代谢,都需要一定的能量来维持。而人体重要的供能物质主要有糖类、脂肪和蛋白质(图1-1)。这些物质进入人体后,会在生物酶的作用下发生水解、氧化、分解,最终生成 CO_2 和 H_2O,同时释放生命活动所需的能量,这个过程称为生物氧化。生物氧化过程往往会涉及一系列的化学反应。人体内还存在多种微量元素,主要以过渡元素为主,它们与蛋白质结合形成金属酶,能够催化体内化学反应的发生。微量元素对维持生物大分子的结构非常重要,它们广泛参与各种生命活动,在人体内的物质输送、信息传递、生物催化和能量转换等方面发挥着重要作用。

图1-1　人体摄入影响物质的来源

* *

【交流研讨】

1.如果你是一名生化工作者,你认为该如何认识食物进入体内后发生的化学反应? 解决这类问题的任务属于何种类型?

2.请根据描述现象类问题解决的一般思路,对人体内化学反应的认识进行初步的任务规划,并将规划要点填入表1-1中。

【方法导引】

表1-1　描述现象类问题解决的一般思路——认识人体内化学反应的任务规划表

描述现象类问题解决的一般思路	第一步:明确研究目的,确定观察对象	第二步:制订观察计划。根据实际需要制订观察计划,包括观察时间、观察方式、观察工具、观察途径等	第三步:按照一定的顺序(如时间顺序、空间顺序、逻辑顺序)进行观察	第四步:形成描述,即有记录的观察结果,形成对现象的描述
任务规划要点				

* *

人体内进行的化学反应是我们的观察对象,而这个观察对象可以拆解为化学反应的类型、化学反应的特点、化学反应与人体健康的关系3个观测点。在明确具体的观测点之后,就可以制订详细的观察计划并付诸实施。

活动1　设计认识人体内化学反应的观察计划

* *

【方案设计】

以小组为单位,设计认识人体内化学反应的观察计划。设计方式按表1-2进行。

表1-2　关于认识人体内化学反应的观察计划

观察时间	
观察地点	
观察内容及顺序	
观察方式	
观察工具	
观察途径	

【展示交流】

分小组展示关于认识人体内化学反应的观察计划,开展自我评价和互评,形成完整、合理的观察计划。

* *

对人体内化学反应的认识,可以按照"化学反应的类型→化学反应的特点→化学反应与人体健康的关系"建立认识人体内化学反应的逻辑关系,并按照这一顺序展开观察。各观察点以互联网为观察工具,采取文献资料与学科本体认识思路相结合的观察方式,建立"互联网+文献资料""学科本体认识思路+科学预测"相结合的观察路径实施观察。

根据观察计划,对各个观察点进行观察。

活动2　认识人体内化学反应的类型

* *

【交流研讨】

人体每天摄入的糖类、蛋白质、脂肪等营养物质,是人体内能量的重要来源。请结合化学知识和生物学知识回答下列问题:预测这些营养物质有何性质? 它们在人体内是如何进行转化的? 写出相应的化学方程式。

【方法导引】

预测有机物性质的方法

有机物的性质与有机物的官能团之间有着密切的关系。有机物的官能团决定有机物的性质。在预测有机物的性质时,应找到该有机物的结构中可能含有的官能团;根据官能团的种类去推测有机物可能具有的化学性质,如含有肽键或酯基的物质能够发生水解反应;含有羟基的物质可以发生取代(含有 α-H 的羟基可以发生氧化反应、含有 β-H 的羟基可以发生消去反应)、氧化反应;含有羧基的物质可以与碱性物质反应和发生酯化(或取代)反应等。如果官能团中含有单键,可发生取代;含有重键,则可发生加成反应等。

* *

不同类别的营养物质含有的官能团存在差异,它们的化学性质可能有所不同。人体摄入的糖类物质主要为淀粉,淀粉的化学式为$[(C_6H_{10}O_5)_n]$。淀粉又分为直链淀粉和支链淀粉,它们的结构既有不同,又有相似,如图1-2和图1-3所示。它们都是由若干个葡萄糖单元通过脱水缩合的方式来形成的。从淀粉的结构来看,都含有多个羟基、醚键、α-1、4-苷键或 α-1、6-苷键,据此可以判断,淀粉进入人体后,在酸性条件或在酶的催化作用下可以发生醚键、糖苷键的水解反应,生成麦芽糖、葡萄糖等。生成的葡萄糖在小肠内被吸收进血液后,最终被血液中的氧气氧化成 CO_2 和 H_2O,同时释放出人体生命活动所需的能量;多余的葡萄糖可以转化为糖元(肌糖元、肝糖元)储存起来,当人体处于饥饿状态时,糖元可以转化为葡萄糖,为人体提供能量。

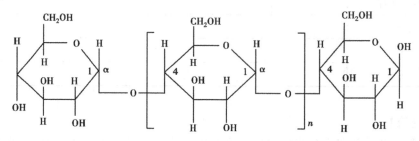

图 1-2　直链淀粉的结构式

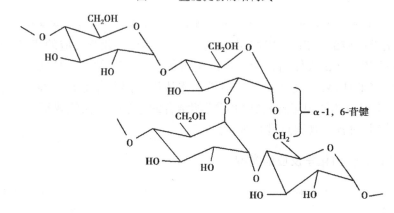

图 1-3　支链淀粉的结构片段

淀粉进入人体后,发生的转化过程如图 1-4 所示。

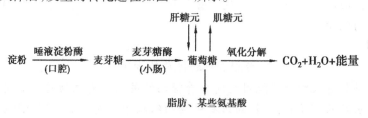

图 1-4　淀粉在人体内的转化过程

对于蛋白质而言,蛋白质的结构中含有的官能团主要为肽键、羧基和氨基。其化学性质主要表现为两性(羧基表现为酸性,为酸性基因;氨基可结合 H^+,表现为碱性,为碱性基因)和肽键的水解反应,而肽键的水解往往需要在强酸、酶、含金属离子的催化剂作用下才能进行。蛋白质进入人体后,主要是在酶的催化作用下使肽键断裂而发生水解;若遇重金属性盐,蛋白质则会发生变性。摄入的蛋白质在胃液中的胃蛋白酶作用下发生水解生成小分子肽(多肽或二肽),生成的小分子肽在小肠处,在胰腺分泌的胰液、小肠分泌的肠液共同作用下彻底水解生成氨基酸,氨基酸在小肠处被吸收后,进入血液。被吸收的氨基酸一部分合成新的蛋白质;一部分通过转氨基作用转化为人体非必需的氨基酸;还有一部分通过脱氨基作用转化为尿素、糖类、脂肪或 CO_2、H_2O,并释放能量。蛋白质进入人体后的转化过程如图 1-5 所示。

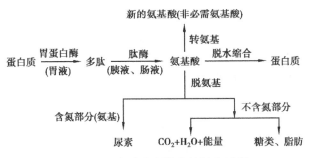

图1-5 蛋白质在人体内的转化过程

脂肪中含有的官能团主要是酯基,其化学性质以水解反应为主。脂肪进入人体内,经过牙齿的咀嚼和胃的蠕动成为食糜,进入到十二指肠,在肝脏分泌的胆汁作用下进行物理消化,脂肪被乳化成小液滴。然后未消化的食物进入小肠,在胰液、肠液中的脂肪酶作用下水解生成高级脂肪酸和甘油。高级脂肪酸和甘油被小肠吸收后进入血液循环。生成的高级脂肪酸有3个主要的去向:一是重新合成脂肪;二是被O_2氧化生成CO_2、H_2O并释放能量;三是通过糖异生反应转化为糖元。脂肪在人体内的转化过程如图1-6所示。

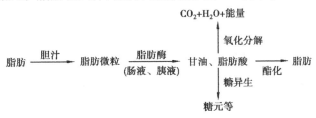

图1-6 脂肪在人体内的转化过程

＊＊＊＊＊＊＊＊＊＊＊＊＊＊＊＊＊＊＊＊＊＊＊＊＊＊＊＊＊＊＊＊＊＊＊＊＊＊

【交流研讨】

1.请对比分析糖类物质、脂肪、蛋白质等在人体内转化时涉及的化学反应,归纳人体内发生的化学反应的类型,并举例说明。

2.如果归纳的化学反应类型不足以完全反映人体内发生的化学反应,请通过互联网或图书馆查询相关文献进行补充,请将补充的结果与小组内成员进行交流。

＊＊＊＊＊＊＊＊＊＊＊＊＊＊＊＊＊＊＊＊＊＊＊＊＊＊＊＊＊＊＊＊＊＊＊＊＊＊

人体内化学反应的类型主要有催化反应、酶促反应、生物氧化反应、酸碱反应、络合反应、电化学反应以及其他类型的反应。

(1)催化反应

生活中,我们都有这样的经验,越咀嚼馒头或大米,越感觉到甜,这是为什么呢? 这是由于淀粉在唾液淀粉酶的作用下发生水解,生成了有甜味的麦芽糖。麦芽糖随食物进入小肠,被肠液、胰液中的麦芽糖酶水解生成葡萄糖。食物中淀粉水解过程所涉及的唾液淀粉酶、麦芽糖酶所起的作用在于加快相应物质的水解。这种作用称为催化作用。起催化作用的物质称为催化剂,催化剂的特点就是加快化学反应速度。在催化剂作用下进行的反应称为催化反应。

催化剂为什么能加快反应速度呢? 其根本原因在于催化剂能够大大降低化学反应所需的活化能(Ea),如图1-7所示。催化剂除了通过降低反应所需的活化能来加快反应速度外,还有一个重要的特点,即具有高度的选择性。一种催化剂通常只能催化某一种化学反应,同一化学反应可能具有多种催化剂。据估计,人体内存在数千种化学反应,科学家在人体内找到 2000 多种酶,生物酶是一种高效、专一性的催化剂,每一种酶只能催化某一种或一类化学反应,其催化效率远高于无机催化剂。

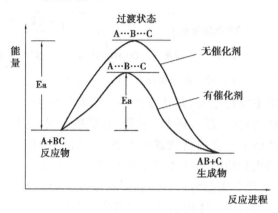

图 1-7 有无催化剂对反应进程的影响

(2)酶促化学反应

生物酶是活细胞产生的一种结构复杂的具有催化作用的生物大分子,绝大多数为蛋白质,少数为 RNA。酶也称为生物催化剂,它需要与非蛋白成分(即辅基)结合才具有活性,辅基往往由少数几个氨基酸残基或残基上某些基团组成。根据辅基的种类不同,生物酶又分为辅酶和金属酶。辅基为金属离子的酶,称为金属酶(表 1-3);辅基为有机小分子化合物的酶,称为辅酶,如辅酶Ⅰ(NAD)、辅酶Ⅱ(ANDP)。没有辅基的酶是不具有催化活性的。

表 1-3 人体内的一些重要金属酶

金属	酶	生物功能	金属	酶	生物功能
铁	苯丙氨酸羟化酶 琥珀酸脱氢酶 醛氧化酶 过氧化氢酶 细胞色素氧化酶	苯丙氨酸代谢 糖类氧化 醛氧化 过氧化氢分解 电子传递	铜	血浆铜蓝蛋白 酪氨酸酶 超氧化物歧化酶 细胞色素氧化酶	铁的利用 皮肤色素的形成 超氧自由基歧化分解 电子传递
锰	精氨酸酶 丙酮酸羧化酶	脲的生成 丙酮酸代谢	钴	核苷酸还原酶 谷氨酸变位酶	DNA 的生物合成 氨基酸代谢
锌	碳酸酐酶 羧肽酶	CO_2 的水合催化 蛋白质消化	锌	醇脱氢酶 超氧化物歧化酶	醇代谢 超氧自由基歧化分解

生物体新陈代谢所涉及的反应几乎都是在酶的作用下完成的。酶的催化效率非常高,酶促反应的速率是非催化反应速率的 $10^8 \sim 10^{20}$ 倍,酶的催化效率一般为无机催化剂的 $10^7 \sim 10^{13}$ 倍。酶的催化作用具有高度的专一性,即一种酶只能催化某种特定的物质,如淀粉水解酶只能催化淀粉的水解、胃蛋白酶只能促进蛋白质的水解等。此外,酶的催化作用还具有高度的选择性、反应条件温和等特点。

＊＊＊＊＊＊＊＊＊＊＊＊＊＊＊＊＊＊＊＊＊＊＊＊＊＊＊＊＊＊＊＊＊＊＊＊＊＊＊

【实验探究】

探究酶催化反应的高效性

实验器材:新鲜猪肝匀浆、3.5% $FeCl_3$ 溶液、经高温处理的猪肝匀浆、经高温处理的 3.5% $FeCl_3$ 溶液、3% H_2O_2 溶液、蒸馏水、试管、木条、橡胶滴管。

实验操作:具体操作如图 1-8 所示。

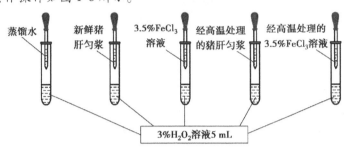

图 1-8　探究酶的高效性实验示意图

(备注:试验中用带火星的木条伸入试管内检验产生的氧气)

实验记录:

表 1-4

试管	蒸馏水	新鲜猪肝匀浆	3.5% $FeCl_3$ 溶液	经高温处理的猪肝匀浆	经高温处理的 3.5% $FeCl_3$ 溶液
气泡					
火焰					

问题与讨论:

根据实验现象,你能从中得出什么结论? 为什么?

＊＊＊＊＊＊＊＊＊＊＊＊＊＊＊＊＊＊＊＊＊＊＊＊＊＊＊＊＊＊＊＊＊＊＊＊＊＊＊

酶的催化效率除受酶的种类、反应物浓度影响外,还受溶液的温度、酸碱性环境(即 pH 值)影响(图 1-9)。

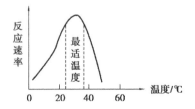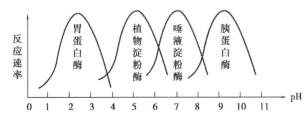

图 1-9　温度、pH 值对酶催化效率的影响

✳ ✳

【拓展视野】

图 1-10　两种典型的金属酶——碳酸肝酶和超氧化物岐化酶

✳ ✳

（3）生物氧化反应

　　人体内的氧化反应需要氧气的参与才能发生，而氧气来源于空气。氧气通过肺通气、肺泡内的气体交换进入血液，与血红蛋白结合形成氧合血红蛋白。氧合血红蛋白经血液循环运输到各个组织细胞处进行气体交换，为有机物发生氧化反应提供所需要的氧气。通常情况下，氧气在水中的溶解度很小（$1:6.59\times10^{-3}$），浓度很低（$3\times10^{-4}\text{mol/L}$），光靠溶解氧难以满足生物体发生氧化反应对氧气的需求，血液中还应存在运输氧的载体。所谓氧载体，是指氧可以配位在蛋白质所含的过渡金属离子上形成配位键，这种配位反应是可逆的，氧可以配位上去，也可以下来。人体内载氧的过渡金属离子是铁，血液中的血红蛋白含有 Fe（Ⅱ），其结构如图 1-11 所示，O_2 可以配位在 Fe（Ⅱ）上形成配位键，使血红蛋白有携氧功能。人体通过呼吸运动和肺泡内的气体交换，在肺泡处的毛细血管内，血红蛋白通过 Fe（Ⅱ）将氧气载走，然后输送给肌红蛋白分子和其他需要氧气的细胞和部位，再使氧气从 Fe（Ⅱ）下来，与生物有机分子发生氧化反应。血红蛋白载氧效率很高，室温下每升血液可含氧 200 cm^3，血液中氧的浓度达 $9\times10^3\text{mol/L}$，相比之下，血液载氧能力是水的 30 倍。人们摄入的铁大多数以 Fe^{3+} 存在，但进入胃、肠后，Fe（Ⅲ）会被还原成 Fe（Ⅱ）而被人体吸收，吸收后的 Fe（Ⅱ）又被转化为 Fe（Ⅲ）储存起来，再以 Fe（Ⅱ）的形式释放给血浆。人体对 Fe（Ⅱ）的吸收效率是 Fe（Ⅲ）的 3 倍多，且无机铁盐比有机铁盐更易被人体吸收。缺铁性贫血患者应通过摄入富含铁的食物或含 Fe（Ⅱ）的药剂来补铁（图 1-12），为了使补铁效果更好，可与维生素 C 同时服用。

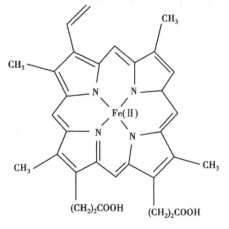

图 1-11　血红素含铁（Ⅲ）辅基的平面图

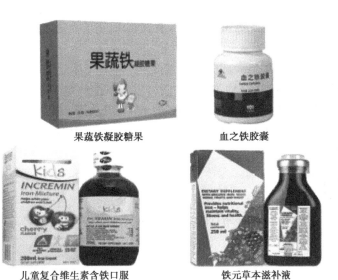

图1-12 市场上销售的几种补铁剂

人体内发生的氧化反应的特征是脱氢,脱下的氢与氧结合形成水。例如,糖类物质在体内发生的氧化反应和酒精在体内的氧化代谢过程(图1-13)。通常情况下,1 mol 葡萄糖在体内氧化可释放出 15.6 kJ 的能量,即 $C_6H_{12}O_6$(葡萄糖,s)$+6O_2$(g)$\longrightarrow 6CO_2$(g)$+6H_2O$(L)$+$ 15.6 kJ。

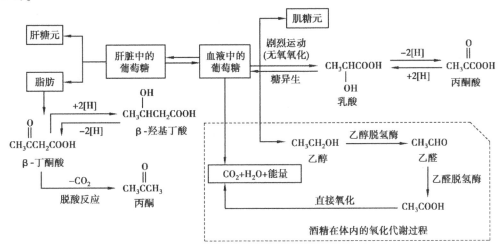

图1-13 人体摄入的糖类物质和酒精在体内的氧化过程

(4)络合反应

* *

【交流研讨】

在日常生活中,误食重金属盐会发生中毒,中毒时采取的急救措施通常是喝鸡蛋清。喝鸡蛋清解毒的原理是什么呢?

【方法导引】

络合物解离的原理:$MA+L \rightleftharpoons A+ML$ $K=\dfrac{[A][ML]}{[MA][L]}=\dfrac{K_{ML(稳定)}}{K_{MA(稳定)}}$远大于 1 时,络合物 ML

比络合物 MA 更加稳定,向络合物 MA 中加入解离剂 L,则其络合反应平衡向右进行。

* *

人体内必需的微量元素(绝大部分为过渡元素)进入人体后,一般都会与蛋白质、核酸等生物大分子的配位基 A 形成络合物 MA。与金属离子以配位键结合的蛋白质、核酸等称为生物配位体。常见的生物配位体主要有简单分子(H_2O)和离子(Cl^-)、生物大分子(如肽、氨基酸、蛋白质、糖、维生素以及其他生物碱)。金属离子与生物配位体之间的反应称为络合反应,如卟啉与金属离子(M^{n+})的反应。

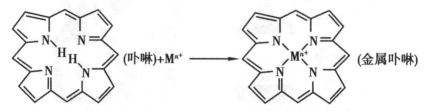

在日常生活中,人们常利用体内过渡金属离子与生物配位体形成络合物的原理来解毒。重金属的解毒原理如图 1-14 所示,有毒金属 M 进入人体后,先与蛋白质、核酸等生物大分子的配位基团 A 发生络合反应,生成配合物 MA。加入解毒剂 L,通过配位平衡移动发生反应 MA+L $\Longrightarrow$ A+ML,生成配合物 ML 通过排泄系统排出体外而起到解毒作用。此外,生成的配合物 ML 还可以通过呼吸、长毛发和指甲等途径排放出体外。

发生重金属中毒后,能否在服用解毒剂 L 后实现快速解毒,取决于解毒剂 L 的性质。高效的解毒剂应具有以下性质:①能与有毒金属 M 形成足够稳定的络合物,且满足 $K_稳(ML) > K_稳(NL)$。否则,难以起到解毒作用,反而会造成人体的更大伤害。②解毒剂 L 应具有良好的水溶性,能够抗代谢降解,容易通过细胞膜,形成的有毒金属络合物 ML 不会在体内固定或转移并能经肾脏排出。③解毒剂本身及其形成的金属络合物 ML 或 NL 没有毒性。

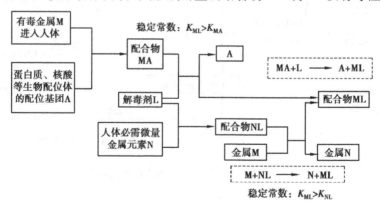

图 1-14　重金属的解毒原理示意图

活动3　认识人体内化学反应的特点

* *

【交流研讨】

1.人体内发生的各类化学反应有何特点?请举例说明。

2.人体正常的体温为何能够维持在 37 ℃左右?

* *

人体内进行的各种化学反应都是在常温常压、接近中性的温和条件下进行的,具有反应迅速的特点,这与体内存在的各种生物酶有着密切的联系。

人体正常体温维持在 37 ℃左右,体温偏低或偏高均不属于正常体温。那么,正常人的体温为什么能够维持在 37 ℃呢?原因在于人体摄入的能量物质在体内发生的生物氧化过程是在温和的条件下,以及生物酶的作用下逐渐反应并释放能量的过程。也就是说,能量物质反应所释放的能量并不是瞬间完成的,而是分批逐级释放。这种能量释放方式能够有效避免体温骤然升高对机体造成损伤,还能有效、合理地利用能量。人体内有完善的调控机制,当体内发生生物氧化反应的同时必然伴随磷酸化吸热反应,即将体内的二磷酸腺苷(ADP)分子与磷酸分子反应生成三磷酸腺苷(ATP)分子,该反应吸收的能量来自生物氧化反应所释放的能量。当人体需要能量时,储存在 ATP 中的能量通过水解反应释放出来,供人体所需。这种巧妙的能量转换机制,使人体能够完全自主地调节体温。ATP 水解成 ADP 的反应是在特定的生物酶作用下进行的,其反应速率仍然很快。

活动 4　正确认识人体内的化学反应,指导人们健康饮食

* *

【交流研讨】

结合人体内发生的化学反应,其对维持人体健康有何积极的指导意义?

* *

人体是一个庞大而复杂的工厂,时刻发生着纷繁复杂的化学反应。正是这些反应,使人体时刻处于变化之中。这些变化,有的对人体健康有益,有的则有害。我们了解人体内各类化学反应的发生条件及其特点,就可以选择性地去干预不利的化学反应对人体的伤害,从而改善人体的健康状况。生物体中存在的生物酶对改善人体健康是有益的,可以通过从动物、植物中提取或人工合成这种生物酶来改善人们的生活。例如,超氧化物歧化酶(SOD)对预防疾病、美容、延迟人体衰老等方面具有特殊的功效,可以多食用 SOD 含量较高的果蔬,如香蕉、菠萝、刺梨、山楂、猕猴桃、大蒜等,以补充人体所需的 SOD。此外,SOD 还可以作为食品或饮品的添加剂添加到食物中,防止食品褐变,让食品具有抗疲劳、抗炎、抗衰老、抗辐射等功能。又如,在日常生活中,若发生重金属盐中毒,可以利用体内发生络合反应的原理服用牛奶、鸡蛋清等进行初步解毒,再及时送医院治疗等。

* *

【总结归纳】

1.人体内发生的化学反应主要类型及其特点是什么?

2.如何利用人体内化学反应的特征来指导人们进行健康生活?

* *

任务2　揭秘人体内各类平衡体系对生命活动的影响

　　人体内无时无刻不在进行着纷繁复杂的各种化学反应,这些反应相互协同、相互影响,才使得人体能够有条不紊地维持着正常的生命活动。事实上,这些化学反应在体液中存在多种平衡体系,如酸碱平衡、浓度平衡、沉淀溶解平衡、水平衡、电荷平衡、配合物的电离平衡等,这些平衡体系中的某一种受到破坏,都会使身体感到不适,并引发疾病。如何维持体液中的各种平衡,是维持身体健康必须要了解的问题。本任务通过揭秘酸碱平衡、水平衡、沉淀溶解平衡与人体健康的关系,介绍维持体液中化学平衡的重要性。

＊＊＊＊＊＊＊＊＊＊＊＊＊＊＊＊＊＊＊＊＊＊＊＊＊＊＊＊＊＊＊＊＊＊＊

【交流研讨】

　　1.如果你是一名营养健康方面的专家,你认为该如何建立体内化学平衡与人体健康之间的关系? 建立这类关系的任务类型属于何种类型?

　　2.请根据描述现象类问题解决的一般思路和方法,对探索人体内化学平衡与健康的关系进行初步的任务规划,并将规划要点填入表1-5中。

【方法导引】

表1-5　描述现象类问题解决的一般思路——探索人体内化学平衡与健康的关系的任务规划表

描述现象类问题解决的一般思路	第一步:明确目的,确定观察对象	第二步:制订观察计划	第三步:按一定顺序进行观察	第四步:形成描述
任务规划要点				

＊＊＊＊＊＊＊＊＊＊＊＊＊＊＊＊＊＊＊＊＊＊＊＊＊＊＊＊＊＊＊＊＊＊＊

　　人体内存在的各种化学平衡是我们的观察对象,建立各种平衡与人体健康之间的关系是观察应当达成的目标。人体内存在的平衡体系有多种,为了能够比较全面地认识各种平衡体系与人体健康之间的关系,需要对酸碱平衡、水平衡、沉淀溶解平衡等进行重点观察。这些观察点的相关内容对于大家来说比较陌生,在对具体的观察点进行观察时,通常采用的观察工具是互联网,观察路径为“互联网→文献资料→建立描述”。在明确了观察对象和观察点、观察工具和途径之后,可以制订详细的观察计划和采取一定的顺序对观察点实施观察。

＊＊＊＊＊＊＊＊＊＊＊＊＊＊＊＊＊＊＊＊＊＊＊＊＊＊＊＊＊＊＊＊＊＊＊

【方案设计】

　　请根据研究目的和观察对象设计“揭秘人体内各类平衡体系对生命活动的影响”的观察计划。

【展示交流】

　　1.在小组内展示观察计划,并说出设计方案中各步操作的理由和注意事项。同时进行小组内的自评和互评,以形成完整的、科学的观察计划。

　　2.观察计划中涉及的观察点有哪些? 它们的观察顺序是如何建立的? 谈谈你的看法。

＊＊＊＊＊＊＊＊＊＊＊＊＊＊＊＊＊＊＊＊＊＊＊＊＊＊＊＊＊＊＊＊＊＊＊

制订好观察计划后,按照酸碱平衡、水平衡、沉淀溶解平衡的顺序逐一进行观察,形成描述。

活动 1　揭秘人体内酸碱平衡与人体健康的关系

酸碱平衡是指人体内酸性物质与碱性物质总体维持一定的数量和比例,使体液或血液中的 pH 值维持在一定范围之内。人体内涉及的绝大部分化学反应都是酸与碱的反应,体液中 H^+ 浓度的微小变化会影响正常细胞的生理功能的发挥。

＊＊＊＊＊＊＊＊＊＊＊＊＊＊＊＊＊＊＊＊＊＊＊＊＊＊＊＊＊＊＊＊＊＊＊＊＊＊＊

【交流研讨】

人体内的各种体液都有其各自的 pH 值范围(图 1-15),且并不相同。除胃液、皮肤等呈现酸性外,其他体液一般都处于弱碱性环境。请问:①人体内的酸性、碱性物质的主要来源是什么? ②人每天都会或多或少地摄入一些酸性或碱性物质,但人体内体液的 pH 值始终保持在一定范围之内,这是什么原因造成的?

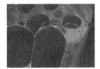　　

血液pH值为7.35~7.45　　脑脊液、胆汁 pH值约为7.4　　唾液、眼球内液pH值约为7.2

大肠液pH值为8.3~8.4　　胃液pH值为0.9~1.5　　正常皮肤pH值为5.2~5.8
　　　　　　　　　　　(相当于2%的盐酸)

图 1-15　不同体液和皮肤的正常 pH 值

＊＊＊＊＊＊＊＊＊＊＊＊＊＊＊＊＊＊＊＊＊＊＊＊＊＊＊＊＊＊＊＊＊＊＊＊＊＊＊

人体内酸性、碱性物质的来源主要有两个渠道:一是从食物中摄取的酸性或碱性食物在体内通过消化、代谢产生的酸性或碱性物质;二是人体新陈代谢所产生的有机酸(如尿酸、乳酸等)、摄入的营养物质氧化分解产生的 CO_2 溶于水形成的碳酸等。这些酸性、碱性物质在人体内并不会打破体内的酸碱平衡,这是因为人体内存在三大酸碱缓冲体系:①碳酸氢盐缓冲体系:$H_2CO_3(g) \rightleftharpoons H^+(aq) + HCO_3^-(aq)$ $pKa = 6.1$;②磷酸盐缓冲体系:$H_2PO_3^-(aq) \rightleftharpoons H^+(aq) + HPO_4^{2-}(aq)$ $pKa = 7.2$;③蛋白质缓冲体系:$HPr(aq) \rightleftharpoons H^+(aq) + Pr^-(aq)$ $pKa = 7.4$。它们对外来的酸碱物质都具有一定的缓冲作用。

＊＊＊＊＊＊＊＊＊＊＊＊＊＊＊＊＊＊＊＊＊＊＊＊＊＊＊＊＊＊＊＊＊＊＊＊＊＊＊

【拓展视野】

图 1-16　酸性食物和碱性食物

＊＊＊＊＊＊＊＊＊＊＊＊＊＊＊＊＊＊＊＊＊＊＊＊＊＊＊＊＊＊＊＊＊＊＊＊＊＊＊

血液缓冲体系的缓冲对主要有 H_2CO_3-$NaHCO_3$、Na-蛋白质/H-蛋白质、Na_2HPO_3-NaH_2PO_4、HHb-Hb^-、$HHbO_2$-HbO_2^-。其中，H_2CO_3-$NaHCO_3$ 缓冲对在血液中的浓度最高,缓冲能力最强,对维持血液中的 pH 值起着非常重要的作用。

* *

【算一算】

血浆中存在下列缓冲体系:$H_2CO_3(aq) \rightleftharpoons HCO_3^-(aq) + H^+(aq)$。在正常情况下,人体内血浆中 CO_2 的浓度(即 H_2CO_3 浓度)为 0.001 2 mol/L,$c(HCO_3^-) = 0.024$ mol/L。请计算此时血液的 pH 值。(提示:缓冲公式 pH = pKa + lg $\dfrac{c_{盐}}{c_{酸}}$)

【想一想】

当血液中 $\dfrac{c(HCO_3^-)}{c(H_2CO_3)} > 20$ 时,血液还具有缓冲作用吗? 为什么? (提示:可借助互联网或图书馆查询相关资料)

* *

在人体内,对外来酸碱物质的缓冲作用往往采取的是开放式调节缓冲。在血液中存在的 $CO_2(g) + H_2O \rightleftharpoons H_2CO_3 \rightleftharpoons HCO_3^- + H^+$ 平衡体系中,血液中 CO_2 的浓度可借助肺通气来控制 CO_2 的排放量进行调节, H^+ 浓度和 HCO_3^- 浓度则可以通过肾的酸碱调节来协调(图 1-17)。肾的酸碱调节过程又划分为 $NaHCO_3$ 的重吸收、磷酸盐的酸化、氨的排泄 3 种形式(图 1-18—图 1-20)。

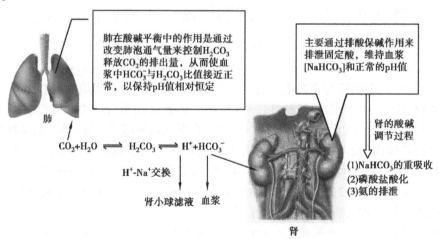

图 1-17 肺和肾对 H_2CO_3-$NaHCO_3$ 缓冲对的开放式调节

除了肺和肾脏是机体内酸碱平衡的重要开放式调节器官外,组织细胞也可以对酸碱平衡起调节作用,只不过它是通过离子交换来实现的(图 1-21)。

综上所述,人体体液中酸碱平衡的调节过程,离不开血液、细胞、肺、肾脏等的协同作用。体液中酸碱平衡的调节具有 4 种机制:一是血液中的缓冲体系,它是控制酸碱平衡的第一道防线;二是呼吸调节,即通过肺泡调节血液中 H_2CO_3 浓度进行调节;三是通过肾脏的酸碱调节排放出多余的酸,以调节血液中的 HCO_3^- 浓度和维持血液 pH 值;四是通过组织细胞内液的缓冲作用进行调节。

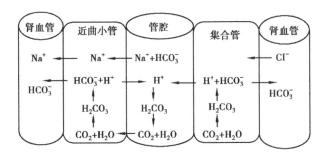

图 1-18　$NaHCO_3$ 的重吸收

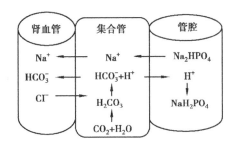

图 1-19　磷酸盐的酸化

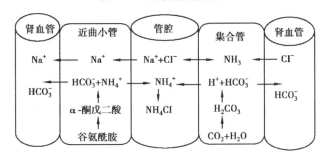

图 1-20　氨的排泄

图 1-21　细胞对酸碱平衡的调节

* *

【交流研讨】

体液中酸碱平衡的调节是一个复杂的过程。在酸碱调节过程中,有哪些因素可能会影响体内的酸碱平衡? 以血液中的碳酸盐平衡体系为例,即 $CO_2+H_2O \rightleftharpoons H_2CO_3 \rightleftharpoons HCO_3^-+H^+$。

【方法导引】

影响化学平衡的因素主要有温度、浓度、压强等外界条件,而压强只适用于有气体参与的反应。对人体内涉及的化学平衡的影响因素,主要考虑温度、浓度即可。

* *

体液中 H^+ 浓度变化与碳酸盐平衡体系的移动有着密切的联系,改变平衡体系中 CO_2 浓度、HCO_3^- 浓度、H^+ 浓度等都会使体液的 pH 值发生相应的变化。能够引起上述离子中任意一种离子浓度变化的外界条件,都是导致体液酸碱变化的因素。

生活习惯对体液酸碱变化的影响来自两个方面:一是饮食习惯。长期摄入酸性食物或碱性食物,这些食物进入人体后经一系列的生物氧化反应会转化为大量的酸性或碱性物质,破坏血液中的酸碱平衡,使血液偏酸或偏碱,严重者会出现酸中毒或碱中毒;二是运动习惯。经常进行剧烈运动,不但会在无氧条件下产生大量的乳酸,还会加大、加深呼吸运动,有利于体内 CO_2 的排出,从而使碳酸盐缓冲体系平衡向左移动,使血液的酸度下降,这对调节过酸的体质是有益的。同时,乳酸进入血液后,增大血液中的 H^+ 浓度,使平衡向左移,血液的 pH 值仍然有所下降,但这种下降会在停止运动后的一定时间内得到恢复(图 1-22)。此外,运动还可以加速利用肾脏器官将酸性物质排出体外,同样起到调节酸碱平衡的作用。

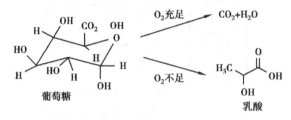

图 1-22　葡萄糖在体内的氧化过程

含盐胶体液能够通过改变水的溶解性来改变血液中的 H^+ 浓度,从而对血液或体液中的酸碱平衡起到调节作用,如复方氯化钠溶液等。若盐的浓度过大,可能会引发高氯性代谢酸中毒、血液动力学障碍和肾功能改变,这是盐进入血液后改变了水的溶解性,使 H^+ 浓度增加,pH 值下降所致。

环境中的有毒气体会影响血液的 pH 值,如 CO、NO 进入血液后,会与血红蛋白(Hb)结合形成碳氧血红蛋白(Hb·CO)或氮氧血红蛋白(Hb·NO),破坏血液中存在的平衡($HHb \rightleftharpoons Hb^- + H^+$,$HHbO_2 \rightleftharpoons HbO_2^- + H^+$),使上述平衡向左移动,导致 H^+ 浓度下降,从而破坏血液中的酸碱平衡,出现中毒现象。

此外,体温的变化也会影响酸碱平衡的调节。

* *

【交流研讨】

当人体内的酸碱平衡受到破坏时,会对人体健康产生哪些负面影响? 如何修复这种不利影响?

* *

现代医学研究表明,当血液酸性化时,人体可表现出的症状有手足发凉、皮肤脆弱、易感冒、易引起关节肿痛、伤口不易愈合、对疾病抵抗力减弱等,严重时会影响脑和神经的功能发挥。人体血液 pH 值若较长时间低至 7.3,身体会处于亚健康状态,表现为易疲倦、精神不振、体力不足、抵抗力下降等;女性的皮肤会过早地黯淡和衰老;少年儿童会造成食欲不振、注意力难以集中等症状;中老年人可能引发糖尿病和心脑血管疾病等。当人的体液 pH 值低于 7 时就会产生重大疾病;当人的体液 pH 值降到 6.9 时就会变成植物人;如果人的体液 pH 值只有 6.8～6.7 时就会死亡。

为了防止人体组织、体液、血液酸性化,在日常生活中应合理安排酸性物质和碱性物质的摄入量,以达到营养摄入平衡。饮食原则上应多选择偏碱性食物,少选择酸性食物。在食用酸性食品时,尤其是肉类时,一定要搭配充足的蔬菜,通过蔬菜中的钙和钾来中和肉类中的硫酸和磷酸,以消除酸性食物产生的负面影响。

活动2 揭秘人体内水平衡与人体健康的关系

* *

【交流研讨】

人体中的水从哪里来?又往哪里去?有机体是如何维持体内水平衡的?

* *

人体中水的质量约占有机体总质量的2/3。在生命过程中,水总是把生命所需的营养物质运送到身体的各个部位,供给各个组织细胞,同时带走新陈代谢所产生的代谢废物及毒素。可见,水在人的生命活动中起着运输营养成分和代谢产物的双重作用。人体一旦失水超过10%,就会出现酸中毒;失水20%~30%,就会死亡。水的摄入量的变化会引起水的排放量的相应变化。人体每天摄入的水量包括直接饮用的水和食物本身含有的水或食物代谢产生的代谢水等,需要注意的是每天不能一次性大量饮水,一旦饮水速率超过肾脏的持续最大利尿速率,过剩的水就会使细胞膨胀,引起水中毒。而水通过有机体排出的途径包括皮肤蒸发、肺呼出的水蒸气(约占42%)、肾脏排尿(约占54%)、肠道排便(约占4%)等。

人体对水平衡的调节通过有机体内的丘脑下部神经中枢来调节,控制人的渴感与肾脏排水(图1-23)。当人体出现发烧、呕吐、腹泻、外伤损害以及食用高蛋白膳食、遇到干热气候时,都会扰乱机体对水的正常需求。

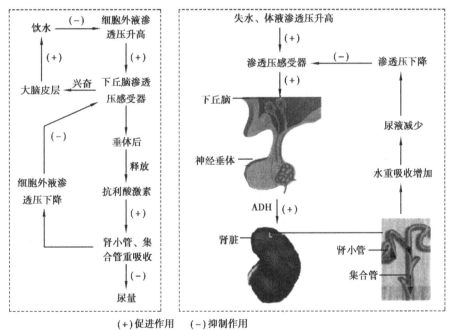

图 1-23　人体水平衡的调节

活动3 揭秘人体内沉淀溶解平衡与人体健康的关系

* *

【交流研讨】

人体骨骼有哪些组成成分？它们各有何功能？

* *

人体骨骼主要由水、无机盐、有机质组成，其中含水量达25% ~35%，剩余部分中无机盐占60%以上，有机质占40%以下。无机盐决定骨骼的硬度，而有机质则决定骨骼的弹性和韧性。骨盐以钙、磷的化合物为主要成分，包括磷酸钙、碳酸钙、柠檬酸钙等。正常情况下，血液中的钙、磷和骨骼中的钙、磷之间维持动态平衡。也就是说，钙盐在骨骼中的沉淀和溶解的正常进行是维持血液中钙、磷含量恒定的重要环节。

* *

【交流研讨】

牙釉质的主要成分是羟基磷灰石 $Ca_{10}(OH)_2(PO_4)_6$，它在牙齿表面存在溶解平衡：$Ca_{10}(OH)_2(PO_4)_6(s)+8H^+(aq) \rightleftharpoons 10Ca^{2+}(aq)+2H_2O+6HPO_4^{2-}(aq)$。请问：影响羟基磷灰石溶解平衡的因素有哪些？它们是怎样影响牙釉质正常生长的？

* *

从羟基磷灰石溶解的视角来看，环境酸度的增加，有利于羟基磷灰石的沉淀溶解平衡向右移动，导致沉淀溶解平衡体系中 Ca^{2+} 浓度增加，牙釉质受到破坏，牙齿变得疏松（这个过程称为"脱矿"）。

从羟基磷灰石沉淀形成的视角来看，当环境中 Ca^{2+}、PO_4^{3-} 的浓度比釉质间隙内更高时，就会向釉质内扩散，使羟基磷灰石的沉淀溶解平衡向左移动，有利于羟基磷灰石沉淀的生成，从而加固牙釉质（这个过程称为"再矿化"）。此外，环境的碱性增强，可以促进羟基磷灰石的沉淀溶解平衡向左移动，起到保护牙齿的作用。

* *

【交流研讨】

儿童时期，牙齿的再矿化速率比脱矿速率快，而成年时期，脱矿速率和再矿化速率相当。为了促进儿童牙齿的健康生长，你认为应该购买何种类型的牙膏能够帮助儿童的牙齿健康发育？可以服用哪些药物来解决儿童体内含钙不足的问题？并说明你的理由。

提示：市场上销售的牙膏主要有六大类：含氟牙膏 [主要成分 $Ca_3(PO_4)_3F$]、中草药牙膏、消炎牙膏、防过敏牙膏、去垢增白牙膏、含盐牙膏。

* *

龋齿的产生与牙齿咀嚼食物时产生的有机酸（如乙酸、乳酸等）有着密切的联系。咀嚼食物（如糖果、冰淇淋、含糖饮料、淀粉类食物等）所产生的大量的酸，能够促进牙釉质表面形成的羟基磷灰石沉淀溶解平衡向右进行，加速牙釉质的脱矿过程，从而出现龋齿。要避免龋齿的产生，重要的是坚持饭后刷牙。含氟牙膏中的 $Ca_3(PO_4)_3F$ 存在沉淀溶解平衡：$Ca_3(PO_4)_3F(s) \rightleftharpoons 3Ca^{2+}(aq)+3PO_4^{3-}(aq)+F^-(aq)$，能够提高牙釉质表面的 Ca^{2+}、PO_4^{3-} 浓度，促进再矿化，有利于保护牙齿。但使用含氟牙膏，会增加氟元素的摄入量，一旦氟摄入量过多，会出现氟斑牙。

＊＊＊＊＊＊＊＊＊＊＊＊＊＊＊＊＊＊＊＊＊＊＊＊＊＊＊＊＊＊＊＊＊＊＊＊

【拓展视野】

图1-24　人体内的电荷平衡

＊＊＊＊＊＊＊＊＊＊＊＊＊＊＊＊＊＊＊＊＊＊＊＊＊＊＊＊＊＊＊＊＊＊＊＊

　　人体是一个充满着各种各样化学物质的有机体,这些化学物质在体液或血液中建立的各种化学平衡之间既相互独立又相互联系。例如,体内某一化学物质在某一化学平衡中是生成物,可能在另一个平衡中却是反应物,各种化学平衡之间的交错混杂,才使人体具有了免疫系统。从某种程度上讲,不同的化学物质对人体健康的影响,有些是立竿见影的,有些是潜移默化的,有些可能是代际之间遗传的。

　　人体摄入的各种物质,一旦过量都会对人体内的化学平衡产生影响,甚至引发疾病。健康的生活才会有健康的体质。在现代社会中,各种污染、营养不均衡、生活环境改变、社会压力等,都可能使体内的化学平衡失衡(特殊的生理阶段可能使人体处于短暂的失衡状态)。这种失衡状况需要人们通过平衡养生的方法,不断地在不平衡中找到平衡、创造平衡,进而维持平衡,以谋求健康。所以一定要注意合理搭配饮食。

＊＊＊＊＊＊＊＊＊＊＊＊＊＊＊＊＊＊＊＊＊＊＊＊＊＊＊＊＊＊＊＊＊＊＊＊

【总结归纳】

　　1.人体内各种化学平衡之间是如何相互协调、共同完成有机体的各种生命活动的?

　　2.人体内的化学平衡与人体健康之间有着密切的联系,这些平衡的破坏对人体健康有何重要影响?

＊＊＊＊＊＊＊＊＊＊＊＊＊＊＊＊＊＊＊＊＊＊＊＊＊＊＊＊＊＊＊＊＊＊＊＊

项目学习评价

【成果交流】

　　写一篇关于"人体化工厂中的化学反应与人体健康的关系"的小论文,要求论文结构完整、证据推理严密、有理有据,字数可控制在2 000字以内。

【评价活动】

　　1.通过设置动手设计、交流研讨、实验探究、展示交流、算一算、总结归纳等栏目,评价学生信息检索与整理归纳的能力、知识获取与问题解决的能力。

　　2.通过设置方法导引,评价学生运用方法导引自主进行任务规划的能力。

　　3.通过设置资料卡片、拓展视野,评价学生获取信息并利用信息解决问题的能力。

【自我评价】

本项目通过对人体内化学反应的认识和对人体内各平衡体系与健康关系的探讨,发展学生"变化观念与守恒思想""证据推理与模型认知""科学态度与社会责任"等方面的核心素养。请依据表1-6检查本项目的学习情况。

表1-6 "揭秘人体内的化学平衡"项目重点发展的核心素养与学业要求

核心素养发展重点		学业要求
变化观念与守恒思想	能够基于人体内化学反应的特点,认识到人体内存在的化学平衡的建立是有条件的	1. 能基于描述现象类问题解决的一般思路对人体内化学反应和化学平衡的认识进行任务规划,并建立人体内化学平衡与人体健康之间的关系
2. 能结合人体内的酸碱平衡解释人体内血液、体液的 pH 值维持恒定的原因;能利用人体内络合平衡原理解释重金属盐中毒时服用鸡蛋清解毒的原因;能利用沉淀平衡原理解释生活中如何护牙
证据推理与模型认知	能基于描述现象类问题解决的一般思路对认识人体内化学反应与化学平衡进行任务规划	
科学态度与社会责任	能运用所学知识分析和探讨某些化学过程对人体健康所带来的影响,并学会利用人体内存在的动态平衡,结合饮食习惯,维护人体健康	

探寻糖代谢异常与糖尿病的关联

项目学习目标

1. 通过探寻血糖异常与激素调节、糖类物质摄入量之间的关系,培养学生发现问题、提出猜想、验证猜想、得出结论的科学思维和证据推理能力,发展学生实验探究与证据推理方面的核心素养。

2. 通过辩论活动培养学生跨学科思维能力,让学生懂得如何证据收集、科学论证、综合评判生理学议题的思维方法,掌握生理学议题进行科学论证的基本思路,培养学生综合分析问题、解决问题的能力。

3. 通过建立血糖异常与糖尿病的关联,让学生明确血糖异常的原因,懂得如何通过控制饮食、利用降糖药物等方式降低糖尿病患者的血糖浓度,从而维护人体健康,培养学生健康生活的观念。

项目导引

目前,我国糖尿病患者已超过1.14亿人,占全球糖尿病患者总数的1/3以上。糖尿病至今没有根治的良方,但控制好血糖浓度,糖尿病并不会影响人们的工作和生活。糖尿病是一种病理性高血糖疾病,对人体健康危害较大。患者通常表现为消瘦乏力,精力不济;免疫力下降,容易出现继发性感染,如皮肤疖肿、尿路感染、肺部感染、创面感染等[①]。严重者会出现电解质紊乱及酮症酸中毒,机体脱水及高渗状态,胰岛素功能衰竭,以及各种血管、神经慢性并发症。可见,厘清糖尿病与血糖浓度异常之间的关联,对预防糖尿病有着积极的意义。

糖尿病的产生与血糖异常之间究竟存在何种关联? 如何科学地预防糖尿病? 本项目通

---

① 胡栋才.论烧伤感染的救治特点[C]∥中国中西医结合学会烧伤专业委员会.第九届全国烧伤创疡学术会议论文汇编.中国中西医结合学会烧伤专业委员会:中国中西医结合学会,2006:5.

过探寻血糖异常与糖尿病之间的关联,弄清糖尿病的形成原因和预防机制,掌握建立推论预测类问题解决的基本思路和方法。

任务 1　初探激素调节与血糖异常的关系

糖尿病是由多种病因引起的以慢性高血糖为特征的代谢紊乱性疾病。目前的诊断依据是静脉血浆葡萄糖,若空腹静脉血浆葡萄糖浓度≥7.0 mmol/L,或口服糖耐量检查(OGTT) 2 h 血糖≥11.1 mmol/L 或随机血糖≥11.1 mmol/L。临床表现为口干、多饮、多尿、体重下降。当患者具有临床表现和满足任一情况下的血糖浓度,可诊断为糖尿病;若不具有临床表现,则需要满足至少两种情况下的血糖浓度指标才能诊断为糖尿病。糖尿病患者的血糖浓度为何高于正常水平? 高血糖与糖尿病之间究竟有何联系? 本任务建立激素调节与血糖异常之间的关联,让你从中找到问题的答案。

＊＊＊＊＊＊＊＊＊＊＊＊＊＊＊＊＊＊＊＊＊＊＊＊＊＊＊＊＊＊＊＊＊＊＊＊＊

【交流研讨】

1. 如果你是一名营养健康师,你认为该如何建立血糖异常与糖尿病之间的关联? 解决这类问题的任务类型属于何种类型?

2. 请根据推论预测类问题解决的一般思路和方法,对探索血糖异常与糖尿病之间的关联进行初步的任务规划,并将规划要点填入表 2-1 中。

【方法导引】推论预测类问题解决的一般思路

表 2-1　推论预测类问题解决的一般思路

推论预测类问题解决的一般思路	第一步:发现问题,明确目标	第二步:提出猜想	第三步:验证猜想	第四步:基于信息分析论证,达成目标
任务规划要点				

＊＊＊＊＊＊＊＊＊＊＊＊＊＊＊＊＊＊＊＊＊＊＊＊＊＊＊＊＊＊＊＊＊＊＊＊＊

要建立血糖异常与糖尿病之间的关联,首先应弄清血糖异常的原因,然后通过建立假设、设计方案验证假设并基于实验信息进行论证以达成目标。这是建立血糖异常与糖尿病关联前需要解决的问题。厘清需要解决的问题后,就可以通过实验探究的方式展开研究了。

活动 1　发现糖尿病患者血糖异常并提出猜想

＊＊＊＊＊＊＊＊＊＊＊＊＊＊＊＊＊＊＊＊＊＊＊＊＊＊＊＊＊＊＊＊＊＊＊＊＊

【动手实验】

利用三诺 EA-18 双功能尿酸血糖检测仪测定一个正常人和一个糖尿病患者的空腹血糖浓度以及餐后 30 min、60 min、120 min、180 min 的血糖浓度,并记录在表 2-2 中。

表 2-2　正常人和糖尿病患者在不同时段的血糖浓度对比

测定时段	空腹	餐后 30 min	餐后 60 min	餐后 120 min	餐后 180 min
正常人					
糖尿病患者					

【方法导引】

利用三诺 EA-18 双功能尿酸血糖检测仪测定血糖浓度

利用仪器检测血糖浓度时,首先将血糖试纸插入仪器的血糖试纸插孔。其次用采血针扎破手指,并挤出血,再用血糖试纸的吸血端接触血滴吸血。最后按下开机键,血糖检测仪就能自动测定血糖浓度,并在显示屏上显示读数。如图 2-1 所示为三诺 EA-18 双功能尿酸血糖检测仪及其配件组成。

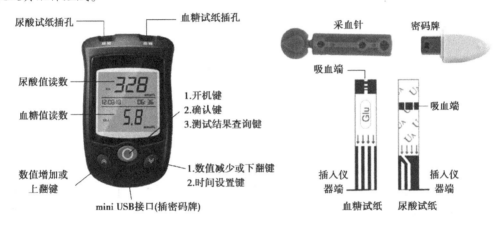

图 2-1　三诺 EA-18 双功能尿酸血糖检测仪及其配件组成

【交流研讨】

1. 血糖的来源与去路有哪些?

2. 为什么正常人的血糖浓度能够在餐后 2 h 左右恢复到空腹水平而糖尿病患者却不能?

3. 糖尿病患者的血糖浓度出现异常的可能原因有哪些? 请提出你的猜想。

＊＊＊＊＊＊＊＊＊＊＊＊＊＊＊＊＊＊＊＊＊＊＊＊＊＊＊＊＊＊＊＊＊＊＊＊＊

　　人体血液中糖类物质主要来源于每天摄入的淀粉类食物以及人在饥饿时由储存在体内的糖元转化而来。淀粉类食物能够在消化酶的作用下最终转化为葡萄糖[1],葡萄糖在小肠内被吸收进入血液中,这是人体内葡萄糖最主要的来源。在人体处于饥饿状态时,肝糖元则成为血液中葡萄糖的主要来源[2]。葡萄糖在体内的代谢过程比较复杂,葡萄糖首先通过糖酵解转化为丙酮酸,然后在无氧条件下氧化转变成乳酸、乙醇,或在有氧环境中通过丙酮酸脱氢酶作用生成乙酰辅酶 A(CoA),以进入三羧酸循环。其次,葡萄糖可以被氧气直接氧化成 CO_2 和 H_2O [3]。除此之外,血液中多余的葡萄糖还可以合成肝糖原或肌糖原,并通过磷酸戊糖途径

①　王波.番石榴叶提取物辅助降血糖作用及其机制研究[D].成都:四川大学,2007.

②　潘鸿章.化学与健康[M].北京:北京师范大学出版社,2011.

③　侯喆健.无机多孔材料的合成、表征和应用[D].长春:长春理工大学,2011.

转化为其他糖或通过代谢途径转化为脂肪、氨基酸等(图2-2)。血液中的葡萄糖要维持一个正常水平,就必须使摄入的食物代谢产生的葡萄糖与人体葡萄糖代谢之间达到平衡,而维持进出的血糖平衡是通过葡萄糖与糖元之间的相互转变来实现的。一旦血液中的血糖平衡受到破坏,就会使人体产生不适、引发疾病,如低血糖、高血糖等。

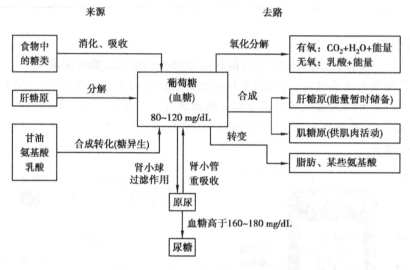

图2-2　血液中葡萄糖的来源与去路

正常人的血糖在餐后2 h后能够恢复到空腹时的正常水平,是由于体内葡萄糖与糖原之间的相互转换维持了平衡,而这个平衡的实现需要通过人体内分泌系统分泌的激素来调控,如胰岛素、胰高血糖素、肾上腺素、肾上腺糖皮质激素、生长激素等。它们当中有的能够促进葡萄糖转化为糖原,有的则能够将糖原转化为葡萄糖。在正常情况下,葡萄糖与糖原之间的相互转化处于一个正常水平。糖尿病患者在餐后2 h内未能恢复到空腹状态下的水平,可能是葡萄糖向糖原的转化受阻、糖原向葡萄糖的转化正常或受到促进的结果。由此可知,糖尿病患者血糖浓度高于正常水平可能是内分泌激素的分泌出现了问题。接下来,围绕内分泌激素与血糖浓度异常之间的关联展开探究。

活动2　设计动物实验:探索血糖异常与激素调节的关系

* *

【实验探究】

发现问题:糖尿病患者的血糖浓度高于正常人的水平。

提出问题:人体内分泌系统分泌的激素(如胰岛素、胰高血糖素、肾上腺素等)对动物体内血糖浓度变化可能会有影响。

作出假设:

假设1:增加胰岛素的量会降低血糖浓度。

假设2:增加胰高血糖素的量会升高血糖浓度。

假设3:增加肾上腺素的量会升高血糖浓度。

设计方案与实施:

【实验试剂】胰岛素注射液(40 单位/mL)、胰高血糖素注射液、肾上腺素注射液(1:

1 000）、生理盐水、肝素抗凝剂（配成 2 500 单位/mL）或草酸钠抗凝剂、凡士林、二甲苯或乙醇、葡萄糖标准应用液（5.55 mmol/L）、0.1 mol/L 磷酸盐缓冲液（pH 值 7.0）、蛋白沉淀剂①、酶试剂、酚溶液、酶酚混合试剂、12 mmol/L 苯甲酸溶液、100 mmol/L 葡萄糖标准储存液。

【实验器材】注射器、台式磅秤、兔手术台、刀片、干棉球、纱布、试管、试管架、沸水浴

【实验操作流程】实验操作流程设计及具体实施步骤如图 2-3 所示。

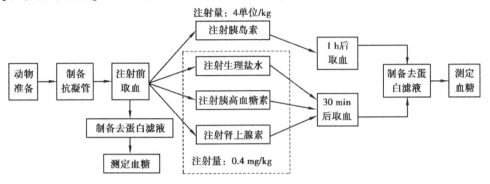

图 2-3 激素对血糖代谢影响的实验探究流程图

（1）动物准备：取空腹 16 h 以上的正常家兔 4 只（每只重 2~3kg），分别编号 A、B、C、D，并称重，记录下质量。

（2）制备抗凝管：取 8 支试管，依次编号为 1、2、3、4、5、6、7、8，分别加入 0.01 mL 肝素抗凝剂（或一小勺草酸钠），备用。

（3）空腹采血：采用耳静脉采血法。操作：拔去兔耳边缘静脉处的毛，用酒精擦拭（或用手弹动）脱毛处，使其充血，在其周围抹上凡士林（防止污染，还可润滑）。用三棱针刺破静脉放血，将 4 只兔子 A、B、C、D 的耳静脉血分别收集在放有抗凝剂的 1—4 号试管中，1~2 mL，边滴边摇，以防凝固。取血完毕，用棉球压迫血管止血。

（4）注射激素或生理盐水并再取血：采用皮下腹腔注射（肚皮朝上，捏起皮肤，刺入皮下有落空感，回抽无血，缓慢注入）。兔子 A 按 4 单位/kg（约 4 mL/kg）标准注射胰岛素注射液，1 h 后再取血；兔子 B、C、D 按 0.4 mg/kg（约 0.4 mL/kg）标准分别注射生理盐水、胰高糖血素注射液、肾上腺激素注射液；30 min 后再取血。取血后立即腹腔或皮下注射 25% 葡萄糖液 10 mL，以免家兔发生胰岛素性休克而死亡。所取血液分别装入 5—8 号试管中。

（5）制备去蛋白滤液：按 4 mL 蛋白质沉淀剂 +0.2 mL 全血的标准混合血液，然后用离心机离心 10 min（转速 2 500 r/min），取出血浆备用。

（6）测定血浆中的血糖浓度：利用血糖仪测定血糖浓度。

【实验结果记录】

表 2-3 实验结果

家兔	兔 A		兔 B		兔 C		兔 D	
试管编号	1（空）	5（注）	2（空）	6（注）	3（空）	7（注）	4（空）	8（注）

---

① 蛋白质沉淀剂的配制：溶解磷酸氢二钠 10 g，钨酸钠 10 g，氯化钠 9 g 于 800 mL 蒸馏水中，加入 1 mol/L 盐酸 125 mL，并用蒸馏水稀释至 1 000 mL。

25

续表

家兔	兔 A		兔 B		兔 C		兔 D	
肝素抗凝剂	0.01 mL	0.01 mL	0.01 mL	0.01 mL	0.01 mL	0.01 mL	0.01 mL	0.01 mL
取血量	1 mL	1 mL	1 mL	1 mL	1 mL	1 mL	1 mL	1 mL
蛋白质沉淀剂	20 mL	20 mL	20 mL	20 mL	20 mL	20 mL	20 mL	20 mL
离心沉淀 10 min(2 500 r/min),取血浆								
血浆中血糖浓度								

问题与讨论:

(1)实验对象为什么选择家兔?取 4 只的理由是什么?

(2)对家兔取血为什么选择耳缘静脉?加入不同激素之后的取血时间为何不同?

(3)胰岛素、胰高血糖素、肾上腺素对血糖浓度变化有何影响?为什么?

* *

家兔的正常体温比人体略高,一般为 38.5~39.50 ℃;皮肤温度 33.5~36 ℃;呼吸频率 51(38~60)次/分。由于家兔耳朵较大、血管清晰,便于注射和取血,因此选用正常家兔作为实验对象来研究血液中血糖浓度与胰岛素、胰高血糖素、肾上腺素含量之间的关系。动物实验研究表明,内分泌腺分泌的激素对血糖代谢具有重要影响,不同的激素对血糖代谢所起的作用不同。

胰中含有的胰岛 β 细胞所分泌的胰岛素能够抑制糖原分解和糖异生产生葡萄糖,能够促进细胞对葡萄糖的摄取而将其转化为脂肪、糖原等。胰岛 β 细胞分泌的胰岛素的量越多,血液中葡萄糖的含量就越低,血糖浓度也越低。从某种程度上讲,胰岛素是一种降血糖的激素。胰岛 β 细胞还可以分泌生长抑素,生长抑素主要通过胰岛素和胰高血糖素的分泌来调节血糖浓度。

胰中含有的胰岛 α 细胞所分泌的胰高血糖素主要通过提高靶细胞中的环磷酸腺苷(cAMP)含量来激活依赖 cAMP 的蛋白激酶(即激活糖原分解和糖异生的关键酶),促进糖原分解和糖异生反应,生成葡萄糖,导致血糖浓度升高。

一方面,由肾上腺分泌的肾上腺素能够通过 cAMP 激活肝脏中的糖原磷酸化酶使糖原分解成葡萄糖,使血糖浓度升高;另一方面,通过诱导肝中磷酸烯醇式丙酮酸激酶和果糖二磷酸酶的合成来促进糖异生反应,使氨基酸转化为葡萄糖,导致血糖浓度升高。此外,由肾上腺皮质分泌的肾上腺皮质激素(包括糖皮质激素、皮质醇等),能够抑制肌肉蛋白分解和蛋白质的合成,促进蛋白质、脂肪在肝脏内转化为糖原和葡萄糖,抑制肝外组织摄取葡萄糖等,提高血糖浓度。

由脑垂体分泌的生长激素具有升糖功能。其升糖功能主要通过抑制外周组织对葡萄糖的利用、增加脂肪酸的氧化、减少葡萄糖的消化来实现。当血糖浓度升高后,生长激素的含量会下降。

科学研究表明,诱导葡萄糖激酶、磷酸果糖激酶和丙酮酸激酶的合成,通过使细胞内 cAMP 含量减少,激活糖原合成酶和丙酮酸脱氢酶,抑制磷酸化酶和糖异生关键酶等,都可以使糖原合成增加,糖的氧化利用、糖转变为脂肪的反应加快,使糖原分解和糖异生减少或受到抑制,使糖原来源减少,最终使血糖浓度降低。

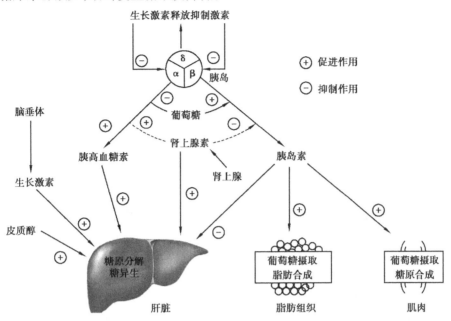

图 2-4　内分泌激素对血糖的调节

* *

【总结归纳】

血糖异常与激素调节之间的关系。

* *

综上所述,血糖异常与激素代谢之间的关系可以表述为:当胰岛 β 细胞分泌的胰岛素不足或胰岛素对葡萄糖的敏感性降低时,胰岛素的降糖效果明显低于胰高血糖素、肾上腺素等产生的升糖效果,从而使血液中的血糖偏高,导致高血糖;当胰岛素分泌量过多时,胰岛素的降糖效果明显高于胰高血糖素、肾上腺素等激素产生的升糖效果,从而使血液中的血糖浓度偏低,导致低血糖;当胰岛素的降糖效果与胰高血糖素、肾上腺素等激素产生的升糖效果相当时,血液中的血糖就维持正常水平。

活动 3　辩一辩:激素调节异常是否为糖尿病患者血糖异常的根本原因

* *

【走访调查】

以小组为单位,走访所在地附近的医院,向糖尿病主治医师了解血糖异常的类型和每一类血糖异常产生的原因。

【展示交流】

以小组为单位展示调查结果——血糖异常的类型及其产生原因,并展开自评和互评。

* *

血糖异常分为两大类:低血糖和高血糖。

低血糖主要是由饥饿或不能进食、严重肝病、胰岛素分泌过多、内分泌功能异常等所致,其临床表现为面色苍白、头昏、心慌、多汗、手颤、倦怠无力、饥饿感;若血糖浓度太低,就会出现功能障碍、惊厥、低血糖休克,甚至死亡[1]。

图 2-5　胰岛素和胰高血糖素的拮抗作用

高血糖又分为生理性高血糖和病理性高血糖[2]。其中,生理性高血糖包括膳食性高血糖、情感性高血糖、应激性高血糖、妊娠性高血糖、药理性高血糖和气候原因形成的高血糖等。情感性高血糖是人处于大喜、大悲、紧张、恐惧、暴怒等状态时,体内胰高血糖素分泌量增加,导致胰高血糖素的升糖效果明显高于胰岛素的降糖效果,使血液中的血糖浓度增大。在遭遇烧伤、脑卒中、大手术、心肌梗死时,人体会分泌升糖激素,如胰高血糖素、肾上腺素、肾上腺糖皮质激素、生长激素等,导致血液中的血糖浓度升高,形成应激性高血糖。妊娠期间,性激素分泌过多,胰岛素降糖能力不足,会出现妊娠性高血糖[3]。此外,服用药物(如降压药、利尿剂、避孕药、抗癌药、糖皮质激素、含糖高的糖浆剂、中药蜜丸等)也会导致血糖升高[4]。病理性高血糖是由胰岛素缺乏或机体对胰岛素产生抵抗而导致的高血糖[5]。病理性高血糖会导致糖尿病,这种情况可能是遗传产生的,也可能是由其他疾病(如冠心病等)引发的。

＊＊＊＊＊＊＊＊＊＊＊＊＊＊＊＊＊＊＊＊＊＊＊＊＊＊＊＊＊＊＊＊＊＊＊＊

【交流研讨】

1. 关于"激素调节异常是否为糖尿病患者血糖异常的根本原因"这一议题,涉及的科学知识和科学问题是什么? 该议题涉及的生物知识和化学知识有哪些? 如何将这些生化知识串联起来形成一个完整的思维导图?

2. 从生理学的视角分析"激素调节异常是否为糖尿病患者血糖异常的根本原因"这一议题,寻找相关证据,并将相关观点填写在表 2-4 中。

表 2-4　关于"激素调节异常是否为糖尿病患者血糖异常的根本原因"的证据收集

辩方观点	激素调节异常是糖尿病患者血糖异常的根本原因	激素调节异常不是糖尿病患者血糖异常的根本原因
证据		

＊＊＊＊＊＊＊＊＊＊＊＊＊＊＊＊＊＊＊＊＊＊＊＊＊＊＊＊＊＊＊＊＊＊＊＊

"激素调节异常是否为糖尿病患者血糖异常的根本原因"的问题属于生理学问题。对生理学问题的认识应从化学、生物学两个视角进行综合分析,才能得出结论。激素的调节过程

① 刘献昌. 低血糖及其引发机制[J]. 中学生数理化(高中版·学研版),2011(4):75.

② 胡玉梅. 苯硼酸基聚合胶体光子晶体的制备与糖敏性研究[D]. 厦门:厦门大学,2014.

③ 金晓荔. RhGH 治疗儿童 GHD 的疗效及对于 IGF-1、空腹胰岛素、甲状腺功能的影响[D]. 温州:温州医科大学,2014.

④ 郑晓梅,刘会平. 口服药物制剂在治疗期间的合理饮食[J]. 中国医学创新,2010,7(13):133-134.

⑤ 程平,熊正爱. 妊娠合并单纯疱疹病毒感染的研究进展[J]. 医学综述,2008,14(19):2964-2967.

既涉及生物学知识,又涉及化学知识。从化学的视角来看,血糖的来源涉及食物中糖类物质的代谢转化过程以及肝糖原转化为葡萄糖、糖异生反应等,这些反应,大多在生物酶的作用下完成,生物酶相当于化学反应中的"催化剂"。从生物学的视角来看,生物体内激素分泌,会激活某些生物酶的活性,而激素的分泌受神经系统支配,可见激素对血糖的调节受神经系统和激素的双重影响。

* *

【交流研讨】

1. 以"激素调节异常是否为糖尿病患者血糖异常的根本原因"为题展开论证,并在小组内进行交流评价,完善科学论证过程,形成一篇生理学论文。

2. 请结合表2-4中收集的证据展开辩论,并通过证据推理来佐证自己的观点。

【方法导引】

令人信服的观点需要有科学的证据和充分的论证过程,还需要考虑必要的观点来反驳反方。资料是否翔实、推理过程是否严密以及是否同时拥有正反观点的论证等决定着科学论证的水平(表2-5)。

表2-5 科学论证的水平及标准

水平层次	水平1	水平2	水平3	水平4
评价标准	只有观点,没有相应的佐证材料	有观点、有佐证材料,但没有材料到观点的推理过程或推理不合理,佐证材料不充分	有观点和充分的佐证材料以及科学的推理过程	有观点和充分的佐证材料以及科学的推理过程,还有反驳对方观点的佐证材料和推理

* *

在获得"激素调节异常是否为糖尿病患者血糖异常的根本原因"的相关证据和论证推理之后,还应刨根问底,追踪反方提出的证据,并进行深入剖析,看能否从源头上找到与正方得出结论一致的证据,从而形成科学的结论。这就是人们所说的"综合分析、追根溯源"。

* *

【交流研讨】

请结合"激素调节异常是否为糖尿病患者血糖异常的根本原因"辩论过程所涉及的观点进行综合分析,并归纳得出正确结论的思维方法。

* *

从源头上分析激素调节对血糖浓度的影响,需要分清主次,把握问题的主要方向和解决问题的主流,才能形成正确的观点,对生理学议题才能作出正确的判断。

任务2 通过饮食干预,探寻糖类物质摄入量与血糖异常的关联

血糖异常除了受有机体内分泌腺产生的激素调节影响外,还可能与食物中营养物质的摄入有着密切的关系。接下来,研究糖类物质的摄入与糖尿病之间的关系。

* *

【交流研讨】

请按照推论预测类问题解决的一般思路,对探寻糖类物质摄入量与糖尿病之间的关系进行初步的任务规划,并将规划要点填入表2-6中。

表2-6 推论预测类问题解决的一般思路

推论预测类问题解决的一般思路	第一步:发现问题,明确目标	第二步:提出猜想	第三步:验证猜想	第四步:基于信息分析论证,达成目标
任务规划要点				

* *

活动1 归纳糖尿病患者饮食特点,并建立糖类物质摄入量与糖尿病相关的假设

* *

【调查分析】

请走访居住地附近的糖尿病患者,了解他们的饮食习惯,并归纳他们的饮食特点。

* *

控制饮食并关注营养物质的摄入量,是糖尿病患者应注意的饮食特点之一。糖尿病患者每天的热量总量根据标准体重来计算,即标准体重(kg) = 身高(cm) − 110。不同患者的热量计算标准不同:休息,[20 ~ 25 kcal/(kg·d)]×标准体重;轻体力劳动(或脑力劳动):[25 ~ 30 kcal/(kg·d)]×标准体重;中度体力劳动,[30 ~ 35 kcal/(kg·d)]×标准体重;重体力劳动,[40 kcal/(kg·d)]×标准体重(1 kcal ≈ 4.19 kJ)。摄入物质的热量分配原则为碳水化合物摄入量占总热量的55% ~ 70%,蛋白质摄入量占总热量的10% ~ 20%,脂肪摄入量占总热量的20% ~ 30%。早、中、晚三餐摄入的营养物质所含的热占比为3∶5∶5。

* *

【交流研讨】

糖尿病患者在每天的饮食中为什么要控制碳水化合物(即糖类物质)的摄入量? 你认为糖类物质摄入量与糖尿病患者的血糖异常有何关系? 请提出你的猜想。

* *

在胰岛素调节糖类物质代谢出现异常的条件下,控制糖尿病患者的碳水化合物摄入量,可以调控血液中的血糖浓度,维持血糖浓度稳定,这对控制糖尿病有一定的积极意义。由此可以提出以下猜想:

猜想1:摄入糖类物质可能会增加糖尿病患者的血糖浓度。

猜想2:摄入糖类物质不会影响糖尿病患者的血糖浓度。

活动2 探索糖摄入量与糖尿病患者血糖异常的关系

人体摄入的糖类物质主要包括:①单糖,如葡萄糖、果糖等,这类物质进入人体后很容易被吸收,使血糖浓度快速增大;②二糖,如乳糖、麦芽糖、蔗糖,它们比较容易被人体吸收;③多糖,包括可被水解后消化的多糖(如淀粉)和不能被人体消化的膳食纤维等。不同的植物中含有的多糖可能不同,如玉米须中含有的玉米须多糖、巴氏蘑菇中含有的 β-葡聚糖和寡糖、药物黄精中含有的黄精多糖、茶叶中含有的茶多糖、谷物中含有的淀粉多糖、蔬菜中含有的膳食纤维等。多糖的种类不同,其分子结构不同,所具有的性质也会有所不同。摄入这些糖类物质,是否会对糖尿病患者的血糖调节产生影响? 产生何种影响? 只能通过实验探究的方式来加以论证,才能得出正确的结果。

* *

【交流研讨】

怎样设计实验来证明摄入的糖类物质会对血糖浓度产生影响?

* *

动物实验是为了获得有关生物学、医学等领域方面的新知识或解决相关具体问题而使用动物进行的科学研究。要论证糖的摄入对血糖浓度的影响,可以采用动物实验来代替人体实验,并按照控制变量法的设计要求,控制无关变量,操纵因变量进行设计。接下来,通过设计糖类物质摄入与血糖浓度关系的动物实验,探寻糖类物质摄入量与糖尿病患者血糖浓度之间的关系。

* *

【动物实验】

某研究团队对断奶仔猪日食饲料中的淀粉含量对其血糖和血清胰岛素含量的影响进行研究。该团队将仔猪分为 4 组,分别饲喂玉米、糙米、糯米、抗性淀粉,其饲喂量约为总饲料的39%,每天饲喂 3 次(间隔 4 h),饲喂 21 d 后采血。连续采血 12 次,每次间隔 1 h,分别测定仔猪血糖浓度和血液中胰岛素含量。采集相关数据并绘制成如图 2-6 和图 2-7 所示的变化曲线(注:正常血糖浓度为 $80 \sim 120$ mg/100 mL)。

请结合图 2-6 和图 2-7 所呈现的不同淀粉来源对仔猪血糖和血清胰岛素的影响关系,总结归纳不同淀粉来源对血糖调节的影响规律。

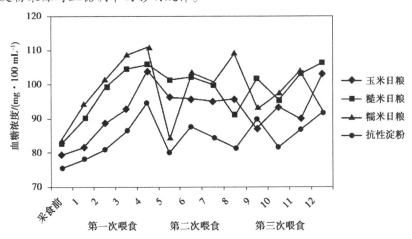

图 2-6　仔猪食用不同来源淀粉对体内血糖浓度的影响

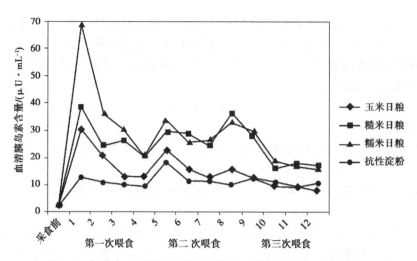

图 2-7　仔猪食用不同来源淀粉对体内血清胰岛素含量的影响

【拓展视野】

表 2-7　不同来源饲料淀粉的组成[①]　　　　　　　　　　　　　单位:%

淀粉来源	玉米	糙米	糯米	抗性淀粉(RS) Hi-Maize1043
抗性淀粉	3.89	1.52	0	44.98
非抗性淀粉	59.34	63.62	66.18	34.48
直链淀粉	18.67	17.58	0	94.60
支链淀粉	81.33	82.42	100	5.4
直链淀粉/支链淀粉	0.23	0.21	0	17.52
总淀粉	63.23	65.14	66.18	79.36

＊ ＊

　　淀粉的组成、结构以及来源,对其消化速度和消化位点的影响都会不同[②],这种不同会直接体现在动物和人体内的血糖浓度和胰岛素水平的动态变化上。支链淀粉属于快消化淀粉(RDS),进入人体内后,在消化酶(如唾液淀粉酶、胰淀粉酶、麦芽糖酶等)作用下会迅速水解成葡萄糖,在小肠内被直接吸收进入血液,使血糖浓度快速升高;直链淀粉属于慢消化淀粉(SDS),在消化道被消化吸收的速度缓慢或较难消化;抗性淀粉(RS)在小肠内不能够被消化,经微生物发酵产生挥发性脂肪酸和其他发酵产物。由此可以推断:在食物中淀粉总量相同的条件下,支链淀粉与直链淀粉的质量比越大,仔猪摄入食物后,血糖浓度的变化速度越快,血糖升高幅度越大;抗性淀粉含量越高,可被消化吸收的淀粉的量越少,食入后血糖浓度在短时

　　① 刘建高,张平,宾石玉,等.不同来源淀粉对断奶仔猪血浆葡萄糖和胰岛素水平的影响[J].食品科学,2007,28(3): 315-319.

　　② JENKINS D J,WOLEVER T M,TAYLOR R H,et al. Glycemic index of foods:A physiological basis for carbohydrate exchange[J]. The American Journal of Clinical Nutrition,1981,34(3):362-366.

间内升高幅度越低。这一推断与实验研究的结论是一致的。如摄入不同来源淀粉后,血糖升高幅度大小为糯米组>糙米组>玉米组>抗性淀粉组。为什么直链淀粉、支链淀粉的被消化性能不同? 这与它们的分子结构特征有关。直链淀粉与支链淀粉相比,从分子大小来看,前者小于后者;从结构来看,直链淀粉的侧链比支链淀粉的侧链要长;从氢键的作用力来看,直链淀粉连接葡萄糖链的氢键比较强,上述原因导致直链淀粉难以接受消化酶的作用[1]。另外,直链淀粉比支链淀粉易与油脂(脂肪酸)形成复合物,这是直链淀粉比支链淀粉难消化的原因之一[2]。来源不同的淀粉,其所含的支链淀粉的侧链长度不同,它们的被消化能力存在差异[3]。淀粉在人体内的代谢过程如图2-8所示。

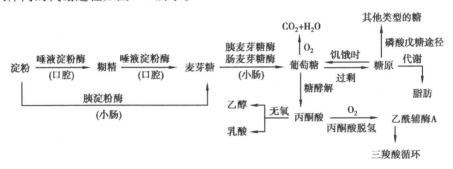

图2-8 淀粉在人体内的代谢过程

大量事实表明,淀粉的组成和结构会影响动物和人体内的血清胰岛素水平。胰岛素作为人体内唯一具有降糖功能的激素,具有食后抑制肝内葡萄糖生成,促进葡萄糖向组织内转运和利用的功能。摄入的食物中,支链淀粉含量越高,血液中的胰岛素含量越高,说明体内分泌的胰岛素的量越多,血液中胰岛素的变化速度与幅度也会越大。来源不同的淀粉,维持血糖稳态所分泌的胰岛素的量应满足抗性淀粉<玉米<糙米<糯米。抗性淀粉在调节血糖稳定、降低胰岛素分泌和提高胰岛素敏感性方面具有积极作用。

综上所述,摄入淀粉类食物后,尤其是摄入支链淀粉含量较高的食物,会导致食后血糖升高,胰岛素水平升高,胰岛素敏感性(即胰岛素/血糖)增加;而后,它们又会逐渐降低,直到恢复正常水平。

接下来,通过实验探究的方式研究正常人、糖尿病患者分别食用糯米后的血糖变化。

****

【实验探究】

寻找2名(1名糖尿病患者和1名正常人)同性且年龄相当的成年志愿者参与实验。实验内容为测定两名受试者在食入等质量的糯米前后体内血糖的变化。实验提供的血糖测定工具为全自动血糖仪。测定结果记录在表2-8中。

① SIEVERT D,POMERANZ Y. Enzyme-resistant starch. I. Characterization and evaluation by enzymatic, thermoanalytical, and microscopic methods[J]. Cereal Chem,1989,66:342-347.

② 魏衍超,杨连生. 抗消化淀粉研究最新进展[J]. 郑州粮食学院学报,2000,21(1):70-72.

③ HOOVER R. Starch retrogradation[J]. Food Reviews International,1995,11(2):331-346.

表2-8 正常人和糖尿病患者在食入糯米前后血糖的变化情况

实验对象	血糖测定浓度/$(mg \cdot 100\ mL^{-1})$				
	空腹	餐后1 h	餐后2 h	餐后3 h	餐后4 h
正常人					
糖尿病患者					

请结合表2-8中的实验数据思考:糖尿病人能否食用支链淀粉含量过高的食物,为什么?

* *

支链淀粉含量过高的食物,进入人体后能够迅速转化为葡萄糖,使人体内血糖浓度迅速升高。对于糖尿病患者来说,其摄入支链淀粉含量较高的食物后,血糖在短期内升高幅度较大,但糖尿病患者的胰岛素降血糖功能受到限制,导致血糖浓度不能够在1 h后逐渐降至正常水平。糖尿病患者应以含支链淀粉含量低的食物为主。糖类物质除淀粉以外,还有其他形式的糖,如二糖(如蔗糖、麦芽糖等)、低聚糖(或寡糖)和茶多糖、黄精多糖等植物性多糖。糖尿病患者能否摄入植物性多糖来满足自身营养和调节血糖呢? 接下来,通过动物实验来研究植物性多糖对动物体内血糖的影响。

红薯　　　　藕　　　　山药　　　　土豆　　　　芋头

图2-9　常见的淀粉类食物

* *

【动物实验】

1. 小组合作,查询动物实验设计的方法和步骤,研讨巴氏蘑菇多糖、黄精多糖等对糖尿病小鼠体内血糖含量影响的实验方案。课后在教师的指导下完成实验,并记录不同多糖注射量、不同时间点的血糖浓度测定结果,总结巴氏蘑菇多糖、黄精多糖对糖尿病患者中血糖浓度的影响。

2. 甲乙两小组均将正常的小鼠分为空白对照组(NC,注射生理盐水)、糖尿病模型组(HM)、多糖低剂量注射组(LD)、多糖中剂量注射组(MD)、多糖高剂量注射组(HD)以及药剂注射组(DT)进行对照实验。

甲小组主要研究巴氏蘑菇多糖对小鼠血糖、血清胰岛素水平、肝糖原含量的影响,收集相关实验数据,绘制如图2-10所示的实验图像。

乙小组研究黄精多糖对小鼠血糖浓度、血清胰岛素水平的影响,并将收集到的实验数据绘制成如图2-11和图2-12所示的图像。

根据图2-10—图2-12所示的变化曲线,你能从中得到什么结论?请结合生化知识予以解释。

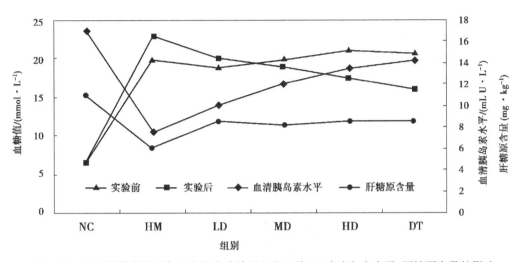

图2-10　巴氏蘑菇多糖对各组小鼠实验前后空腹血糖、血清胰岛素水平、肝糖原含量的影响

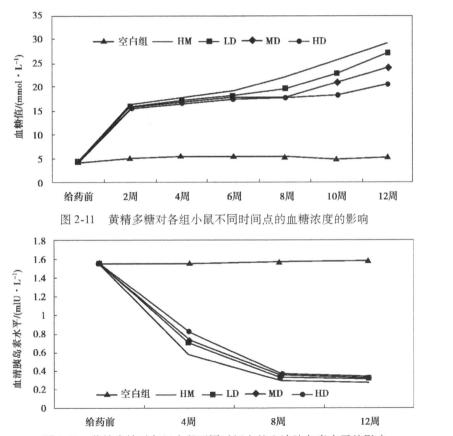

图2-11　黄精多糖对各组小鼠不同时间点的血糖浓度的影响

图2-12　黄精多糖对各组小鼠不同时间点的血清胰岛素水平的影响

＊＊＊＊＊＊＊＊＊＊＊＊＊＊＊＊＊＊＊＊＊＊＊＊＊＊＊＊＊＊＊＊＊＊＊

　　巴氏蘑菇多糖主要是 β-葡聚糖和寡糖,这两种多糖进入人体内能够促进胰岛素分泌,提高血清胰岛素水平,从而降低血糖浓度。此外,巴氏蘑菇多糖中还含有活性抗肿瘤成分,可增强人体的免疫能力,消除疲劳,降低发病率。取自中药黄精的黄精多糖,能够提高血清胰岛素水平,对糖尿病患者的血糖进行调节代谢,起到降低血糖的作用。

科学研究表明,玉米须多糖、桑枝多糖、茶多糖等,都具有显著的降血糖功能。玉米须多糖能够促进肝糖原合成,并通过多条通路调节肝糖代谢,改善糖代谢紊乱,纠正脂代谢紊乱,从而发挥其护肝降糖之功能[①]。玉米须多糖的摄入量越多,其降血糖的效果越好。桑枝多糖进入人体后具有两大功能:一是有效清除体内的氧自由基,抑制体内过氧化反应,进而减轻氧自由基对肝脏的损伤,起到护肝作用[②];二是降低血糖浓度。而茶多糖的降糖效果取决于茶中所含茶多酚的量。茶多酚含量越高,降血糖效果越好。茶多糖的降糖功能主要是通过下调糖异生途径的关键基因 G6PC 和 PEPCK 的表达量抑制葡萄糖的生成来实现的[③]。此外,茶多糖还能下调 *Foxol* 基因的表达,减弱对胰岛 β 细胞的抑制,从而增加胰岛素的分泌,改善糖尿病症状。

* *

【拓展视野】

图 2-13　玉米须多糖、黄精多糖、茶多糖的提取方法

* *

活动 3　辩一辩:控制每天糖的摄入量能否预防糖尿病

为了维持有机体正常生命活动的需要,人体每天都会摄入各种营养物质。但是,糖尿病患者的营养食谱却对糖类物质、蛋白质、脂肪等都提出了明确的限量要求。对糖类物质的限量食入,能够有效地控制血糖浓度进而预防糖尿病吗? 接下来,围绕这一议题展开研讨。

* *

【交流研讨】

1.关于"控制每天糖的摄入量能否预防糖尿病"这一议题,涉及的科学知识和科学问题是什么? 该议题涉及的化学知识和化学反应有哪些? 用化学反应方程式来表示该议题涉及的化学反应。

2.从生理学的视角分析"控制每天糖的摄入量能否预防糖尿病"这一议题,从正反两个方面分别收集相关证据,并将收集到的相关观点填写在表 2-9 中。

表 2-9　关于"控制每天糖的摄入量能否预防糖尿病"的证据收集

辩方观点	控制每天糖的摄入量能够预防糖尿病	控制每天糖的摄入量不能预防糖尿病
证据		

* *

① 张众一,张淇,揭毅,等.玉米须多糖对糖尿病小鼠肝损伤及糖代谢的影响[J].山东大学学报:医学版,2018,56(5):52-57.

② 李永智.桑枝多糖对糖尿病小鼠肾脏的保护作用[J].中国中医药现代远程教育,2018,16(3):83-84.

③ 刘丹奇,任发政,侯彩云.几种茶多糖对糖尿病模型小鼠血糖的影响[J].中国食物与营养,2020,26(1):59-64.

　　"控制每天糖的摄入量能否预防糖尿病"的问题属于通过饮食改善体内血糖水平的问题，涉及化学、生理学或生物学问题。其中，化学问题主要是摄入的糖类物质在体内的转化问题，转化过程涉及速率问题。而生理学问题则涉及血糖的"三进四出"和胰岛素对血糖的调节问题等。寻找证据时，一定要充分考虑该问题所涉及的科学知识和科学问题，这样才能为自己的观点找到科学的证据。

　　对"食疗问题"的探讨，应结合相关知识，找到涉及问题的证据，然后经过充分的论证才能判断观点的正确与否。为了论证观点，需要依据观点查询相关资料或走访专业人士或进行实验论证，并对收集到的资料进行整理、分析，使资料成为支撑观点的证据或否定反方的证据。论证过程需要提供反驳对方的证据和推理过程，应将反驳作为形成科学论证的基本要素。只有经历充分论证才能形成科学的观点，才有助于作出合理的决策。

＊＊＊＊＊＊＊＊＊＊＊＊＊＊＊＊＊＊＊＊＊＊＊＊＊＊＊＊＊＊＊＊＊

【交流研讨】

　　1. 以"控制每天糖的摄入量能否预防糖尿病"为题展开论证，在小组内进行交流评价，并完善科学论证过程，最后形成一篇生理学论文。

　　2. 请结合表2-9中收集的证据展开辩论，并通过证据推理来佐证自己的观点。

【方法导引】

　　令人信服的观点需要有科学的证据和充分的论证过程，还需要考虑必要的证据反驳反方。资料是否翔实，推理过程是否严密以及是否同时拥有正反观点的论证过程等决定着科学论证的水平（表2-5）。

＊＊＊＊＊＊＊＊＊＊＊＊＊＊＊＊＊＊＊＊＊＊＊＊＊＊＊＊＊＊＊＊＊

　　对"控制每天糖的摄入量能否预防糖尿病"的问题，主要应根据血糖浓度的"来路"和"去向"两个方面进行探讨。研究者站在不同的视角会得出不同的观点。淀粉类食物需要控制每天的摄入量，医生经常告诫糖尿病患者要注意主食的摄入量（如大米、馒头等）并做到少量多餐。事实上，只需控制含支链淀粉量较高的食物的摄入即可。对糖尿病患者来说，植物性多糖大多是降血糖的福音。

＊＊＊＊＊＊＊＊＊＊＊＊＊＊＊＊＊＊＊＊＊＊＊＊＊＊＊＊＊＊＊＊＊

【交流研讨】

　　请结合"控制每天糖的摄入量能否预防糖尿病"辩论过程所涉及的观点进行综合分析，并归纳得出正确结论的思维方法。

＊＊＊＊＊＊＊＊＊＊＊＊＊＊＊＊＊＊＊＊＊＊＊＊＊＊＊＊＊＊＊＊＊

　　大量的科学研究表明，"控制每天糖的摄入量能否预防糖尿病"要辩证地看待。对淀粉类食物，控制支链淀粉含量过高的食物的摄入量，可以保持血糖稳定，预防糖尿病；对支链淀粉含量低、直链淀粉含量高或抗性淀粉含量高的食物，可以不必强行控制摄入量。植物性多糖，如茶多糖、玉米须多糖、黄精多糖等，这些糖类物质的摄入，对降低血糖浓度是有益的。

＊＊＊＊＊＊＊＊＊＊＊＊＊＊＊＊＊＊＊＊＊＊＊＊＊＊＊＊＊＊＊＊＊

【拓展视野】

图 2-14　几种植物多糖的降糖功能

＊＊＊＊＊＊＊＊＊＊＊＊＊＊＊＊＊＊＊＊＊＊＊＊＊＊＊＊＊＊＊＊＊

任务3　通过药物干预,探寻糖代谢与糖尿病的关联

血糖浓度异常包括血糖浓度偏低和血糖浓度偏高两种情况,由此引发的疾病可分为低血糖和高血糖。高血糖分为生理性高血糖和病理性高血糖。无论是何种形式的血糖异常,都是血糖"来源"和"去路"未保持平衡所致。

活动1　寻找干预糖代谢的方法

＊＊＊＊＊＊＊＊＊＊＊＊＊＊＊＊＊＊＊＊＊＊＊＊＊＊＊＊＊＊＊＊＊

【信息检索】

请利用互联网、图书馆或资料室,查询干预血糖代谢的方法,并绘制思维导图。

【展示交流】

展示干预血糖代谢的思维导图,并在小组内进行自评和互评,最后形成完整的干预血糖代谢的思维导图。

＊＊＊＊＊＊＊＊＊＊＊＊＊＊＊＊＊＊＊＊＊＊＊＊＊＊＊＊＊＊＊＊＊

对餐后高血糖,可以根据血糖的"来源"和"去路"着手,干预血糖代谢。从"来源"着手调控血糖的方法包括控制碳水化合物的单日摄入量(包括每次摄入量和日摄入总量)、选择血糖生成指数较低的食物(目的在于延缓肠道对血糖的吸收)、抑制肝糖原转化为葡萄糖和抑制糖异生反应。从"去路"着手调控血糖,就是通过胰岛素来降低血糖,主要手段包括使用胰岛素分泌剂或直接补充胰岛素、改善胰岛素抵抗来提高胰岛素工作效率等。

活动2　设计药物干预实验,验证药物疗效

降糖药物究竟能否起到降低血糖的目的,使糖尿病患者恢复健康呢? 实验论证是检验结论的标准之一。

****

【实验探究】

探究降糖药物对糖尿病患者的降糖效果

实验器材:全自动血糖检测仪(全套)。

实验药品:胰岛素、格列美脲、阿卡波糖。

实验方案及实施:(降糖药物的使用量以正常用药量为准)

以小组为单位,每组完成一个实验,实验完成后小组内汇报实验结果,然后回答相关问题。具体的实验内容如下:

实验1:选择3名糖尿病志愿者,测定其空腹血糖和餐后注射胰岛素后血糖浓度,将测定结果记录在表2-10中。

表2-10 糖尿病患者注射胰岛素前后血糖浓度(mg/100mL)变化的测定结果

糖尿病患者	早餐前空腹血糖浓度	注射胰岛素(早餐时)后血糖浓度变化		
		餐后0.5 h	餐后1 h	餐后2 h
志愿者 A				
志愿者 B				
志愿者 C				

实验2:选择3名糖尿病志愿者,测定其口服格列美脲降糖药前后血糖浓度,将测定结果记录在表2-11中。

表2-11 糖尿病患者口服格列美脲前后血糖浓度(mg/100mL)变化的测定结果

糖尿病患者	早餐前空腹血糖浓度	口服格列美脲降糖药后血糖浓度变化		
		餐后0.5 h	餐后1 h	餐后2 h
志愿者 D				
志愿者 E				
志愿者 F				

实验3:选择3名糖尿病志愿者,测定其口服阿卡波糖(降糖药)前后血糖浓度,将测定结果记录在表2-12中。

表2-12 糖尿病患者口服阿卡波糖前后血糖浓度(mg/100mL)变化的测定结果

糖尿病患者	早餐前空腹血糖浓度	口服阿卡波糖(降糖药)后血糖浓度变化		
		餐后0.5 h	餐后1 h	餐后2 h
志愿者 G				
志愿者 H				
志愿者 I				

实验4:选择3名糖尿病志愿者,测定联合用药(阿卡波糖和胰岛素)前后血糖浓度,将测

定结果记录在表2-13中。

表2-13 糖尿病患者采取阿卡波糖和胰岛素联合用药前后血糖浓度（mg/100mL）变化的测定结果

糖尿病患者	早餐前空腹血糖浓度	肌肉注射胰岛素和口服阿卡波糖后血糖浓度变化		
		餐后0.5 h	餐后1 h	餐后2 h
志愿者J				
志愿者K				
志愿者L				

问题与讨论：

1. 从实验1—4的测定结果来看，降糖药对糖尿病患者的血糖调节是否有利？为什么？

2. 单一用药和联合用药，哪种方式对降低糖尿病患者血糖浓度的治疗效果最好？判断的依据是什么？

3. 对糖尿病患者的治疗，应当如何用药才能在较短的时间内取得良好的治疗效果，保持体内血糖浓度的稳定？

* *

不同的降糖药物对糖尿病患者的降糖效果虽然不同，但都能够满足降低患者血糖浓度、调节血糖平衡的需要。科学研究表明，在糖尿病患者的治疗上，单一用药治疗糖尿病的降糖效果远不及联合用药的降糖效果。这是因为联合用药是将两个作用机制不同的降糖药物联用，既可从血糖"来源"上抑制或延缓葡萄糖进入血液，又可以从血糖"去路"上增加血液中葡萄糖的利用率。而单一用药只是从血糖"来源"或"去路"中的某一方面着手实现降血糖的作用。在治疗糖尿病时，要想见效快、效果好，采取联合用药是最佳的选择。

活动3 回顾糖尿病治疗历程，提炼药效评价原则

* *

【展示交流】

请利用互联网、图书馆或资料室，查询糖尿病治疗的相关情况，然后撰写一篇关于糖尿病治疗发展现状的小论文，并与小组内其他同学进行交流。

* *

利用药物治疗糖尿病始于20世纪20年代。对糖尿病治疗药物的开发主要从血糖的"来源"和"去路"两个方向着手。从"来源"的视角来看，研制的药物主要有能够抑制糖类物质水解的α-葡萄糖苷酶抑制剂、抑制糖异生反应生成葡萄糖的糖原异生抑制剂；从"去路"的视角来看，研制的药物主要包括胰岛素类药物、胰岛素分泌促进剂（磺脲类）、胰岛素增敏剂（TDZ）以及影响碳水化合物吸收的药物（双胍类等）[①]。这些降糖药物投入临床治疗糖尿病的时间历程如图2-15所示。

---

① 沈春莲,陆少锋,曾伟东.降血糖药在糖尿病中联合应用的新进展[J].实用预防医学,2011,18(11):2243-2245.

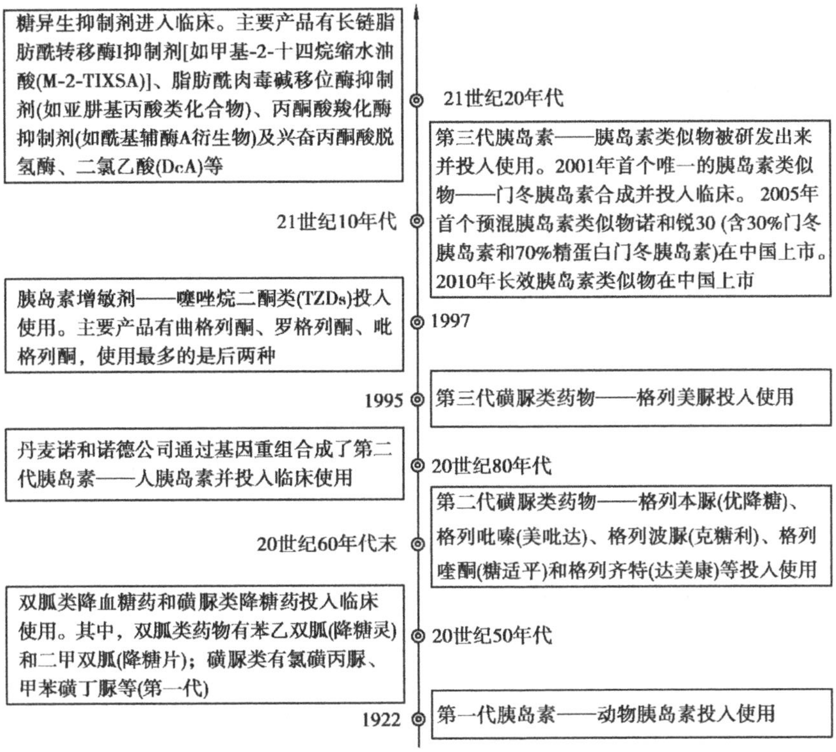

糖异生抑制剂进入临床。主要产品有长链脂肪酰转移酶I抑制剂[如甲基-2-十四烷缩水油酸(M-2-TIXSA)]、脂肪酰肉毒碱移位酶抑制剂(如亚肼基丙酸类化合物)、丙酮酸羧化酶抑制剂(如酰基辅酶A衍生物)及兴奋丙酮酸脱氢酶、二氯乙酸(DcA)等

21世纪20年代

第三代胰岛素——胰岛素类似物被研发出来并投入使用。2001年首个唯一的胰岛素类似物——门冬胰岛素合成并投入临床。2005年首个预混胰岛素类似物诺和锐30(含30%门冬胰岛素和70%精蛋白门冬胰岛素)在中国上市。2010年长效胰岛素类似物在中国上市。

21世纪10年代

胰岛素增敏剂——噻唑烷二酮类(TZDs)投入使用。主要产品有曲格列酮、罗格列酮、吡格列酮,使用最多的是后两种

1997

1995　第三代磺脲类药物——格列美脲投入使用

丹麦诺和诺德公司通过基因重组合成了第二代胰岛素——人胰岛素并投入临床使用

20世纪80年代

第二代磺脲类药物——格列本脲(优降糖)、格列吡嗪(美吡达)、格列波脲(克糖利)、格列喹酮(糖适平)和格列齐特(达美康)等投入使用

20世纪60年代末

双胍类降血糖药和磺脲类降糖药投入临床使用。其中,双胍类药物有苯乙双胍(降糖灵)和二甲双胍(降糖片);磺脲类有氯磺丙脲、甲苯磺丁脲等(第一代)

20世纪50年代

1922　第一代胰岛素——动物胰岛素投入使用

图 2-15　药物治疗糖尿病的发展过程

在治疗方式上,我国对糖尿病的治疗包括"饮食运动疗法—单药治疗—单药加量治疗—联合用药"的传统模式和直接"单药—联合用药"现代模式,而现代治疗模式要求6个月内使患者血糖达标。联合用药从某种意义上讲,就是减少血糖"来源",增加血糖"去路",以实现较快的降血糖效果,使糖尿病患者实现血糖达标。鉴于此,联合用药就是将两种作用机制不同的药物联合使用,必要时可选用3种药物联用。目前,药物联用治疗糖尿病的方式主要有3种:①磺脲类药物与双胍类药物联用。该法常用于治疗2型糖尿病,这种用药可能会增加心血管疾病的风险。②胰岛素与口服药联用。该法能够降低胰岛素剂量、改善体重和血脂水平以及控制好血糖浓度,还能减少糖尿病并发症的发生和保护胰岛β细胞。③阿卡波糖(葡萄糖苷酶抑制剂)与其他降糖药(二甲双胍、磺脲类、胰岛素等)联用[19]。阿卡波糖是一种葡萄糖苷酶抑制剂,能够通过延缓肠道内碳水化合物的吸收而起到降血糖的作用,还可以改善血脂代谢。二甲双胍通过增强外周组织糖的无氧酵解来增强组织细胞对糖的利用,抑制肝糖原异生及肝糖生成,抑制或延迟肠壁细胞对葡萄糖的摄取而起到降低餐后高血糖的作用。可见二甲双胍与阿卡波糖联用可以有效降低血糖。具有刺激胰岛素分泌功能的磺脲类药物与阿卡波糖联用,则可以延缓肠道对葡萄糖的吸收,增强外周组织对胰岛素的敏感性,减轻胰岛素抵抗,从而降低血糖,该法适用于老年2型糖尿病的治疗①。胰岛素可与阿卡波糖联用,提高胰岛素治疗糖尿病的安全性。两者联用还可以减少胰岛素的注射性,减轻胰岛素反抗,降低

① 马清智,李娟,杨如香.格列喹酮与阿卡波糖联合治疗老年糖尿病的疗效观察[J].中国医药导报,2008,5(19):71-72.

低血糖和糖尿病并发症发生的风险①。

在糖尿病治疗上,在现有降糖药物的基础上继续寻找新的胰岛素增敏剂、胰岛 β 细胞功能的修复剂、内生糖抑制剂、更加符合生理的胰岛素补充、替代治疗及更加简便易行的胰岛素给药方式等,使糖尿病的治疗更加高效、安全。

* *

【交流研讨】

利用降糖药物治疗糖尿病,曾经历单一用药到联合用药、胰岛素类药物和磺脲类药物的更新换代使用等过程,说明在治疗糖尿病的过程中,人们在不断选用药效更好的药物进行治疗。请思考:①对药物进行升级换代的出发点是什么?②对一种药物的药效评价的原则是什么?

* *

降糖药物的研发是一个不断解决糖尿病治疗过程中出现副作用的过程,也是一个不断提高降糖药物疗效的过程。最佳的降糖药物通常应具有以下特点:①药物的毒副作用小或无毒副作用。用于降糖的药物应尽可能避免药物使用而导致严重的低血糖或导致人的体重增加,从而引发新的疾病。选择降糖药物时,应尽可能选择无副作用的降糖药物。②剂量小,药效好。使用较小的剂量就能够达到同样的治疗效果。③见效快。使用的降糖药物能够在较短的时间内达到理想的效果。④药效持续时间长且稳定。⑤联合用药。由最佳降糖药物的呈现特点可知,药效的评价可从是否具有毒副作用、是否满足低剂量高效率、是否具有稳定的治疗效果、是否采用联合用药等着手判断。

项目学习评价

【成果交流】

1. 总结激素调节、饮食干预、药物控制与血糖调节的关系。

2. 制作一份糖尿病预防与治疗指南。

【评价活动】

1. 通过动手实验、交流研讨、实验探究、走访调查、展示交流、总结归纳等栏目,诊断学生的信息检索与整理归纳能力、知识获取与问题解决能力。

2. 通过方法引导,一方面引导学生按照问题解决的一般思路展开项目学习,并诊断学生对项目进行任务规划的能力;另一方面,在辩论过程中让学生对自己的科学论证水平进行诊断。

3. 通过资料卡片、拓展视野,诊断学生获取信息并利用信息解决问题的能力。

【自我评价】

本项目通过探索激素调节与血糖浓度异常的关系、饮食干预探寻糖类物质摄入量与血糖异常的关系以及药物干预探寻糖代谢与糖尿病的关系等系列活动,重点发展学生"证据推理与模型认知""科学探究与创新意识"等方面的核心素养。请依据表 2-14 检查学生对本项目

---

① 李蕊芳. 口服降糖药联合甘精胰岛素治疗 2 型糖尿病临床观察[J]. 临床合理用药杂志,2010,3(11):50-51.

的学习情况。

表 2-14　"探寻糖代谢异常与糖尿病的关联"项目重点发展的核心素养与学业要求

核心素养发展重点		学业要求
证据推理与模型认知	能基于推论预测类问题解决的一般思路对血糖浓度异常与激素调节、糖类摄入的关联进行任务规划； 能基于实验探究寻找关键证据,得出结论； 能基于科学论证水平和标准,收集证据,展开科学论证并权衡利弊、作出决策	能基于推论预测类问题解决的一般思路对血糖浓度异常与激素调节、糖类物质摄入量的关联进行任务规划,并通过假设、验证假设、解释现象得出结论； 能基于图表信息找到需要控制的关键条件,能通过实验的方法进行实验论证,寻找关键证据,建立血糖浓度与激素调节、糖类物质摄入以及降糖药物之间的关联
实验探究与创新意识	能基于假设进行实验设计,制订实验方案,寻找证据,建立关联； 能结合数据、图表信息寻找影响因素及其控制的最佳条件,并通过实验进行优化,得出结论	

项目 **3**
设计预防肾病健康指南

项目学习目标

1.通过探讨和阐释诊断肾病的方法,认识肾病常规检测报告,让学生掌握解决描述现象类问题的一般思路,培养学生主动解决问题的能力。

2.通过探寻蛋白尿形成原因和预防措施的过程,让学生掌握解决麻烦类问题的一般思路,培养学生能够基于生物学事实和证据去收集、分析资料,并运用归纳与概括的方法解决问题的能力,形成科学思维的习惯。

3.通过建立尿蛋白与蛋白尿、蛋白尿与肾病之间的联系,让学生明白尿蛋白异常的原因和影响因素,懂得如何科学预防和治疗肾病,保护肾脏健康。培养学生健康的生活态度,树立正确的生命观。

项目导引

肾脏疾病种类繁多,危害极大,会对肾脏造成不可逆转的损伤,甚至恶化成终末期肾病,只能靠透析或移植肾脏来维持生命。同时,肾病会引发身体多种并发症。如今,肾病越来越年轻化,很多早期肾病患者身体并没有明显症状,常常被忽略,继而错过最佳治疗时机。及时发现肾病、预防肾病,将成为一种生活必备技能。

本项目通过认识常用肾病检查报告单、了解尿蛋白与肾病的关系及初步掌握预防、治疗肾病的方法,培养学生发现、探索及解决问题的能力。

任务 1　读懂肾病诊断常规检测报告

肾病是继糖尿病、心脑血管疾病、肿瘤之后的一种威胁人体健康的"沉默杀手"[1]。肾脏结构损伤和肾脏功能衰退下降引起的疾病即为肾脏疾病。这种疾病引起的原因是多方面的，可能是糖尿病、慢性肾小球炎、高血压、高尿酸血症等。为了及时发现、治疗肾病，我们应该学会看懂肾病诊断常规检测报告，判断患者是否患有肾病。本任务通过认识尿常规报告单和肾功能化验单，让学生建立肾病与常规检测中核心项目之间的联系，从而掌握描述现象类问题解决的一般思路。

＊＊＊＊＊＊＊＊＊＊＊＊＊＊＊＊＊＊＊＊＊＊＊＊＊＊＊＊＊＊＊＊＊＊＊＊＊＊

【交流研讨】

1. 如果你是一名医生，需要初步诊断一名患者是否患有肾病时，你需要解决的问题是什么？解决这类问题的任务属于何种类型？

2. 请利用描述现象类问题解决的一般思路对肾病诊断进行初步的任务规划，并将规划要点填入表 3-1 中。

【方法引导】

表 3-1　描述现象类问题解决的一般思路

描述现象类问题解决的一般思路	第一步:明确研究目的,确定观察现象	第二步:制订观察计划	第三步:按照一定顺序进行观察	第四步:形成描述
任务规划要点				

＊＊＊＊＊＊＊＊＊＊＊＊＊＊＊＊＊＊＊＊＊＊＊＊＊＊＊＊＊＊＊＊＊＊＊＊＊＊

作为一名医生，要初步判断患者是否患有肾病，首先要让患者做尿常规检查和肾功能化验，然后结合患者的临床症状和尿常规检测报告单、肾功能化验单的检测结果进行综合判断。这就是医生在诊断肾病前需要解决的问题。解决这类问题的任务属于描述现象类任务。确诊患者是否患有肾病的观察对象是患者的临床症状、尿常规检查报告单、肾功能化验单。在确定了观察对象之后，接下来围绕观察对象制订观察计划、建立观察顺序并最终形成描述。

＊＊＊＊＊＊＊＊＊＊＊＊＊＊＊＊＊＊＊＊＊＊＊＊＊＊＊＊＊＊＊＊＊＊＊＊＊＊

【动手操作】

请围绕肾病诊断自主设计观察计划，见表 3-2。

表 3-2　关于肾病的诊断观察计划

观察时间	
观察地点	
观察手段	

---

[1]　徐王莹,郭立中. 中医对慢性肾脏病的认识和治疗[J]. 河南中医,2013,33(6):832-834.

续表

观察要点	
观察路径	

【交流研讨】

1.在肾病诊断过程中需要建立的观察点有哪些? 观察顺序如何?

2.诊断肾病的观察手段是什么? 采取什么样的观察路径?

* *

要初步诊断患者是否患有肾病,首先要观察患者是否具有肾病的一些临床表现,然后建议患者进行尿常规检查和肾功能化验,再结合检测报告单中的核心项目进行评判。诊断肾病需要建立的观察要点通常包括肾病的临床症状、尿常规检测报告单和肾功能化验单的检测项目及其指标等。观察手段是调查或访谈、文献查阅。观察路径采取"临床症状观察→尿常规检查报告单→肾功能化验单→影像学检查图片"。

接下来,按照观察顺序逐一进行观察。

活动1　了解肾病常见临床症状

* *

【访谈调研】

走访当地医院的肾病专家,访谈肾病常见的临床表现。

【交流研讨】

1.肾病患者具有哪些临床医学表现? 举例说明。

2.如果患者不具有肾病的临床症状,能否证明其不是肾病患者? 为什么?

* *

肾脏有疾病可能会出现一些临床症状,比如患者可能会出现乏力、食欲不振、夜尿增多、肉眼血尿、尿泡沫增多、腰酸等不适症状,严重的会出现恶心、呕吐、轻度贫血、肌肉抽搐、消化道出血、心力衰竭、浮肿等症状,浮肿包括双侧下肢、脚踝以及颜面部等部位的浮肿。肾脏有疾病的时候,还可伴随原发疾病症状,如高血压、糖尿病等。

确定患者是否患有肾病时,光靠身体出现的异常现象可能造成误诊。例如,浮肿并不是肾脏疾病所特有,肝脏疾病、心脏疾病也可能会造成患者出现浮肿的症状。事实上,肾病患者在患病早期也可能不会出现浮肿。肾病的常见症状,如图 3-1 所示。因为人具有两个肾脏(图 3-2),并非两个都同时全部投入工作。当其中一个肾脏功能受损而不能工作时,另一个肾脏会代替它进行满负荷的工作,以维持正常的功能需要,使身体不会表现异常。从某种意义上讲,光靠临床表现作出的判断是不可靠的。要对患者确诊,还需要进行尿常规检查、肾功能化验、影像学检查等,借助检测报告才能确认。

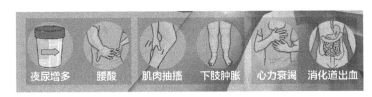

图 3-1   肾病的常见症状   图 3-2   肾脏

活动 2   借用尿常规检测报告诊断肾病

＊＊＊＊＊＊＊＊＊＊＊＊＊＊＊＊＊＊＊＊＊＊＊＊＊＊＊＊＊＊＊＊＊＊

【交流研讨】

尿常规检测结果要准确可靠,对患者实施尿常规检查时需要注意哪些问题?

＊＊＊＊＊＊＊＊＊＊＊＊＊＊＊＊＊＊＊＊＊＊＊＊＊＊＊＊＊＊＊＊＊＊

准确的检测结果离不开科学的检测方法和检测手段。在对患者进行尿常规检查时,务必注意以下问题:

①尿液收集的时间:采用清晨起床第一次尿液送检。

②尿液标本必须新鲜。

③尿液标本必须清洁:采用医院提供的容器、女性避开经期、取中段尿。

④送检尿量:5～10 mL,测尿比重不得少于 50 mL。

图 3-3   血尿(左)和蛋白尿(右)

⑤向医生说明检测当日服药情况。

通过尿常规检查获得的检查报告该如何观察才能判断被检查者是否患有肾病呢?首先应该明确尿常规检查的项目及其指标所表达的含义。

＊＊＊＊＊＊＊＊＊＊＊＊＊＊＊＊＊＊＊＊＊＊＊＊＊＊＊＊＊＊＊＊＊＊

【交流研讨】

1.尿常规检查主要包括哪些项目? 其中与诊断肾病相关的检查项目有哪些?

2.尿常规检查项目中尿蛋白(PRO)、红细胞(RBC)以及管型值呈阳性或偏高,能否说明患者患有肾病? 为什么?

＊＊＊＊＊＊＊＊＊＊＊＊＊＊＊＊＊＊＊＊＊＊＊＊＊＊＊＊＊＊＊＊＊＊

尿常规检查报告的主要项目通常包括尿液的颜色、透明度、尿蛋白、红细胞、管型等多个项目(表 3-3)。其中,与肾病诊断直接相关的检测项目包括尿蛋白(PRO)、红细胞(RBC)、红细胞管型、白细胞管型及颗粒管型。

表 3-3   某位患者的尿常规检测报告单

项目	参考范围	结果
颜色(Color)	淡黄色	淡黄色
透明度(TURB)	透明	透明
尿酸碱度(pH)	5.5～7.5	6.0
尿比重(SG)	1.005～1.030	1.013
尿白细胞(LEU)	Neg	1+

续表

项目	参考范围	结果
尿隐血(BLD)	Neg	1+
尿蛋白(PRO)	Neg	2+
白细胞(WBC)/(个·μL^{-1})	0~18.0	181.1
红细胞(RBC)/(个·μL^{-1})	0~15.0	7.5
管型(CAST)	0~2.4	1.7
尿胆原(URO)	Neg	−
尿胆红素(BIL)	Neg	−
尿酮体(KET)	Neg	−
尿葡萄糖(GLU)	Neg	−
尿亚硝酸盐(NIT)	Neg	−

尿常规检查报告中各项指标所表达的含义各有不同(详情请扫描如图3-4所示的二维码),检测结果用"−"表示阴性(即正常)、"+"表示阳性(即异常),"+"的数量表示检测指标的异常程度,"+"数目越多,问题就越严重。

图3-4 尿常规检查指标的意义

在尿常规检查报告中,如果一次尿蛋白(PRO)检测结果呈阳性,不能说明该患者患有肾病,因为发热、剧烈运动或妊娠期会偶然出现尿蛋白。如需确诊,应至少间隔1~2周,进行两次或两次以上的尿蛋白检测,呈阳性者可诊断为持续性尿蛋白。红细胞(RBC)检测结果偏高,超过正常范围,若还伴有尿频、尿痛,尤其是伴尿痛者,多为泌尿系统感染、结石等;若血尿不伴尿痛,则说明该患者所患疾病来源于肾源性疾病(肾炎、肾结核等)。由于同一指标可表示不同的疾病,同一种疾病也可有不同的尿液异常指标,因此诊断时需要结合多种指标才能确诊。如果在尿检中发现红细胞管型、白细胞管型及颗粒管型,则提示肾脏有病变。

在观察完尿常规检查报告单后,接下来观察肾功能化验单。

活动3 借用肾功能化验单确诊肾病病原

＊＊＊

【交流研讨】

为了确保肾功能化验结果的准确性,对患者进行肾功能化验时需要注意哪些问题?

＊＊＊

为了确保肾功能化验各项指标的准确性,并能更好地确定肾损伤部位。在对患者进行肾功能化验时,需要注意下列问题:

①检查前三天注意清淡饮食,避免吃高蛋白食物。

②检查前一天晚上十点后不吃任何东西、不喝水,第二天早晨空腹抽血。

③检查前尽量避免感冒发烧及剧烈运动。

＊＊＊＊＊＊＊＊＊＊＊＊＊＊＊＊＊＊＊＊＊＊＊＊＊＊＊＊＊＊＊＊＊＊＊

【方法导引】

肾功能化验

肾功能实验室检查包括肾小球滤过功能检查和肾小管功能检查。检测方法主要有化学法、酶法、毛细管电泳法、高效液相色谱法（HPLC）和同位素稀释质谱法（ID/MS）。其中，化学法和酶法因其操作简单、仪器自动化程度高、配套试剂成熟等特点成为目前临床常用的检测方法。ID/MS 法操作相对复杂，仪器成本高，目前主要用于参考方法的建立。

＊＊＊＊＊＊＊＊＊＊＊＊＊＊＊＊＊＊＊＊＊＊＊＊＊＊＊＊＊＊＊＊＊＊＊

通过肾功能化验能够判断肾病是肾小球的滤过功能异常引起的，还是肾小管重吸收功能异常引起的。要确定究竟是何种原因导致的肾病，该如何观察肾功能化验单呢？

＊＊＊＊＊＊＊＊＊＊＊＊＊＊＊＊＊＊＊＊＊＊＊＊＊＊＊＊＊＊＊＊＊＊＊

【交流研讨】

1. 肾功能化验单中含有的主要项目有哪些？与诊断肾病有关的项目有哪些？

2. 肾功能化验项目中肌酐、血清尿素氮和 β_2-微球蛋白等值异常，能否说明肾病的发病部位？为什么？

＊＊＊＊＊＊＊＊＊＊＊＊＊＊＊＊＊＊＊＊＊＊＊＊＊＊＊＊＊＊＊＊＊＊＊

肾功能化验单，涉及尿素（UREA）、肌酐（CREA）、β_2-微球蛋白、肾小球滤过率（eGFRcr）、尿酸以及某些无机盐等项目（表 3-4）。其中，与肾病病原诊断直接相关的项目主要有肌酐、血清尿素氮和 β_2-微球蛋白。

表 3-4　某位患者的肾功能化验单

项目	参考范围	结果
尿素（UREA）/（mmol · L^{-1}）	2.86 ~ 8.20	11.74
肌酐（CREA）/（μmol · L^{-1}）	35 ~ 105	353
肾小球滤过率（eGFRcr）/（mL · min^{-1}）	>90.0	16.8
尿酸（UA）/（μmol · L^{-1}）	140 ~ 430	329
钾（K）/（mmol · L^{-1}）	3.50 ~ 5.50	5.75
钠（Na）/（mmol · L^{-1}）	135.0 ~ 145.0	141.9
氯（Cl）/（mmol · L^{-1}）	96.0 ~ 108.0	113.0
总钙（Ca）/（mmol · L^{-1}）	2.20 ~ 2.55	2.22
碳酸（H$_2$CO$_3$）/（mmol · L^{-1}）	22.0 ~ 29.0	20.6

化验单中各项指标的检测结果所表达的意义不同，详情请用微信扫描如图 3-5 所示的二维码。

在正常情况下，血肌酐、尿素、β_2-微球蛋白均能经过肾小球的滤过作用形成原尿，β_2-微球蛋白还能够通过肾小管的重吸收进入血液中（图 3-6）。肾功能化验中的肌酐含量、尿素含量能够反映肾小球的滤过性能；而 β_2-微球蛋白含量高低则能反映肾小球滤过作用和肾小管重吸收的性能。当检测指标中血肌酐、尿素检测结果偏高时，说明肾小球的滤过性能下降或衰退,这种情况往往出现在食物中毒或肾衰竭患者身上。如果肌酐含量和尿素含量均偏高,说明肾功能已经受到损害;如果 β_2-微球蛋白检测结果偏高,则说明肾小球和肾小管均出现异常,肾脏损害较为严重。

图 3-5　肾功能检查指标的意义

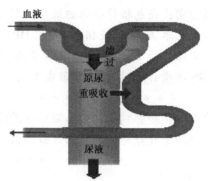

图 3-6　原尿与尿液的形成

活动 4　借用影像学光片明确肾病病因

肾病医学检测中的影像学光片包括 X 线平片、超声检查片、CT 片。这些光片可以直观显示泌尿系统状态,帮助诊断者评估肾脏结构和大小,明确肾病产生的原因。

＊＊＊＊＊＊＊＊＊＊＊＊＊＊＊＊＊＊＊＊＊＊＊＊＊＊＊＊＊＊＊＊＊＊＊＊＊＊＊

【交流研讨】

1. 在确定肾病病因时,应如何观察各种影像学光片以对肾脏结构与大小进行科学评估?

2. 观察影像学光片时需要注意哪些关键问题?

＊＊＊＊＊＊＊＊＊＊＊＊＊＊＊＊＊＊＊＊＊＊＊＊＊＊＊＊＊＊＊＊＊＊＊＊＊＊＊

健康成年人有 2 个肾脏,左右各 1 个,单个肾脏重 120 ~ 150 g,长 10 ~ 12 cm,宽 5 ~ 6 cm,厚 3 ~ 4 cm。肾脏表面光滑,由肾实质(包括皮质和髓质)、肾窦(包括肾盏和肾盂)两个部分组成。肾脏处的血管有肾动脉和肾静脉。

(1)**肾脏-CT 检查**

正常肾脏影像表现:肾脏 CT 横断面图像呈边缘光滑的近圆形、椭圆形或有分叶的软组织影;肾实质密度均匀一致;肾门区马蹄铁形。增强扫描:皮质期-皮质车轮状强化;实质期-均匀强化;肾盂充盈期-不能分辨肾盂肾盏。

注意事项:①需做造影剂皮试,以防过敏(肾功能不好慎用造影剂)。②检查之后需大量饮水。③家属陪同最好。

(2)**肾脏-超声检查**

两侧肾脏大小正常,左肾较右肾大,包膜光滑完整。肾脏分为肾实质和肾窦,肾实质结构清晰,肾实质和肾窦比例正常;肾窦呈强回声,肾实质呈低回声。

注意事项:在做肾脏 B 超前,请勿大量饮水;仰卧位检查。

(3)**肾脏-X 线检查**

肾脏-X 线检查包括尿路平片、排泄性尿路造影、直接尿路造影和肾血管造影。肾脏正常影像表现:①平片。肾脏表现为蚕豆形、边缘光滑,内缘中部略有凹陷(肾门),长 10 ~ 12 cm。肾脏位于脊柱两侧,右肾略低于左肾 1 ~ 2 cm。②造影。1 ~ 3 min 内肾实质显影,15 ~ 30 min

肾盂肾盏显影,松压后输尿管、膀胱显影。

注意事项:排泄性尿路常规剂量造影前12 h禁食禁水(幼儿、肾衰者除外)。

(4)肾脏-MRI(磁共振)检查

肾脏正常影像表现:信号较低,皮髓质分解(CMD)清晰,T_2W_1肾皮质呈较高信号,与脂肪相似,在高场磁共振图像CMD较明显。T_1W_1肾窦低信号,T_2W_1肾窦高信号,冠状位显示较好(肾脏有器质性病变或有肾功能损害,CMD会变得模糊或显示不清,T_2W_1信号会变得更加敏感)。

注意事项:①妊娠早期不宜做MRI检查。②体内有金属置入物(如动脉瘤夹、心脏起搏器等)或需心肺监护者不宜做MRI检查。③检查前禁食4~12 h,检查时空腹。④检查前除去磁性物品,如硬币、手表、有金属装置的衣服。

此外,在确定病因时可以借助病理学检查——肾脏穿刺来完成。

＊＊＊＊＊＊＊＊＊＊＊＊＊＊＊＊＊＊＊＊＊＊＊＊＊＊＊＊＊＊＊＊＊＊＊＊

【交流研讨】

在诊断肾病的过程中,了解肾病的临床症状和相关检查报告单(片)对诊断肾病有何积极意义?

＊＊＊＊＊＊＊＊＊＊＊＊＊＊＊＊＊＊＊＊＊＊＊＊＊＊＊＊＊＊＊＊＊＊＊＊

肾病的诊断需要经历疑似肾病、诊断肾病、寻找肾病病因、确定病因的过程,对患者进行临床肾病症状、各种肾病医学检查报告单(片)的观察反映了肾病确诊的历程,读懂肾病诊断常规检测报告单具有积极的现实意义和临床意义。确诊肾病的思维流程,如图3-7所示。

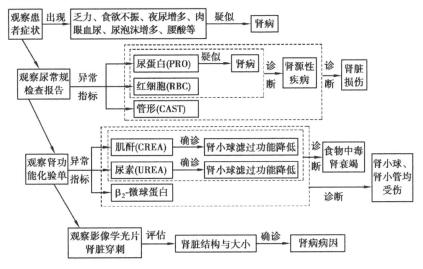

图3-7　确诊肾病的思维流程图

＊＊＊＊＊＊＊＊＊＊＊＊＊＊＊＊＊＊＊＊＊＊＊＊＊＊＊＊＊＊＊＊＊＊＊＊

【总结归纳】

请概括早期发现肾病的一般思路。

＊＊＊＊＊＊＊＊＊＊＊＊＊＊＊＊＊＊＊＊＊＊＊＊＊＊＊＊＊＊＊＊＊＊＊＊

早期发现肾脏疾病,可以从临床症状和常规检查入手。常见的临床症状主要表现为尿液有细小泡沫、乏力、浮肿、高血压等。常规检查包括尿常规、肾功能检查及肾脏B超。尿常规的观测指标主要包括尿蛋白、尿红细胞、尿隐血、尿白细胞、尿管型等,根据这些指标是否异常判断是否患有肾炎、肾间质性病变、尿路感染等泌尿系统疾病。肾功能检查重在监测肌酐、血清尿素氮、β_2-微球蛋白、尿酸等指标是否异常,以此判断肾功能是否异常或有无肾衰竭问题。肾脏 B 超能准确观察肾脏的形态、大小和位置,以此判断肾病病因。

随时关注身体状况,读懂肾病常规检查报告,对早期发现肾病和后续治疗具有积极意义。

＊＊＊＊＊＊＊＊＊＊＊＊＊＊＊＊＊＊＊＊＊＊＊＊＊＊＊＊＊＊＊＊＊＊＊

【迁移应用】

寻找一位肾病可疑患者的尿常规和肾功能检测报告,帮他诊断是否患有肾病。

＊＊＊＊＊＊＊＊＊＊＊＊＊＊＊＊＊＊＊＊＊＊＊＊＊＊＊＊＊＊＊＊＊＊＊

任务2　设计预防蛋白尿的健康指南

正常情况下,尿中是不会出现蛋白的。蛋白质不正常的经尿液排泄是肾病最为重要的临床病症之一。尿蛋白检查是肾脏疾病诊断、治疗和预后观察的重要指标。尿液中蛋白含量>150 mg/24 h 或尿蛋白定性试验呈阳性,即为蛋白尿。预防蛋白尿是预防肾病的重要环节。

＊＊＊＊＊＊＊＊＊＊＊＊＊＊＊＊＊＊＊＊＊＊＊＊＊＊＊＊＊＊＊＊＊＊＊

【拓展视野】

只要出现蛋白尿,就一定患了肾脏疾病吗?

蛋白尿分为生理性蛋白尿和病理性蛋白尿(图 3-8)。生理性蛋白尿是指暂时性的蛋白尿,多在剧烈运动、发烧、精神紧张时出现,原因去除后蛋白尿就消失了。病理性蛋白尿是各种肾脏及肾外疾病所致的蛋白尿,多为持续性蛋白尿,在病变痊愈前将持续存在。

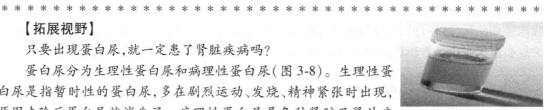

图 3-8　蛋白尿

＊＊＊＊＊＊＊＊＊＊＊＊＊＊＊＊＊＊＊＊＊＊＊＊＊＊＊＊＊＊＊＊＊＊＊

本任务通过认识蛋白尿的形成原因,建立尿蛋白与蛋白尿之间的联系,让学生深刻认识蛋白尿的形成机制,掌握发现、预防蛋白尿的生活技能及培养崇尚健康生活的态度,从而掌握解决麻烦类问题的一般思路。

＊＊＊＊＊＊＊＊＊＊＊＊＊＊＊＊＊＊＊＊＊＊＊＊＊＊＊＊＊＊＊＊＊＊＊

【交流研讨】

1.假如你是一名健康专家,在为肾病患者设计一份预防蛋白尿的健康指南时,你将面临的困难是什么? 解决此类问题的任务属于何种类型?

2.请你根据解决麻烦类问题的一般思路,对设计预防蛋白尿的健康指南进行初步的任务规划,并将规划要点填写在表3-5中。

【方法导引】

表3-5 解决麻烦类问题的一般思路

解决麻烦类问题的一般思路	第一步:定义麻烦	第二步:寻找形成原因或影响因素	第三步:达成目标
任务规划要点			

* *

要设计一份预防蛋白尿的健康指南,以防止病理性蛋白尿的形成,避免病理性蛋白尿对人体健康的影响,这是我们需要解决的麻烦。在找到需要解决的麻烦之后,应该去寻找形成蛋白尿的原因以及影响蛋白尿形成的因素,通过筛选关键因素,采取合适的预防措施以达到预防蛋白尿的目的。

蛋白尿究竟是怎样形成的呢? 接下来,我们就一起来探讨吧。

活动1 寻找蛋白尿的形成原因

* *

【信息检索】

借助互联网、图书馆,查阅蛋白尿的形成原因,并绘制思维导图。

【交流研讨】

1.正常人的尿液中为什么基本没有蛋白?

2.蛋白尿是怎么形成的?

* *

要了解蛋白尿的形成过程,要先了解尿液的形成过程。尿液的形成与肾脏有着密切的联系。肾脏的最小组成单位称为肾单位,肾单位包括肾小球、肾小囊、肾小管(图3-9)。

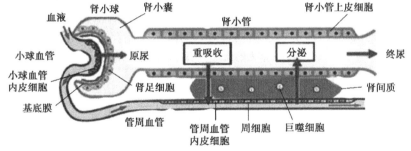

图3-9 肾单位结构示意图

正常情况下,肾小球滤过膜可以限制血液中的大分子蛋白进入尿液,只允许一些小分子蛋白通过,这些小分子蛋白即使通过肾小球滤过膜之后仍有95%以上会被肾小管重新吸收入血。正常人每天从尿液中排出的蛋白质有一定上限,一般不超过150 mg/24 h[①]。

蛋白尿的形成机制主要包括:①肾小球滤过蛋白增加。当出现高血压或肾脏静脉出现淤血时,肾小球内静水压和滤过压增大,使滤过肾小球的蛋白增加,从而导致尿蛋白异常。蛋白能够通过肾小球进入原尿、尿液,这是肾小球滤过屏障(GFB)受损,通透性增加所致。GFB由

① 刘国婵.尿蛋白分析在肾脏疾病中的临床价值[J].实用检验医师杂志,2017,9(3):159-162.

内皮细胞、基底膜、足细胞构成[1]。GFB 具有分子筛选功能,可以让水分子和血液中的小分子溶质自由通过,但对中大分子溶质选择性通过。GFB 还具有电荷屏障,可防止带负电的蛋白分子通过[2]。此外,GFB 中的内皮细胞表层和足细胞下间隙有溶质分子筛选功能。肾小球的基底膜电荷屏障是肾小球的粗过滤屏障[3],它由与聚集蛋白(agrin)相连的硫酸乙酰肝素糖蛋白(HSPG)构成,HSPG 的减少是蛋白尿产生的重要原因[4]。足细胞由胞体、主突和足突构成。足突间的隔膜裂孔在正常情况下只允许水和血浆中的可溶性小分子通过,足细胞与裂孔膜复合体是肾小球滤过屏障最核心的部分[5]。足细胞可通过足细胞下间隙,调节整个滤过屏障的能力,并限制中大分子移动。足细胞下间隙减少或消失,对蛋白大分子屏障作用消失,引发蛋白尿。②肾小管重吸收蛋白减少。肾小球滤过屏障只对中大分子蛋白质起作用,血液中的小分子蛋白质可以自由通过。正常情况下,肾小管会重吸收所有滤过的小分子蛋白质,但当肾小管的重吸收功能衰退时,尿液中就会出现小分子蛋白,如 β_2-微球蛋白等。肾小管疾病中比较典型的有范可尼综合征和 Dent 病。范可尼综合征是遗传性或获得性近端肾小管多功能缺陷疾病,表现为多饮、多尿、发育迟缓和肾性糖尿。Dent 病是一种 X 连锁遗传病,该病是由 $CLCN_5$ 基因突变或 $OCRL_1$ 基因突变引起的,$CLCN_5$ 基因编码氯离子通道蛋白 CLC-5,CLC-5 组成了肾小管上皮细胞的内吞体,而小分子蛋白质的重吸收主要由此内吞体完成;$OCRL_1$ 基因突变可引起 $OCRL_1$ 蛋白结构改变,导致内吞体网状系统运转异常,从而减弱小分子蛋白的重吸收。③血液中小分子蛋白异常增高溢出。血液中的小分子蛋白异常增高,超出肾小管重吸收能力时,会随尿液排出,出现蛋白尿。④局部组织蛋白排泌到尿中。肾小管、输尿管、膀胱、尿道等处的局部组织被破坏,蛋白排泌到尿液中形成蛋白尿,常见于尿道感染、损伤和肿瘤等。

正常情况下,血液流过肾小球时,血液中的 β_2-微球蛋白、葡萄糖、水、无机盐和代谢废物(如尿素、肌酐、尿酸等)等都会滤过肾小球进入肾小囊形成原尿,而血液中的大分子蛋白质、血细胞等成分则不会通过肾小球。原尿流经肾小管时,其中全部的葡萄糖、β_2-微球蛋白、部分无机盐和水等对人体有用的物质会被重新吸收进入血液,剩下的尿素、尿酸、少量的无机盐、多余的水等则形成尿液,尿液通过输尿管进入膀胱暂时储存起来,最后经尿道排出体外。

表 3-6　正常人的血浆、原尿、尿液的成分比较　　　　　　单位:g/100 mL

项目	水	蛋白质	葡萄糖	尿素	尿酸	无机盐
血浆	90 ~ 93	7 ~ 8	0.1	0.03	0.004	0.9
原尿	97	微量	0.1	0.03	0.004	0.9
尿液	95	0	0	1.8	0.05	1.1

① SCOTT R P,QUAGGIN S E. Review series:The cell biology of renal filtration[J]. The Journal of Cell Biology,2015,209(2):199-210.

② OBEIDAT M,OBEIDAT M,BALLERMANN B J. Glomerular endothelium:A porous sieve and formidable barrier[J]. Experimental Cell Research,2012,318(9):964-972.

③ DE ZOYSA J R,TOPHAM P S. Podocyte biology in human disease[J]. Nephrology,2005,10(4):362-367.

④ 周建华. 蛋白尿的发生机制研究进展[J]. 中国实用儿科杂志,2016,31(11):808-812.

⑤ EL HINDI S,REISER J. TRPC channel modulation in podocytes-inching toward novel treatments for glomerular disease[J]. Pediatric Nephrology,2011,26(7):1057-1064.

由此可知,尿常规检测项目中的尿蛋白异常、血细胞异常,以及肾功能化验中肌酐、血清尿素氮、β_2-微球蛋白等指标异常,都说明肾脏的功能出现问题,它表现为两个方面:一是肾小球的滤过功能异常;二是肾小管重吸收功能异常。

活动2　寻找蛋白尿形成的影响因素

＊＊＊＊＊＊＊＊＊＊＊＊＊＊＊＊＊＊＊＊＊＊＊＊＊＊＊＊＊＊＊＊＊＊＊＊＊＊

【头脑风暴】

畅谈影响蛋白尿形成的影响因素。

＊＊＊＊＊＊＊＊＊＊＊＊＊＊＊＊＊＊＊＊＊＊＊＊＊＊＊＊＊＊＊＊＊＊＊＊＊＊

造成肾小球或肾小管出现病变的原因主要有以下5种情况[①]:一是"四高"导致肾细胞缺血或坏死。所谓"四高",是指高血压、高血糖、高血脂、高尿酸。"四高"能够直接或间接影响血液的黏度、纤维素蛋白含量及血小板聚集性;二是上呼吸道感染或全身感染导致外来病原微生物等病原体与体内的免疫球蛋白结合形成免疫复合物,沉积在肾小球的基地膜上,介导免疫杀伤细胞对基底膜的攻击性反应,造成肾脏损害;三是因病摄入的药物,如抗生素类药物和其他药物混合服用,会导致药物性肾脏损伤;四是外部环境刺激,如重金属离子的毒副作用,会对肾脏造成伤害;五是膳食不平衡或劳累过度、精神压力大、情绪不稳定等,会导致人体内部的平衡体系被破坏,进而使人的内环境出现紊乱,损害肾脏细胞与组织。

当肾脏中的组织细胞受损后,就会出现蛋白尿。随着蛋白尿的不断排出与增加,会给肾小球带来更大的伤害,甚至会导致肾小球滤过屏障的选择性永久丧失。同时,尿蛋白流经肾小管时,会加重肾小管重吸收的工作负荷,久而久之,会导致小管间质炎性反应和纤维化。这就是为什么会在尿常规和肾功能检测中出现某些指标异常的根源所在。

活动3　采取科学的措施预防蛋白尿的形成

＊＊＊＊＊＊＊＊＊＊＊＊＊＊＊＊＊＊＊＊＊＊＊＊＊＊＊＊＊＊＊＊＊＊＊＊＊＊

【交流研讨】

请借助互联网查询肾脏健康维护的相关知识,提出相应的预防措施,并绘制思维导图。

＊＊＊＊＊＊＊＊＊＊＊＊＊＊＊＊＊＊＊＊＊＊＊＊＊＊＊＊＊＊＊＊＊＊＊＊＊＊

如何保护肾脏,避免肾脏损伤呢? 应该从以下5个方面采取措施进行预防:

第一,做到膳食平衡。一日三餐要合理搭配各类食物,确保摄入的营养物质(糖类、蛋白质、脂肪、无机盐、维生素、水)有合适的比例。要避免摄入过多蛋白质、脂肪以及糖类物质,以防血脂高、血糖高、尿酸高。

第二,注意食物低盐多水。食物中食盐含量偏高,会导致人体血压升高,加速肾小球硬化,影响肾小球的滤过作用。日常生活必须限制盐的摄入量。同时,应注意多饮水,帮助肾脏排出代谢废物,让毒素尽可能排出体外,起到保护肾脏的作用。

第三,劳逸结合,科学锻炼。适量运动,能够增加人体免疫能力,改善人体血液循环,促进代谢废物排放,调节人的精神与情绪。过度的劳累只能增加肾脏的工作负荷,诱发肾病。

---

① 臧艳艳.关于肾脏病诱发因素及预防护理措施的论述[J].饮食保健,2019,6(3):290.

第四,谨慎用药,严控"四高"。尽量少用或不用对肾脏有损伤的药物。

第五,加强对肾病相关指标的监控,做到早发现早治疗。学会使用便携式血糖、尿蛋白等检测仪,随时检测尿蛋白情况,若连续多次测定均发现尿蛋白异常,则需要到医院进行检查、确诊。

* *

【拓展视野】

图 3-10　尿蛋白的 4 种定性检测方法

【总结概括】

认识尿蛋白的形成原因及其影响因素,对预防肾病有何积极意义?

* *

人体健康以预防为主,以治疗为辅。肾病的形成及其病情的加重,受诸多因素影响。了解肾病的形成原因和影响因素,就是为了能够更好地预防肾病的发生,维护人体健康。防治肾病可概括为"早发现早诊断""早诊断早治疗"。"早发现早诊断"就是要学会观察尿液和使用尿蛋白检测试纸对自身的健康进行初步评估,一旦发现异常要及时就诊加以确认。而"早诊断早治疗"则要求患者一旦确认肾病要及时治疗,通过药疗和食疗共同调节人体健康。

* *

【迁移应用】

肾病的两大主要症状——蛋白尿和血尿,是肾脏损害的警示灯,对肾病早发现有着重要意义。请利用认识蛋白尿的一般思路去认识血尿。

* *

项目学习评价

【成果交流】

写一篇关于肾病形成与预防的论文,字数控制在 1 000 字左右。要求能够正确阐述肾病与蛋白尿之间的关联。

【评价活动】

1. 通过动手实验、交流研讨、实验探究、走访调查、展示交流、总结归纳等栏目设置,诊断信息检索与整理归纳能力、知识获取与问题解决能力。

2. 通过方法导引,一方面,引导学生按照问题解决的一般思路展开项目学习,诊断对项目进行任务规划的能力;另一方面,学生在辩论过程中可诊断自己进行科学论证时所达到的论证水平。

3.通过拓展视野,诊断学生获取信息并利用信息解决问题的能力。

【自我评价】

本项目通过对肾病诊断与预防治疗的探讨,重点发展学生"生命观念""科学思维"等生物学科核心素养。评价要点见表3-7。

表3-7　"设计预防肾病健康指南"项目重点发展核心素养与学业要求

发展的核心素养		学业要求
生命观念	能基于现代医学对肾病的诊断程序,明白肾病常规检测和影像学检查的目的和意义; 能针对肾病成因做好肾病预防,养成健康的生活理念与态度	能懂得肾病常规检测报告和影像学检查对肾病诊断的意义; 能基于解决描述现象类和麻烦类问题的一般思路,分别对肾病常规检测、预防蛋白尿进行任务规划,展开项目学习; 能够基于肾脏的结构和功能,搜索资料,阐述蛋白尿的形成机制
科学思维	能基于蛋白尿的成因或形成机制,预测或推断形成蛋白尿的影响因素,找到预防蛋白尿的关键措施	

项目 4

设计家庭食材加工烹饪指南

项目学习目标

1. 通过设计消除植物性天然毒素的食材加工指南,掌握解决描述现象类任务问题的一般思路;学会运用这一思路探索含天然毒素食材的烹饪方法。

2. 通过设计控制腌制泡菜和油炸食品中有害物质的烹饪指南,让学生掌握解决麻烦类问题的一般思路和方法,培养学生运用所学化学知识、生物知识以及科学的实验方法展开综合项目研究的能力,并初步培养学生的生命观念、科学意识和社会责任感。

3. 通过寻找腌制泡菜中亚硝酸盐的形成原因和影响因素,让学生了解微生物发酵技术在生活中的应用,懂得如何借助微生物适宜的生长条件去控制腌制食品的发酵过程。通过油炸食品中丙烯酰胺、苯并[a]芘的形成机理,探寻降低油炸食品中丙烯酰胺、苯并[a]芘含量的条件或影响因素,并通过对比分析、筛选关键变量,最终确定需要控制的油炸条件,从而培养学生发现问题、分析问题、解决问题的能力,发展学生"科学探究与创新能力"的核心素养。

4. 通过正交实验探索控制腌制泡菜中亚硝酸盐含量和控制油炸食品中丙烯酰胺、苯并[a]芘含量的最佳条件,让学生掌握探索不同影响因素协同作用控制有害物质含量的设计方法;学会通过权衡、优化统整,确定外界条件影响的主次关系和最佳食品加工工艺条件;促进发展学生动手能力和高级思维能力的培养。

项目导引

孙思邈在《备急千金要方》中指出"安身之本,必资于食"。在食物日趋丰富的今天,人们对食物的追求不只满足于果腹,而是追求不同食物加工所带来的美味。但是,人们在对食物进行加工(如腌制、烧烤、烘焙、油炸、蒸煮等)时,烹饪方式不合理而未能有效去除食物中的天然毒素或因条件控制不当而产生有毒物质,食物中毒事故屡见不鲜。避免食物中毒,追求健康、安全、美味的食物,成为人们追求健康饮食的重要议题。

常见食物究竟该如何合理加工或烹饪呢? 通过本项目的学习,你将学会并掌握去除食物中天然毒素或控制食物加工过程产生有害物质含量的一般思路,形成家庭食材加工烹饪指南,利用食材加工烹饪指南指导自己进行食物加工。同时,培养自己的科学探究能力、证据推理能力和社会责任感。

任务1 设计消除植物性天然毒素的食材加工指南

民以食为天,对食物进行必要的加工,是健康饮食的一个关键环节。不合理的食物加工引发的食源性中毒事件屡见不鲜。因食而引发的食物中毒正在困扰着人们的生活。如何消除某些食物中含有的植物性致病因子,追求科学的食物烹饪方式,将成为一种生活习惯。

* *

【调查分析】

利用互联网检索近几年来的食源性中毒事件,分析归纳造成食物中毒的常见食源性致病因子的类型、中毒症状及其中毒机理,并结合具体的事例谈谈哪些常见事物容易引发中毒事故,有无科学的救治措施等。

* *

食源性疾病根据致病因子来源,可划分为内源性致病因子引发的疾病和外源性致病因子引发的疾病。根据致病因子类别不同,内源性致病因子中毒又分为动物性天然毒素、植物性天然毒素和生物毒素 3 类;外源性致病因子中毒又分为食品工业污染物中毒、食品添加剂中毒、食品加工过程产生的毒素中毒等。

如果你是一名家庭主厨,面对一些含有植物性致病因子的食物,该如何选择恰当的烹饪方式消除其中的天然毒素,防止食物中毒呢? 本项目通过认识常见的植物性毒素和蔬菜加工体验活动,让你体会消除常见植物性毒素的一般思路,并掌握消除或控制食物有害物质的方法。

活动1 认识植物性天然毒素

食源性植物中可食用的部位,既可以是植物的营养器官(根、茎、叶),也可以是植物的繁殖器官(花、果实、种子)。不同的食用植物,食用的部位可能不同。从总体上讲,绝大部分是植物的营养器官和果实。

* *

【交流研讨】

地球上植物种数多达 37 万种,但可用作食物仅有 2 000 余种,这是为什么?

* *

食用植物种类很少,与植物生长过程中某种器官能够产生某些有毒物质有关。这些有毒有害物质称为植物性毒素,正是植物性毒素的存在限制了植物的利用价值。在食物加工过程中,烹饪方式不当,植物性毒素不能彻底破坏,引发的食源性疾病时有发生。正确认识植物性天然毒素的致病机理,采取积极的预防措施,对保障食物安全具有现实意义。

* *

【交流研讨】

1. 根据相关食源性中毒事件的报道和生活常识,在对含有植物性天然毒素的食物进行烹饪之前,需要解决的问题是什么? 它属于什么样的任务类型?

2. 请根据解决描述现象类问题的一般思路,对认识植物性天然毒素进行任务规划。并将规划要点填写在表4-1中。

【方法导引】

表4-1 解决描述现象类问题的一般思路

解决描述现象类问题的一般思路	第一步:明确研究目的,确定观察对象	第二步:制订观察计划	第三步:按照一定顺序进行观察	第四步:形成描述
任务规划要点				

* *

对植物的观察,观察原则通常是先整体后局部、从下到上、从外到里。要对植物体内的天然毒素进行观察,应从生理学和毒理学的视角进行观察,观察的内容包括天然毒素的存在、天然毒素的致病机理、天然毒素的分子结构及性质、消除天然毒素的措施等。上述内容就是在对含有植物性天然毒素的食物进行烹饪前需要解决的问题。解决这类问题的任务类型属于描述现象类。在明确食物烹饪前需要解决的问题之后,就可以按照描述现象类问题解决的一般思路展开观察活动,并最终建立含有植物性天然毒素的食材加工的相关描述。

* *

【交流研讨】

1. 对含有植物性天然毒素的食用性植物进行烹饪前,需要建立的观察对象是什么?

2. 请扫描如图 4-1 所示的小程序,获取可能引起中毒的常见食物的相关信息。请结合信息思考:在对烹饪的植物性食物进行观察时,可建立的观察点有哪些? 说明理由。

图 4-1 可能引起中毒的常见食物

* *

对含有植物性天然毒素的食物进行烹饪时,需要进行的观察对象是食物本身所含有的天然性毒素(含经微生物作用代谢产生的毒素)。为了获取对天然性植物毒素的总体认识,应该针对植物性天然毒素的种类、致病因子的结构和理化性质、中毒机理及预防措施建立相应的观察点,并结合观察结果建立科学的现象描述。只有这样才能建立科学的植物性食材烹饪方式。在明确观察对象和观察点之后,就可以围绕观察对象制订观察计划了。

* *

【动手制作】

请根据观察"植物性天然毒素"的需要,制订"食用性植物中天然毒素的观察计划",见表4-2。

表4-2　食用性植物中天然毒素的观察计划

观察目的	
观察地点	
观察内容	
观察工具	
观察手段	
注意事项	

【展示交流】

在小组内展示"食用性植物中天然毒素的观察计划",并介绍自己的设计理由,展开自评和互评,最后完善观察计划。

* *

制订观察计划是实施观察的前提;选择合适的观察手段和观察工具对观察对象进行观察,是确保观察结果可靠性的保障。有了详细的观察计划之后就可以实施观察了。

* *

【交流研讨】

1.要对食物中的植物性天然毒素进行观察,应建立的观察方式及观察路径是什么? 选择的观察工具是什么? 具体针对哪些要素展开观察? 将这些要点绘制成思维导图。

2.要对植物性天然毒素的多个内容进行观察,应按照什么样的顺序进行? 是空间顺序、时间顺序,还是逻辑顺序?

* *

可选择互联网、手机等作为观察工具去查询"植物性天然毒素"的相关文献,然后以查询到的相关文献为观察工具,对涉及的天然毒素形成大致的了解。对植物性天然毒素的观察点主要包括植物性天然毒素的类型、结构及其理化性质、中毒机制及其预防措施等。可按上述逻辑顺序进行观察。

* *

【信息检索】

1.利用互联网检索常见植物性毒素致病因子,按其化学组成和结构特点进行分类,并归纳各类植物性毒素的分布情况及主要性质。

2.各种植物性天然毒素中毒后有何症状? 其中毒机理是什么? 该如何预防这些毒素中毒? 请通过检索获取相关信息,绘制相关的思维导图。

* *

食用性植物中存在的天然毒素大体分为生物活性碱、毒苷、毒蛋白、毒氨基酸、有毒植物等类型(图4-2),其中毒苷类天然毒素主要包括芥子苷[又称硫代葡萄糖苷、硫苷(GS)]、生氰糖苷、生物碱糖苷。

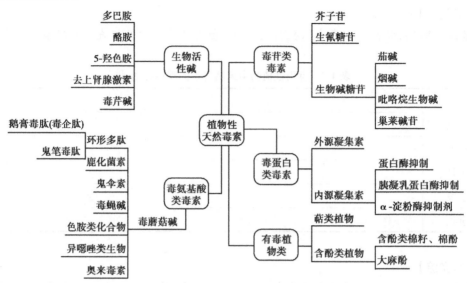

图4-2　常见植物性天然毒素的分类

不同的植物性天然毒素,其中毒机理也不同。例如,芥子苷是通过芥子酶使其发生水解生成噁唑烷硫酮、异硫氰酸酯、有机氰化物和硫氰化物等引起甲状腺肿大;生氰糖苷的中毒机理则是通过破坏含氰苷类植物的细胞结构,使位于植物细胞不同部位的生氰糖苷和β-葡萄糖苷酶相互接触而发生水解生成氢氰酸(HCN)(图4-3),HCN电离产生的 CN^- 与细胞线粒体内的氧化型细胞色素氧化酶中的 Fe^{3+} 结合,阻止氧化酶中的 Fe^{3+} 还原,使呼吸酶失去活性,氧不能被组织细胞利用导致机体陷于窒息状态[1]。毒蘑菇碱中毒主要由鹅膏毒肽中的 α-鹅膏毒肽、β-鹅膏毒肽、γ-鹅膏毒肽毒性引起,这些鹅膏毒肽能够强烈抑制细胞RNA聚合酶活性,阻碍蛋白质合成,引起肝、肾等脏器的细胞坏死,9~12天内死亡,死亡率高达90%[2]。

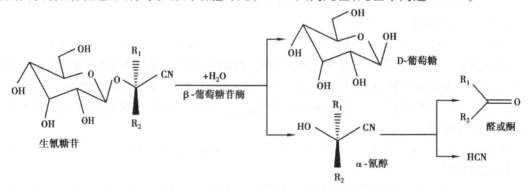

图4-3　生氰糖苷产生氢氰酸的过程

植物性天然毒素在自然界中的分布情况、生物特性、中毒症状及其预防措施,详情请扫描如图4-4、图4-5所示的二维码即可获取相关信息。

---

① 何薇.富氧处置对缺氧复合氰中毒犬心功能的干预作用研究[D].重庆:第三军医大学,2012.

② 刘亚峰,张婷,赵欣桐,等.常见食源性植物毒素的中毒检测方法概述[J].广州化工,2017,45(11):21-23.

图4-4 植物性天然毒素的类别、 图4-5 常见植物性天然毒素的
分布及其生物特性 中毒症状及其预防措施

* *

【交流研讨】

1. 结构决定性质。请结合如图4-6所示的部分植物性天然毒素的结构简式,推测同类植物性毒素可能具有的理化性质,并阐述你作出判断的理论依据。

(a)芥子油苷

(b)苦杏仁苷

(c)生氰糖苷

(d)秋水仙碱

(e)鹅膏毒肽

(f)茄碱

(g)毒芹碱

图4-6 部分天然毒素的结构简式

63

2.列举常见食物中可能含有的天然毒素,并结合其结构特点和理化性质,谈谈如何对食材进行加工。

* *

在植物性天然毒素的结构中一般都存在能够与水形成氢键的官能团,如毒苷中存在羟基、生物活性碱中存在氨基或亚氨基、毒氨基酸内毒素一般存在羟基和亚氨基、含酚类毒素含有酚羟基、毒蛋白类毒素中含有氨基和羧基等。植物性天然毒素一般能够溶于水,同时作为有机物,能够溶于常见的有机溶剂,如乙醇、醚氯仿、四氯化碳等。当天然性毒素中所含碳原子数目较多(超过6个)时,其溶解性会降低,如巢菜碱苷微溶于酒精,茄碱难溶水、乙醚、氯仿而易溶于热的乙醇。

在植物性天然毒素中含有易水解的官能团(糖苷键、硫苷键、肽键、酯基等)的物质,如毒苷类天然毒素、毒素蛋白类天然毒素、毒肽等,能够在相关酶的作用下或稀酸、稀碱条件下发生水解,转化成水溶性的物质,而且对其加热温度越高,天然毒素的代谢越彻底。另外,存在一些热稳定性相对较强的天然毒素。

根据植物性天然毒素的结构和理化性质可知,消除植物性天然毒素的基本途径有两条:一是用水浸泡食材,消除可溶性的天然毒素;二是利用植物性天然毒素的热稳定性比较差,含有易水解的官能团,采用高温蒸、煮或炒的方式将其去除。例如,对四季豆进行加工时,为了消除四季豆中含有的皂素、血细胞凝集素、亚硝酸盐和胰蛋白酶抑制剂等多种毒素[1],可先将四季豆用热水焯片刻,滤去水后再用油煸炒,加入适量的水,盖上锅盖,保持100 ℃小火焖10 min以上,并用铲子翻动扁豆,使它均匀受热即可。

* *

【总结归纳】

请概括对含有植物性天然毒素的食材进行烹饪时的共性操作,并从毒理学研究的视角提出研究毒素的一般思路。

* *

食用植物中的天然毒素引起的中毒主要有以下4种情况:①因摄入有毒的非食用部分而引起的中毒,如生活中常见的杏、桃、李、梨等水果的果仁含有氰苷,食用后容易中毒。②植物在某个生长发育期或特定时期有毒,如麦子、玉蜀黍等粮食作物的幼苗期含有氰苷,未成熟的西红柿、发芽的马铃薯中含有茄碱,人或动物不慎食入上述食物均可造成中毒。③食用部分含有天然毒素,可通过合理的加工方式去除毒素。食入未煮熟的木薯、菜豆、小刀豆等食物会引起中毒。菜籽油、棉籽油等须通过炼制才能去除其中含有的毒蛋白、毒苷、棉酚等有毒物质。④含有微量的天然毒素,长期大量摄入会引起中毒。例如,含有微量氰苷或亚硝酸盐的蔬菜,通常情况下,其植物体内含有的微量有毒物质不足以造成中毒;但是蔬菜腐败后或大量单独连续食用会引起中毒。食用含有植物性天然毒素的食物引起的中毒是有条件的,了解食物的特性,采取积极的预防措施,最大限度地遏制食物中毒事件是有积极意义的。

---

① 艾真.八类蔬菜含天然毒素需慎食[J].农业知识,2010(16):52-53.

* *

【拓展延伸】

天然毒素并非"百害而无一益"

天然毒素虽然在一定程度上会引起食物中毒,但是它们中的一些成分却被用于治疗某些疾病,如强心苷、喹啉、乌头碱、箭毒、茄碱、秋水仙碱等。临床试验表明,茄碱具有抗肿瘤、抑菌、强心、镇痛等多重功效[1];秋水仙碱是抗痛风、抗肿瘤及抗纤维素化的常用药物,在心包炎二线治疗,预防 PPS、术后心房颤动、CAD 患者急性心血管事件,冠状动脉术后再狭窄以及CHF 等方面具有潜在的好处[2];蛇毒在制药工业中被用来生产治疗血栓、心脏病的药物和配制镇痛药、抗凝血剂等。认识天然毒素的危害与综合利用同等重要,要了解天然毒素本身可能给人们的生活造成的不利影响,使其产生的危害降低到最大限度,同时,应该加强对天然毒素的研究,让这些天然毒素能够得到充分利用。正所谓"天生我材必有用",天然毒素并非一无是处。

【迁移应用】

请利用认识植物性天然毒素的一般思路认识动物性天然毒素。

* *

活动2 消除大豆中的天然毒素,制备可口安全的豆浆

通过对植物性天然毒素的认识,我们了解到豆类植物中含有胰蛋白酶、单宁、植酸皂素等天然毒素,而这些毒素本身是一种抗营养物质。这些物质含量一旦超标,就会引起食物中毒。生活中美味可口的豆浆作为常见的早餐食物,该如何进行合理的加工才能有效地降低或消除豆制品中的抗营养物质呢?

* *

【拓展视野】

1. 豆浆未煮熟容易发生中毒。煮浆时,温度在 80 ~ 90 ℃ 出现的沸腾为"假沸"。此时,豆浆中的毒素未彻底被破坏……想知道喝生豆浆易中毒,请扫描二维码,了解具体原因。

图 4-7 豆浆未煮熟易中毒

2. 生熟豆浆的快速检测方法。如图 4-8、图 4-9 所示,取 1 mL 豆浆样品于检测管中,加入 2 滴 A 试液,盖盖后摇匀,再加入 2 滴 B 试液,摇匀,2 min 内观察结果,未煮熟的豆浆呈青色;煮熟的豆浆为本色,2 min 后逐渐变为灰色。

---

① 巩江,倪士峰,邱莉惠,等.茄碱的药理毒理及药用研究[J].安徽农业科学,2009,9(9):4108-4109.
② 曹晨,刘德敏.秋水仙碱在心血管疾病中的应用现状[J].心血管学进展,2018,39(5):728-732.

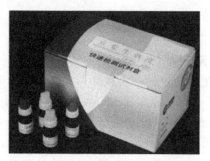

图4-8　某豆浆生熟度快速检测试剂盒
（内含检测试剂 A 和检测试剂 B）

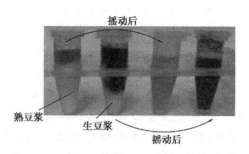

图4-9　利用检测试剂盒检测生、熟豆浆的对比

* *

　　豆浆作为具有较高营养价值的食物,它具有防止支气管炎、糖尿病、高血压、癌症、脑中风、冠心病和防止衰老及强身健体等方面的功效,受到人们的青睐。但是,饮用"假沸"豆浆而引发的食品安全事故同样给人们敲响了警钟。豆浆应该怎样加工才安全呢?

* *

【交流研讨】

　　结合资料卡片和生活常识,你认为在家中制备豆浆(即大豆蛋白凝胶)所面临的困难是什么? 解决这类问题的任务类型属于何种?

* *

　　显然,要制备安全、可口的豆浆,需要解决两个方面的问题:一是消除大豆中的皂素和胰蛋白酶抑制剂、植酸和单宁等抗营养物质;二是将大豆中的大豆蛋白转移到豆浆形成豆浆凝乳。解决这类问题可界定解决麻烦类任务。请根据提供的解决麻烦类问题的方法导引,对任务进行合理规划,并将规划内容要点填写在表4-3中。

* *

【方法导引】

表4-3　解决麻烦类问题的一般思路

解决麻烦类问题的一般思路	第一步:定义麻烦,包括确定和拆解麻烦	第二步:找影响因素或形成原因	第三步:达成目标
规划内容要点	消除大豆中的皂素及抗营养物质(如胰蛋白酶、单宁、植酸等)		
	将大豆蛋白转移到豆浆中形成大豆蛋白凝乳		

* *

　　接下来,寻找消除皂素和胰蛋白酶等抗营养物质的影响因素。

＊＊＊＊＊＊＊＊＊＊＊＊＊＊＊＊＊＊＊＊＊＊＊＊＊＊＊＊＊＊＊＊＊＊＊

【信息检索】

1. 请利用搜索引擎检索皂素、胰蛋白酶抑制剂、植酸、单宁的结构简式，推测它们可能具有的性质，说明你推测的依据，并填写在表4-4中。

表4-4　皂素、胰蛋白酶抑制剂、植酸、单宁的结构特点及性质预测

物质	结构简式	含有的主要官能团	推测可能具有的性质
皂素			
胰蛋白酶抑制剂			
植酸			
单宁			

2. 利用搜索引擎、图书馆等，检索皂素、胰蛋白酶抑制剂、植酸、单宁等物质的水溶性和热稳定性情况。根据它们的理化性质，提出消除它们的措施或途径。

＊＊＊＊＊＊＊＊＊＊＊＊＊＊＊＊＊＊＊＊＊＊＊＊＊＊＊＊＊＊＊＊＊＊＊

皂素又称皂苷、皂甙，它是由皂苷元、糖、糖醛酸或其他有机酸形成的有机物，多为白色或乳白色无定形粉末，少数为晶体，味苦而辛辣，对黏膜有刺激性。一方面，皂素分子含有能够与水形成氢键的羧基（—COOH）、醛基（—CHO）及多个羟基（—OH），致使皂素易溶于水，且温度越高其溶解性越大。另一方面，皂素分子含有糖苷键、酯基（—OCO），致使皂素的热稳定性较差，能够在较高温度下发生水解，产生半乳糖、木糖、阿拉伯糖、葡萄糖醛酸、乙酸等物质，从而消除皂素的毒性。要消除豆类果实（如大豆、四季豆、刀豆、菜豆、扁豆等）中含有的皂素，可以将豆类植物的果实进行（热水）浸泡、高温（100 ℃）蒸煮或高温炒熟炒透，就可以去除皂素的毒性[①]。

植酸又称肌醇六磷酸、环己六醇六磷酸（图4-10），主要存在于植物种子、茎、根中，其中以豆科植物的种子、谷物的胚芽和麸皮中含量较高。植酸分子中含有能与水或乙醇形成氢键的多个羟基官能，因而极易溶于水或乙醇；含有易水解的磷苷键热稳定性差。消除植酸的措施有浸泡、加热等方式。

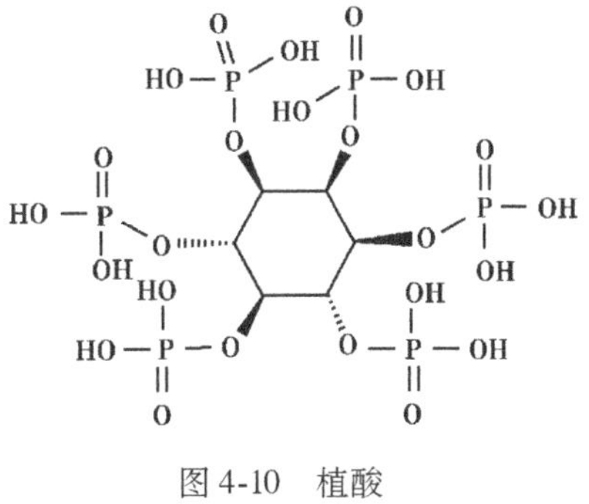

图4-10　植酸

单宁又称单宁酸、鞣酸（图4-11），是一种黄色或淡棕色轻质无晶性粉末或鳞片，味极涩。单宁的分子中含有多个酚羟基和酯基，羟基能够与水、乙醇、甘油等形成氢键，使单宁能够溶于水、乙醇、甘油等；酚羟基的存在使单宁呈现弱酸性，单宁能够与稀碱溶液发生反应；含有的酯基能够在稀碱、稀酸溶液中加热发生水解，单宁的热稳定性比较差。由此可知，可以采取浸泡食材、加热其水溶液的方式去除单宁。

---

① 孔舒,何碧英,刘艳玲,等.三种豆角皂苷食物中毒快速检测方法的比较[J].中国卫生检验杂志,2013,23(11):2550-2552.

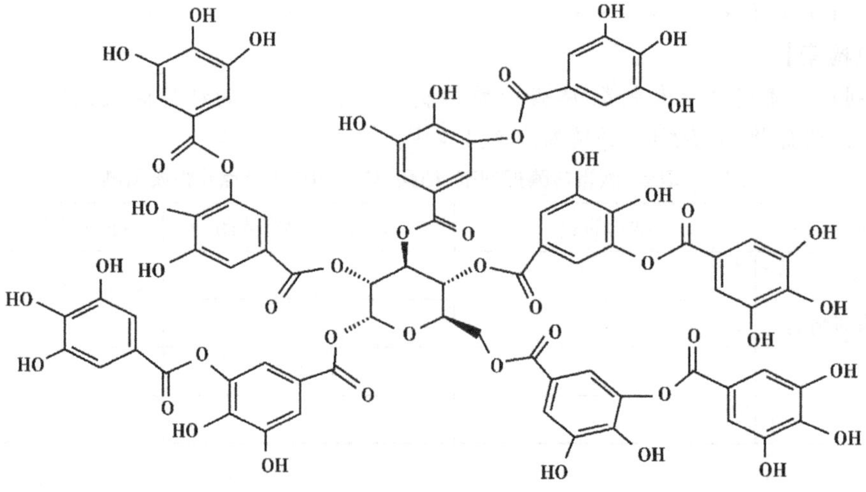

图4-11 单宁(鞣酸)的结构简式

胰蛋白酶抑制剂又称抑肽酶、抑胰肽酶,能够阻止胰脏中其他活性蛋白酶的激活和胰蛋白酶原的自身激活,抑制胰蛋白酶及糜蛋白酶。目前,发现的蛋白酶抑制剂主要有库尼兹胰蛋白酶抑制剂和鲍曼-贝尔克抑制剂。库尼兹胰蛋白酶抑制剂分子量为21384D,含181个氨基酸残基、2个二硫键,分子中多以松散的线团状分子存在。抑制剂和蛋白酶的反应位点位于第63位的精氨酸和第64位的异亮氨酸,这两个氨基酸位于分子的外部。通过X射线测定。库尼兹胰蛋白酶抑制剂是一种非螺旋形的球蛋白。鲍曼-贝尔克抑制剂相对分子量为7861D,含71个氨基酸形成的1条多肽链、2个二硫键。2个活性中心,一个是Lys16-Ser17,为胰蛋白酶抑制剂结合位点;另一个是Leu43-Ser44,为胰凝乳蛋白酶结合位点。这类抑制剂可与胰蛋白酶又可与糜蛋白酶结合发挥抑制作用。无论是哪种蛋白酶抑制剂,从本质上讲都属于肽或蛋白质,含有肽键、氨基、羧基等官能团,从结构决定性质的视角来看,它能够在酸性或碱性条件下水解。在实际操作中,可以利用高温水解、微生物发酵及酶解方法、萌芽法等途径去除胰蛋白酶抑制剂或降低其含量。

* *

【交流研讨】

综合上述分析,你认为消除皂素、胰蛋白酶抑制剂等抗营养物质的可行方法是什么? 为什么?

* *

在制作豆浆的过程中,用控制浸泡大豆试剂和煮浆温度,可以消除皂素、胰蛋白酶抑制剂、植酸、单宁等物质。

接下来,探讨另外一个需要解决的问题,即"寻找在豆浆制作过程中如何将位于大豆细胞内的植物蛋白转移到豆浆中形成蛋白凝乳的影响因素"。

* *

【交流研讨】

请利用互联网检索蛋白质变性和从大豆中提取大豆蛋白的相关知识,回答下列问题:

1. 影响蛋白质变性的外界条件有哪些? 它们是怎样影响的?

2. 有哪些外界条件可能会对提高大豆蛋白浸取率产生影响? 这些外界条件应该如何控

制才能达到提高大豆蛋白浸取率的目的?

3.将蛋白质从大豆中提取出来进入生豆浆中,应如何控制外界条件才能达到既提高大豆蛋白浸取率又能防止蛋白变性的目的?

* *

大豆蛋白从大豆(固相)进入生豆浆(液相)的过程,属于萃取过程,萃取率(或浸取率)的高低受加工工艺条件的影响。通常情况下,大豆蛋白的浸取率受所选择的浸取试剂(即萃取剂)的性质、浸取时固相与液相接触面积的大小、浸取大豆时的外界环境温度与浸取时间、磨浆时的温度等工艺条件的影响。

浸取试剂的选择要根据提取物的性质。进入豆浆中的大豆蛋白是一种可溶性的大豆蛋白,提取大豆蛋白时常用水作浸取剂,水用量的多少会影响萃取大豆蛋白的量。大豆中所含成分较多,除蛋白质外,还有一些抗营养物质和毒素、氧化脂肪酶等。萃取大豆蛋白时所选择的萃取剂应满足下列条件:①能够起到溶解大豆中的抗营养物质和杀菌目的。②可以使大豆细胞组织外由纤维素和半纤维素组成的细胞膜充分吸水膨胀、质地变脆,便于可溶性蛋白从细胞内部出来,但又不能浸出细胞膜外。③能够防止大豆蛋白变性和抑制氧化脂肪酶的活性,因为变性的可溶性大豆蛋白不能溶于水会影响蛋白质的萃取率,所以选择的浸泡大豆的试剂种类及其酸碱性,不仅会关系到抗营养物质的去除和杀菌,还关系到大豆蛋白的流失与变性问题。综合考虑各种因素,应严格控制浸泡试剂——水的用量及水溶液的酸碱性。

萃取时固相和液相的接触面积大小会影响蛋白的萃取。接触面积越大,大豆蛋白萃取的效率越高。制备豆浆前应尽可能将大豆磨碎、磨细,但又不能磨得太细。磨得太细,会使豆渣进入豆浆中,影响豆浆的口感。选择合适孔径的设备磨浆很有必要。

温度对大豆蛋白的萃取影响比较明显。适当的温度不仅能够加快大豆吸水而使其质地变脆,便于后续磨浆,还可以防止大豆蛋白发生变性。如果浸泡大豆和磨浆时温度过高,会使部分大豆蛋白发生变性,降低大豆蛋白的萃取率和利用率。在豆浆制备过程中应严格控制浸泡温度在室温下或略高于室温,磨浆时使用冷水磨浆。

浸泡大豆时间长短会影响大豆蛋白的萃取率。浸泡大豆时间过长,可能会导致大豆蛋白流失。泡豆应以大豆充分吸水为目的,无死豆即可。

综合降低或消除大豆中的抗营养物质、提高大豆蛋白萃取率、豆浆风味三大要素,需要控制的加工工艺条件应包括浸泡试剂——水或水溶液的酸碱性、浸泡温度、浸泡时间、磨浆颗粒大小及磨浆时的豆水比、煮浆温度等。

* *

【材料分析】

某研究团队用优质大豆为原料研究不同大豆浸泡介质对豆浆中抗营养物质及营养品质的影响,设置的工艺条件为浸泡温度25 ℃,浸泡时间为16 h,大豆:浸泡介质比为1:4,介质浓度均为0.45%。测定结果见表4-5。请结合表4-5中的数据分析,应选用什么介质作浸泡剂最佳?为什么?

表 4-5　不同浸泡介质对豆浆中抗营养物质及营养品质的影响①（表中数据为测定结果平均值）

项目	对照（未浸泡）	水	NaHCO₃	柠檬酸
胰蛋白酶抑制剂/$(TIU \cdot mg^{-1})$	67.18	33.83	32.38	39.83
单宁/$(mg \cdot kg^{-1})$	98.63	213.62	216.64	190.61
植酸/$(mg \cdot ml^{-1})$	15.31	5.33	4.65	3.46
蛋白质/$(g \cdot kg^{-1})$	27.41	30.20	29.80	26.62
可溶性固形物/%	6.79	5.33	5.17	4.37

* *

　　浸泡处理能够有效地降低豆浆中抗营养物质的活性和含量，但不同浸泡介质对不同抗营养物质的效果有所不同。从降低胰蛋白酶抑制因子活性的效果来看，NaHCO₃>水>柠檬酸；从降低单宁含量的效果来看，柠檬酸>水>NaHCO₃；从降低植酸含量的效果来看，柠檬酸>NaHCO₃>水。从豆浆品质指标来看，NaHCO₃浸泡组的总体品质最优，除蛋白质含量指标外与水浸泡组相比差异不显著，其他品质优于水泡组；而柠檬酸浸泡组的品质是所有组最差的。综合考虑，0.45% 的 NaHCO₃浸泡液是最佳选择。

* *

【材料分析】

　　某研究团队以 NaHCO₃溶液为大豆浸泡介质，研究大豆在不同浸泡时间、不同浸泡温度、不同浸泡豆水比、不同浸泡介质浓度对豆浆中抗营养物质和营养品质的影响，得到表 4-6—表4-9 的结果。请结合表 4-6—表 4-9 的数据分析，可采取的大豆浸泡工艺是什么？

表 4-6　不同浸泡时间对经 NaHCO₃浸泡处理豆浆中抗营养因子及其品质的影响

项目	8 h	12 h	16 h	20 h	24 h
胰蛋白酶抑制剂/$(TIU \cdot mg^{-1})$	36.86	34.33	32.48	31.69	35.69
单宁/$(mg \cdot kg^{-1})$	168.74	170.8	216.59	192.53	170.81
植酸/$(mg \cdot ml^{-1})$	4.37	5.40	5.53	5.46	5.49
蛋白质/$(g \cdot kg^{-1})$	26.96	27.75	29.75	28.83	26.72
可溶性固形物/%	7.23	6.93	5.17	4.27	4.70
亮度值 L^*	79.99	77.76	82.77	81.85	82.78

表 4-7　不同浸泡温度对经 NaHCO₃浸泡处理豆浆中抗营养因子及其品质的影响

项目	5 ℃	15 ℃	25 ℃	35 ℃	45 ℃
胰蛋白酶抑制剂/$(TIU \cdot mg^{-1})$	32.07	33.07	32.38	34.68	33.72

　　① 谷春梅,姜雷,于寒松.浸泡介质及浸泡条件对豆浆中抗营养因子及品质的影响[J].大豆科学,2019,38(03):434-442.

续表

项目	5 ℃	15 ℃	25 ℃	35 ℃	45 ℃
单宁/$(mg \cdot kg^{-1})$	194.38	198.87	204.43	202.52	200.54
植酸/$(mg \cdot ml^{-1})$	3.80	3.71	4.75	3.03	4.31
蛋白质/$(g \cdot kg^{-1})$	23.24	25.43	29.47	27.44	21.73
可溶性固形物/%	7.57	7.17	5.33	4.27	4.43
亮度值 L^*	76.65	77.69	78.08	80.82	80.60

表 4-8　不同浸泡豆水比对经 $NaHCO_3$ 浸泡处理豆浆中抗营养因子及其品质的影响

项目	12	13	14	15	16
胰蛋白酶抑制剂/$(TIU \cdot mg^{-1})$	29.88	29.38	32.33	34.91	29.85
单宁/$(mg \cdot kg^{-1})$	230.57	224.52	210.32	219.54	201.28
植酸/$(mg \cdot ml^{-1})$	4.59	5.16	5.58	4.63	4.37
蛋白质/$(g \cdot kg^{-1})$	30.22	29.89	30.42	27.84	27.11
可溶性固形物/%	6.87	5.47	5.37	5.20	4.97
亮度值 L^*	78.47	78.95	76.64	78.02	73.38

表 4-9　不同浸泡浓度对经 $NaHCO_3$ 浸泡处理豆浆中抗营养因子及其品质的影响

项目	0.05%	0.25%	0.45%	0.65%	0.85%
胰蛋白酶抑制剂/$(TIU \cdot mg^{-1})$	36.22	35.35	32.70	32.27	33.87
单宁/$(mg \cdot kg^{-1})$	227.63	219.90	217.02	223.53	202.88
植酸/$(mg \cdot ml^{-1})$	11.62	11.43	4.85	9.61	12.89
蛋白质/$(g \cdot kg^{-1})$	27.69	29.12	29.93	29.39	26.30
可溶性固形物/%	5.90	4.43	4.27	4.17	4.77
亮度值 L^*	72.42	77.17	76.07	72.12	74.60

* *

浸泡工艺不同,对豆浆中抗营养物质和豆浆品质的影响也不同。

①浸泡时间。从抗营养物质的去除效果来看,随着浸泡时间的延长,制得的豆浆中胰蛋白酶抑制剂的含量整体呈现下降趋势,植酸含量不断增长,而单宁含量却呈现先升高后降低的变化趋势;胰蛋白酶抑制剂含量在 20 h 达到最低值,单宁含量最大值出现在 16 h。从反映豆浆品质的指标来看,随浸泡时间的延长,豆浆中的蛋白质含量呈现先增加后下降的趋势,16 h 出现最大值;可溶性固形物的含量下降,但在 20 h 处出现增长态势;豆浆的亮度值 L^* 随着时间的延长而增加,最大值在 24 h 出现。综合考虑,最佳的浸泡时间选择 16 h。

②浸泡温度。从抗营养物质去除效果来看,随着温度的升高,豆浆中胰蛋白酶抑制剂的

含量在35 ℃前呈现上下波动,总体上讲略有上升,35 ℃时含量达到最大值,随后开始下降;单宁含量小幅度上升,变化不显著;植酸含量变化显著,25 ℃时达到最高,而在高温或低温条件下浸泡,其含量均低于25 ℃时的含量。从反映豆浆品质的各项指标变化来看,随着浸泡温度升高,豆浆中蛋白含量变化显著,呈现先增后降的变化趋势,35 ℃时出现最大值,温度达到或超过45 ℃时蛋白含量又会显著下降;其他品质指标随温度升高而下降。另外,温度越高,可溶性固形物含量越低、亮度值越大,使得豆浆中的蛋白粒子直径越来越大,颜色偏红、偏黄。综合考虑,浸泡温度选择25 ℃。

③泡豆时的豆水比,即 $m($大豆$) : m($NaHCO$_3)$溶液。从抗营养物质去除效果来看,当豆水比为1∶3时,豆浆中胰蛋白酶抑制剂的含量最低,随后显著上升;豆水比为1∶5时出现最大值;单宁的含量随着豆水比的增加而呈现显著降低的趋势;植酸含量则呈现先增后降的趋势,在豆水比为1∶4时出现最大值,豆水比为1∶6时出现最小值。从反映豆浆品质的各项指标变化来看,低豆水比对蛋白质含量影响不显著,但当豆水比为1∶6时蛋白质含量反而显著减少;随着NaHCO$_3$浸泡液加入量的增加,可溶性固形物含量显著下降;豆浆的亮度随着NaHCO$_3$溶液加入量的增加显著下降,且颜色偏绿、偏蓝。综合考虑,泡豆时的豆水比应为1∶3～1∶5。

④浸泡介质浓度。从抗营养物质去除效果来看,随着NaHCO$_3$溶液浓度升高,豆浆中胰蛋白酶抑制剂含量、单宁含量呈现下降趋势(但变化并不显著),前者在0.65%时含量最小。介质浓度为0.05%～0.45%时,植酸含量随介质浓度增大显著下降,大于0.65%时,其含量又显著升高。从反映豆浆品质的各项指标变化来看,随着NaHCO$_3$溶液浓度增加,蛋白质含量呈现先增后降的趋势,在浓度为0.65%时蛋白质含量出现最大值;可溶性固形物显著下降。从色泽上看,亮度值随NaHCO$_3$溶液浓度的增大而增加,豆浆颜色偏绿、偏黄,而浓度在0.65%时亮度值降低,豆浆颜色较低浓度时更偏红、偏蓝。综合考虑,大豆浸泡介质浓度应不高于0.65%。

* *

【拓展视野】

1. 豆浆中胰蛋白酶抑制因子、单宁、植酸的定量检测。其检测方法请扫描如图4-12—图4-14所示的二维码获取。

图4-12 胰蛋白酶抑制因子的 检测方法　　图4-13 利用紫外分光光度法 测样品中单宁的含量　　图4-14 利用紫外分光光度法 测样品中植酸的含量

2. 豆浆的感官评价指标见表4-10。

表4-10　豆浆的感官评价指标体系

评价指标		色泽	口感	气味	组织状态
评价得分	20～25分	均为乳白色或淡黄色	口感浓厚、细腻爽滑,无颗粒感	豆香味浓郁,无豆腥味	均匀的乳浊液,无沉淀,无凝结
	11～19分	白色,微有光泽	口感较稀薄,略有颗粒感	豆香味平淡,略有焦糊味和豆腥味	不均匀,有少量絮状沉淀和凝结
	1～10分	颜色灰暗,无光泽	口感很稀薄,颗粒感明显	焦糊味、豆腥味较重或有酸败味	絮状沉淀较多,凝结严重

＊ ＊

　　基于单因素实验研究的结论,需要对大豆浸泡温度、浸泡时间、浸泡介质浓度、浸泡时的豆水比、磨浆时豆水比等工艺条件进行综合研究,才能得出最佳的豆浆生产工艺。接下来,让我们一起设计关于上述影响因素的五因素三水平正交表并展开实验探究。

＊ ＊

【实验探究】

实验目的:探究大豆浸泡工艺条件和磨浆豆水比对消除抗营养物质和提升豆浆品质的影响。

提供的原料:颗粒饱满、无霉斑的优质大豆。

提供的器材:烧杯、FDM-Z100 渣浆分离机、DK-2000-Ⅲ L 电热恒温水浴锅、托盘天平、紫外分光光度计等。

提供的试剂: Tris buffer 溶液、BAPA 溶液、蒸馏水、30% 乙酸溶液、胰蛋白酶。

实验方案及其实施:

第一步:设计正交实验的因素和水平(表4-11)。

表4-11　正交实验的因素和水平设计

因素	A 浸泡时间/h	B 浸泡温度/ ℃	C NaHCO₃ 浓度/%	D 浸豆豆水比	E 磨浆时豆水比
水平1	10	15	0.35	1：3	1：5
水平2	12	20	0.45	1：4	1：6
水平3	16	25	0.55	1：5	1：7

第二步:建立正交实验表 $L_{16}(3^5)$ (表4-12)。

第三步:分 4 个小组各自完成 4 个实验,实验操作按照"选豆→泡豆→磨浆→滤浆→煮浆"顺序进行。同时测定豆浆中胰蛋白酶抑制剂的含量,并对制得的豆浆进行感官评价。把实验结果填写在表4-12 中对应的空白位置。豆浆生产工艺条件设置如下:浸泡和磨浆工艺条件按表中实验序号对应的水平进行选择,磨浆和滤浆过程使用渣浆分离机,煮浆温度控制在95 ℃以上,煮沸时间为 10 min。

第四步:对实验数据进行统计分析,并得出相应的结论。

表 4-12　探索生产豆浆的最佳浸泡工艺和磨浆工艺条件的正交实验 $L_{16}(3^5)$ 及结果处理

实验序号	A 浸泡时间 /h	B 浸泡温度 /℃	C $NaHCO_3$ 溶液浓度/%	D 浸豆豆水比	E 磨浆时 豆水比	胰蛋白酶抑制剂的含量	感官评价
1	1	3	2	1	1		
2	1	1	1	1	1		
3	1	2	3	1	1		
4	1	1	2	3	3		
5	1	1	3	3	2		
6	1	2	1	2	3		
7	1	1	1	1	1		
8	1	3	1	2	2		
9	2	3	1	1	1		
10	2	2	2	1	2		
11	2	1	1	1	3		
12	2	1	3	1	1		
13	3	2	1	3	1		
14	3	1	2	2	1		
15	3	1	1	1	2		
16	3	3	3	1	3		
胰蛋白酶抑制剂	均值1						
	均值2						
	均值3						
	极差R						
感官评价	均值1						
	均值2						
	均值3						
	极差R						

问题与讨论：

大豆浸泡温度、浸泡时间、浸泡介质浓度、浸泡时豆水比、磨浆时豆水比等工艺条件对胰蛋白酶抑制剂含量影响的主次顺序是什么？生产豆浆的最佳工艺条件是什么？

＊＊＊

通过上面的实验探究可知，影响胰蛋白酶抑制剂含量的主次因素是浸泡温度、浸泡豆水比[即 m(干大豆)：m($NaHCO_3$ 溶液)]、浸泡介质浓度、浸泡时间、磨浆豆水比[即 m(干大豆)：m(冷水)]。最佳实验参数为浸泡温度为 25 ℃，浸泡时间为 16 h，浸泡豆水比 m(干大豆)：m($NaHCO_3$ 溶液)＝1：4，$NaHCO_3$ 浓度为 0.45%、m(干大豆)：m(冷水)＝_____时，豆浆的抗营养因子含量最低，品质最优。

＊＊＊＊＊＊＊＊＊＊＊＊＊＊＊＊＊＊＊＊＊＊＊＊＊＊＊＊＊＊＊＊＊＊＊

【总结归纳】

请归纳利用大豆制备生豆浆时消除抗营养物质(如胰蛋白酶抑制剂、植酸、单宁等)和保持豆浆品质的操作指南。

【迁移应用】

请结合消除植物性天然毒素的问题解决思路，去探究消除动物性天然毒素的操作指南，并指出每一步操作的依据及注意事项。

＊＊＊＊＊＊＊＊＊＊＊＊＊＊＊＊＊＊＊＊＊＊＊＊＊＊＊＊＊＊＊＊＊＊＊

任务 2　设计泡菜腌制指南

泡菜，即盐渍菜，是以新鲜蔬菜或特殊的动物肉类为主要原料，添加或不添加辅料，经食盐水泡渍发酵，调味或不调味等加工而成的制品[①]。我国的泡菜制作历史悠久，最早可追溯到 3 000 多年前的商周时期，发展至今，其品种已十分丰富。在《诗经·小雅·信南山》《周礼》中提及的菹就是当代泡菜的前身。西汉晚期开始出现专用陶罐腌制泡菜。享誉全国的四川泡菜，因其味道咸酸、口感脆生、色泽鲜亮、香味扑鼻、开胃提神、醒酒去腻、老少适宜[②]而深受全国人民青睐。泡菜不仅具有调味功能，还兼具药用价值，如泡萝卜可去寒、泡青菜可清热去暑、泡茄子可治腮腺炎、泡姜可祛寒御湿等[9]。泡菜在腌制过程中，如果条件控制不好，泡菜不仅会失去脆性而变软，影响口感，还可能造成亚硝酸盐严重超标，引起食物中毒。该如何腌制泡菜，才能避免亚硝酸盐含量超标和泡菜失脆呢？通过本任务的学习，你将学会解决泡菜腌制所面临的麻烦，获得腌制泡菜的最佳工艺。

＊＊＊＊＊＊＊＊＊＊＊＊＊＊＊＊＊＊＊＊＊＊＊＊＊＊＊＊＊＊＊＊＊＊＊

【交流研讨】

1. 如果你是一名家庭主厨，在腌制泡菜前，需要解决的问题是什么？它属于何种任务类型？

2. 请按照解决麻烦类问题解决的一般思路，初步进行任务规划，并将任务规划要点填写在表 4-13 中。

【方法导引】

---

① 张林，罗陶，张华，等. 四川泡菜分类归属及定义的分析与建议[J]. 食品安全质量检测学报，2019，10(5)：1250-1253.

② 曾诗淇. 四川泡菜：泡出来的好味道[J]. 农产品市场周刊，2019(5)：28-29.

表4-13　解决麻烦类问题的一般思路

解决麻烦类问题的一般思路	第一步:定义麻烦,找到引起麻烦的物质及其造成的危害	第二步:找影响因素或形成原因	第三步:达成目标
任务规划	泡菜中亚硝酸盐含量超标会引起中毒和引发癌症的潜在危险		
	泡菜会失脆变软,影响泡菜口感		

＊＊＊＊＊＊＊＊＊＊＊＊＊＊＊＊＊＊＊＊＊＊＊＊＊＊＊＊＊＊＊＊＊＊＊＊

　　泡菜腌制质量的好坏主要表现在两个方面:一是泡菜中的亚硝酸盐含量是否在食品安全允许范围之内;二是泡菜的品质是否发生改变,有无失脆、无色等。在泡菜的腌制过程中,控制好泡菜中的亚硝酸盐含量以防食物中毒和防止泡菜失脆影响泡菜品质是腌制泡菜前必须思考和面临的问题,也就是我们要解决的麻烦。在厘清需要解决的麻烦之后,接下来从控制亚硝酸盐含量和防止泡菜失脆两个维度探寻麻烦的形成原因或影响因素。

活动1　探索控制腌制泡菜中亚硝酸盐含量的最佳工艺条件

＊＊＊＊＊＊＊＊＊＊＊＊＊＊＊＊＊＊＊＊＊＊＊＊＊＊＊＊＊＊＊＊＊＊＊＊

【检索分析】

　　利用搜索引擎、主流数据库、图书馆等各种资源,检索泡菜中亚硝酸盐的形成机理、泡菜失脆的原因等,然后回答下列问题:

　　1.蔬菜中的氮元素是从哪里来的? 其主要的存在形式是什么? 它们是由何种物质演变而来的?

　　2.蔬菜在腌制过程中亚硝酸盐含量发生变化的根本原因是什么?

＊＊＊＊＊＊＊＊＊＊＊＊＊＊＊＊＊＊＊＊＊＊＊＊＊＊＊＊＊＊＊＊＊＊＊＊

　　蔬菜本身含有的氮元素并非来自空气,而是蔬菜在生长过程中所施的化学氮肥(如碳酸氢铵、硝酸铵、硫酸铵、尿素及其他的有机氮等)。这些氮在土壤中经过一系列的物理、化学变化,最终转化为氨态氮才能被植物体吸收、利用(图4-15)。被植物吸收的氨与光合作用产生的糖类物质(如淀粉等)发生反应转化为氨基酸、核酸,进而形成天然高分子——蛋白质。当一连串的植物生理反应不能顺利进行时,如光照不充分、气候干燥、大量施用氮肥、除草剂或土壤中缺钼等,合成蛋白质的速率受阻,导致一部分 NO_3^-、NO_2^- 滞留植物体内。

$$\underset{\text{(硝酸)}}{HNO_3} \xrightarrow[\text{MO}]{\text{硝酸还原酶}} \underset{\text{(亚硝酸)}}{HNO_2} \xrightarrow[\text{Cu、Fe}]{\text{亚硝酸还原酶}} \underset{\text{(次亚硝酸)}}{HNO} \xrightarrow{\text{次亚硝酸还原酶}} \underset{\text{(羟胺)}}{NH_2OH} \xrightarrow{\text{羟胺还原酶}} \underset{\text{(氨)}}{NH_3}$$

图4-15　硝酸转化为氨的过程

　　残留在蔬菜内的 NO_3^- 在喉棒状杆菌、大肠杆菌、金黄色葡萄球菌、粘质赛氏杆菌、变形菌、放线菌、霉菌等杂菌所产生的硝酸还原酶的作用下会被还原成 NO_2^-,导致泡菜中 NO_2^- 含量增加。蔬菜自身所带的乳酸菌所产生的乳酸,一方面对 NO_3^- 转化为 NO_2^- 具有抑制作用;另一方面会促进 NO_2^- 的降解。乳酸菌所产生的乳酸含量越高,对 NO_3^- 转化为 NO_2^- 的抑制作用越强,亚硝酸盐的降解速率越快。

$$NO_2^- + CH_3CHOHCOOH \Longrightarrow HNO_2 + H_3CCHOHCOO^-$$

$$3HNO_2 \Longrightarrow H^+ + NO_3^- + 2NO + H_2O$$

＊＊

【交流研讨】

控制蔬菜中亚硝酸盐含量,需要解决的核心问题是什么?

＊＊

　　降低泡菜中的亚硝酸盐含量可以从两个方面着手:一是控制条件让杂菌成为劣势菌群,减少硝酸还原酶的生成量或降低硝酸还原酶的活性,从而减少硝酸盐转化为亚硝酸盐的量;二是控制条件让乳酸菌变成优势菌群,有利于乳酸菌发酵产生乳酸,抑制硝酸盐转化为亚硝酸盐和促进生成的亚硝酸盐的分解。由此可知,蔬菜腌制过程中亚硝酸盐含量的高低与杂菌和乳酸菌谁是优势菌种有着密切的联系。相对于杂菌而言,乳酸菌成为优势菌种是控制泡菜中亚硝酸盐含量的关键所在。

＊＊

【交流研讨】

利用互联网检索硝酸还原酶和乳酸菌的相关知识,回答下列问题:

1. 在腌制泡菜过程中,要想将产生硝酸还原酶的杂菌成为劣势菌、乳酸菌成为优势菌可以通过控制哪些外界条件来实现?

2. 影响硝酸还原酶活性和乳酸菌活性的因素分别有哪些? 这些因素的影响规律如何? 请通过列表进行比较。

3. 外界条件对硝酸还原酶活性和乳酸菌活性的影响哪些是一致的? 哪些是相反的? 哪些是不一致的?

＊＊

　　在泡菜腌制过程中,杂菌和乳酸菌谁占优势,取决于两者量的相对大小、环境温度和 pH 值等。如果杂菌占优势,杂菌产生的硝酸还原酶的量多,NO_3^- 转化为 NO_2^- 的量较大;如果乳酸菌占优势,乳酸菌发酵产生的乳酸量较多,NO_3^- 转化为 NO_2^- 的抑制程度较大,对生成的 NO_2^- 的分解程度也较大。除此之外,杂菌产生的硝酸还原酶和乳酸菌本身活性的发挥程度会影响泡菜中亚硝酸盐的含量。而影响硝酸还原酶、乳酸菌活性的因素比较多,如厌氧环境、食盐添加量、蔗糖添加量、是否接种乳酸菌(或复合乳酸菌)、发酵温度、发酵时间、发酵环境的初始 pH 值等[1]。

　　①厌氧环境。硝酸还原酶在有氧环境下,容易将 NO_3^- 还原成 NO_2^-,但在厌氧条件下,这一转化速度会变慢。乳酸菌为兼性厌氧菌,在厌氧条件下不仅有利于将碳水化合物转化为乳酸,而且有利于自身繁殖产生乳酸,这非常有利于抑制和降解亚硝酸盐。从降低泡菜中亚硝酸盐含量的视角来看,泡菜时应选择密封环境,即无氧环境。

　　②蔗糖添加量。泡菜中是否添加蔗糖,对硝酸还原酶和乳酸菌活性并无显著影响。但是加入蔗糖,能够为乳酸菌的生长繁殖提供必要的营养。综合亚硝酸盐含量和泡菜口味,可以在泡菜时加入少量的蔗糖,最好控制在 0.5% 左右。

　　③食盐添加量。食盐添加量会影响杂菌和乳酸菌的生长繁殖。食盐添加量越大,对杂菌和乳酸菌的活动能力抑制程度越大,产生硝酸还原酶和乳酸的量会减少,进而影响亚硝酸盐

① 张二康,王修俊,王纪辉,等. 发酵萝卜中亚硝酸盐含量影响因素分析[J]. 中国调味品,2019,44(9):33-38.

的含量。乳酸菌发酵的适宜食盐浓度为 5%～10%，超过 10%，乳酸菌发酵能力会大大减弱，达到 15% 时乳酸菌发酵几乎停止。综合考虑，腌制泡菜时的食盐水浓度应为 5%～10%。

④接种乳酸菌。接种乳酸菌，可以增加蔬菜中乳酸菌的量，能够在短时间内使泡菜中的乳酸菌成为优势菌群，使乳酸菌迅速生长繁殖，产生大量乳酸对亚硝酸盐进行降解。如果接种乳酸菌的量过大，会使产品的酸味过重。研究表明，乳酸菌接种量为 6% 比较适宜。

⑤发酵温度。硝酸还原酶、乳酸菌对发酵温度比较敏感。硝酸还原酶、乳酸菌的活性适宜温度分别为 25～35 ℃、19～37 ℃，最佳活性温度分别为 25 ℃、35 ℃。在 25～35 ℃，随着温度的升高，乳酸菌逐渐上升为优势菌群，乳酸菌繁殖速度越来越快，这一方面可以抑制部分杂菌的生长代谢，减少硝酸还原酶的生成量，阻断亚硝酸盐的形成；另一方面产生的大量乳酸促进了亚硝酸盐的降解。泡菜腌制温度不宜过高或过低，否则会影响泡菜发酵过程亚硝酸盐的含量和泡菜风味。综合考虑，发酵温度为 25～35 ℃。

⑥发酵时间。发酵时间虽然对硝酸还原酶、乳酸菌活性的影响不及发酵温度，但随着发酵时间的延长，乳酸菌的繁殖能力由弱变强，产生的乳酸的量会逐渐增多，最后趋于平稳。杂菌的代谢能力随着乳酸量的增加而出现减弱趋势，最后趋于平衡。硝酸盐随着泡菜腌制时间的延长而呈现先增加后降低的趋势，最后趋于平缓。综合考虑，接种乳酸菌生长过程受环境酸度的影响，发酵时间可考虑在 3 天或更长一点时间。

⑦环境 pH 值。环境 pH 值对硝酸还原酶和乳酸菌的活性影响较大。随着 pH 值的升高，硝酸还原酶活性呈现先增大后减小的趋势，且 pH 值为 7.5 或 7.6 时达到最佳。乳酸菌的活性较大的 pH 值为 3～4.4。当 pH 值较小时，乳酸菌的活性强，硝酸还原酶的活性弱。综合考虑，腌制泡菜时的初始 pH 值以 3～4.4 为宜。

* *

【拓展视野】

图 4-16　食品中亚硝酸盐的快速检测比色法　　　图 4-17　利用显色法测定泡菜中亚硝酸盐的含量

* *

接下来，在对食盐添加量（A）、蔗糖添加量（B）、乳酸菌接种量（C）、发酵温度（D）、发酵时间（E）5 个因素进行单因素实验的基础上，进一步探讨各影响因素之间协同作用下控制亚硝酸盐含量的最佳工艺条件。

* *

【实验探究】

探究不同影响因素协同作用控制泡菜中亚硝酸盐含量的最佳工艺

提供的试剂：对氨基苯磺酸溶液、N-1-萘基乙二胺盐酸盐溶液（避光保存）、10 μg/L $NaNO_2$ 标准溶液、提取液（$CdCl_2$ 和 $BaCl_2$ 混合液）、$Al(OH)_3$ 乳液、NaOH 溶液、矿泉水、白萝卜、食盐、蔗糖、乳酸菌。

提供的器材:100 mL 容量瓶、500 mL 容量瓶、胶头滴管、离心机、托盘天平、恒温泡菜坛(玻璃坛)、亚硝酸盐速测试纸及比色卡。

实验目的:探究食盐添加量(A)、蔗糖添加量(B)、乳酸菌接种量(C)、发酵温度(D)、发酵时间(E)5 个因素协同作用对泡菜发酵过程中亚硝酸盐含量的影响。

实验方案及其实施过程:

第一步:设计影响泡菜亚硝酸盐含量的正交试验因素与水平(表4-14)。

表4-14 控制白萝卜腌制过程中亚硝酸盐含量的正交试验因素与水平设计

水平	A 食盐添加量/%	B 蔗糖添加量/%	C 乳酸菌接种量/%	D 发酵温度/ ℃	发酵时间/天
1	3	0.3	3	25	2
2	4	0.5	4	28	3
3	5	0.7	5	31	4
4	6	0.9	6	34	5

第二步:选择正交实验各实验组的正交实验因素(表4-15)。

表4-15 控制白萝卜腌制过程中亚硝酸盐含量的 $L_{16}(4^5)$ 正交试验及结果处理

实验号	A	B	C	D	E	亚硝酸盐含量/(mg · kg^{-1})
1	1	1	1	1	1	
2	1	2	3	4	4	
3	1	3	4	2	2	
4	1	4	2	3	3	
5	2	1	4	4	3	
6	2	2	2	1	2	
7	2	3	1	3	4	
8	2	4	3	2	1	
9	3	1	2	2	4	
10	3	2	4	3	1	
11	3	3	3	1	3	
12	3	4	1	4	2	
13	4	1	3	3	2	
14	4	2	1	2	3	
15	4	3	2	4	1	
16	4	4	4	1	4	
均值1						
均值2						
均值3						
均值4						
极差 R						

第三步：将全班学生按3人一组，分成16个小组。每个小组按照指定的实验组工艺条件腌制白萝卜，并测定白萝卜中亚硝酸盐的含量。将测定结果填入表4-11中相应的空白处。

第四步：进行数据处理，结果记录在表4-15中。

【交流研讨】

根据表4-15中的数据分析，食盐添加量(A)、蔗糖添加量(B)、乳酸菌接种量(C)、发酵温度(D)、发酵时间(E)5个影响因素对白萝卜腌制过程中亚硝酸盐含量影响的主次顺序是什么？由此可推知，腌制白萝卜的最佳工艺条件是什么？

* *

基于亚硝酸盐含量的考虑，从极差 R 的大小可以判断，影响白萝卜腌制过程中亚硝酸盐含量的主次因素依次是发酵温度>发酵时间>食盐添加量>接种乳酸菌的量>蔗糖添加量，最佳的工艺条件是 $A_2B_2C_2D_2E_2$，即发酵温度28 ℃、发酵时间3天、食盐添加量4%、乳酸菌接种量4%、蔗糖添加量0.5%。

接下来，探究防止泡菜失脆的最佳工艺条件。

活动2 探索防止泡菜失脆的最佳腌制工艺

* *

【交流研讨】

1. 蔬菜在腌制过程中失脆，是什么原因造成的？
2. 控制蔬菜在腌制过程中失脆，需要解决的核心问题是什么？

* *

蔬菜在浸泡过程中失脆现象(即腌制后变软、软而不脆)的产生有两个原因：一是渗透作用使蔬菜中的组织细胞失水，液泡体积缩小，致使细胞壁与原生质之间出现空隙，这时蔬菜就呈萎缩状态，脆性随之减弱；二是蔬菜中含有的果胶物质发生水解，生成的果胶酸与纤维素结合在一起，具有粘连细胞的作用，导致脆性减弱[①]。要防止泡菜失脆，需要尽可能避免植物组织细胞过度失水和果胶物质水解。

* *

【材料分析】

某研究人员利用单因素实验研究萝卜腌制失脆的控制条件时得到如图4-18—图4-23所示的图像[②]，请根据图像分析外界条件对白萝卜腌制过程脆度的变化规律。

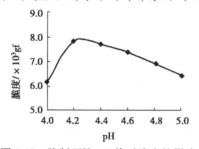

图4-18　腌制环境 pH 值对脆度的影响

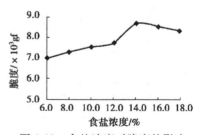

图4-19　食盐浓度对脆度的影响

①　余洋洋,卜智斌,温靖,等.风味萝卜加工研究进展[J].农产品加工,2019(2):77-79.
②　陈小宇,李丹,叶峻.腌制萝卜脆度的影响因素探究[J].农村科学实验,2020(2):28-31.

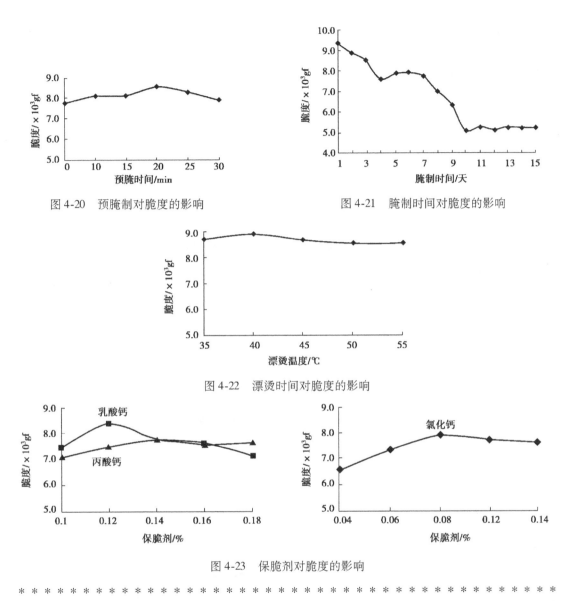

图 4-20　预腌制对脆度的影响　　　　　图 4-21　腌制时间对脆度的影响

图 4-22　漂烫时间对脆度的影响

图 4-23　保脆剂对脆度的影响

* *

实验研究表明,影响蔬菜腌制过程中脆度变化的主要因素有漂烫温度、预腌制、发酵环境的 pH 值、食盐添加量、保脆剂的使用、腌制时间、是否接种乳酸菌或复合乳酸菌等。

①发酵环境的 pH 值。酸度对蔬菜脆性有一定影响。随着 pH 值的增大,蔬菜的脆性随着 pH 值的增大而呈现先增大后减小的趋势,pH 值为 4.2 时,蔬菜的脆度最大。这是因为 pH 值为 4.2 时,抑制了有害微生物和杂菌的生长,增大了果胶甲酯酶的活性,使不溶性果胶酸盐的量增加,样品的脆度得到较大的提高。这是"滚水泡菜"时加食醋的原因。pH 值为 4.2 是泡菜的最佳酸度。

②食盐添加量。在一定食盐浓度范围(0~14%)内,随着食盐浓度的增加,对有害微生物(即杂菌)活性的抑制程度越大,就越能降低腐败微生物对蔬菜的软化作用,蔬菜的脆度逐渐增强;当食盐浓度达到 14% 时,蔬菜的脆度达到最大;食盐浓度超过 14% 时,蔬菜的脆度又开始逐渐下降。选择 14% 的食盐浓度为保持蔬菜脆性的最大浓度。

③保脆剂。使用保脆剂,能够在一定程度上提高蔬菜的脆度。随着保脆剂浓度的增加,蔬菜的脆度呈现先增加后降低的趋势。这是由于随着保脆剂浓度增加,金属离子与果胶酸作用生成的果胶酸盐的量增加,脆度增大。但是保脆剂浓度过大,会使蔬菜组织过度硬化,细胞失水,脆度降低,口感下降。不同的保脆剂,保脆效果不同。在蔬菜腌制时,通常选用0.12%的乳酸钙作保脆剂。

④漂烫温度。漂烫能够激活蔬菜中果胶甲酯酶的活性。在加入保脆剂的前提下,能够增加果胶酸钙的含量,生成的果胶酸钙能够进入蔬菜组织细胞的间隙起到粘连作用,从而增强泡菜的脆性。如果漂烫温度超过45 ℃,果胶甲酯酶的活性就会受到抑制,生成的果胶酸钙的量就会减少,会使泡菜脆度有所下降。漂烫温度不宜超过45 ℃。

⑤预腌制。预腌可脱去蔬菜细胞间较多的游离水,使其组织结构更紧实,从而提高脆度。研究表明,产品的脆度会随着预腌制时间的延长而呈现先增加后降低的趋势,选用14%的食盐水预腌达到20 min时,脆度达到最佳。

⑥腌制时间。随着腌制时间的延长,蔬菜脆度呈现先增加后降低的趋势。通常情况下,腌制时间为3天时最佳。

⑦接种乳酸菌。通过接触乳酸菌可以缩短发酵时间,从而降低果胶物质的水解程度,提高蔬菜脆度。但接种乳酸菌的量过大,会影响泡菜的酸味。

* *

【拓展视野】

利用质构仪测定蔬菜水果类脆度的方法

利用质构仪(选择压缩返回模式,用P/36R柱形探头;Mode:5;Trigger:5g;Target:40)(图4-24)测出探头下压最大力、探头下压最小力及下压距离,求出斜率(图4-25),即

$$斜率\ x(N/S) = \frac{探头下压最大力-探头下压最小力}{下压距离}$$

图4-24　质构仪

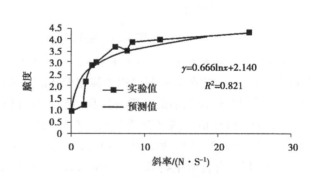

图4-25　蔬菜水果类食品脆度与斜率的关系

将斜率 x 代入回归方程 $y=0.6661\mathrm{n}x+2.140$ 即可间接推知蔬菜水果类食品的脆度。

* *

接下来,以单因素实验研究的最佳结果为依据,进一步探索食盐添加量(A)、接种乳酸菌用量(B)、添加保脆剂用量(C)、腌制时间(D)等因素之间相互协同作用下防止经预腌制、漂烫处理的白萝卜失脆的最佳工艺条件。

✳ ✳

【实验探究】

探究不同影响因素协同作用防止经漂烫、预腌后再腌制的白萝卜失脆的最佳工艺

提供的试剂:0.5 cm 厚的白萝卜条、乳酸菌(食品级)、乳酸钙(保脆剂)、食盐、矿泉水。

提供的器材:恒温泡菜坛(玻璃坛)、质构仪。

实验目的:探究食盐添加量(A)、接种乳酸菌用量(B)、添加保脆剂用量(C)、腌制时间(D)4 个因素协同作用对防止白萝卜腌制失脆的影响。

实验方案及其实施过程:

第一步:设计影响白萝卜腌制失脆的正交试验因素与水平(表 4-16)。

表 4-16 防止白萝卜腌制失脆的正交试验因素与水平设计

水平	A 食盐添加量/%	B 接种乳酸菌量/%	C 乳酸钙添加量/%	D 发酵时间/℃
1	6	3.5	3	2
2	10	4	0.12	3
3	14	4.5	6	4

第二步:选择正交实验各实验组的正交实验因素(表 4-17 所示)。

第三步:分小组完成白萝卜腌制实验。操作步骤如下:①取一定量 0.5 cm 厚的白萝卜条,置于大烧杯中。加入 45 ℃的 14%的食盐水至淹没白萝卜为止,20 min 后取出、沥水、备用。②取事先准备好的恒温泡菜坛,按实验组要求加入一定量的食盐水、乳酸菌、乳酸钙,温度调至 28 ℃,恒温密封发酵至指定时间后,取出萝卜,测定萝卜条脆度。将测定结果填入表 4-17 中相应的空白处。

第四步:进行数据处理,结果记录在表 4-17 中。

表 4-17 防止白萝卜腌制失脆的 $L_9(3^4)$ 正交试验及结果处理

实验号	A	B	C	D	脆度/(mg·kg^{-1})
1	1	1	1	1	
2	1	2	3	2	
3	1	3	2	3	
4	2	1	3	3	
5	2	2	2	1	
6	2	3	1	2	
7	3	1	2	2	
8	3	2	1	3	
9	3	3	3	1	
均值1					
均值2					
均值3					
极差 R					

【交流研讨】

根据表4-17中的数据分析,食盐添加量(A)、接种乳酸菌用量(B)、添加保脆剂用量(C)、腌制时间(D)4个影响因素对白萝卜腌制过程中亚硝酸盐含量影响的主次顺序是什么? 由此可推知,防止腌制白萝卜失脆的最佳工艺条件是什么?

* *

科学研究表明,经45 ℃热水漂烫20 min后萝卜置于含有0.12%乳酸钙(保脆剂)、14%食盐、4%乳酸菌的腌制液中腌制4天,得到的泡萝卜脆度最佳、口感最好。

* *

活动3　自主设计既能控制泡菜中亚硝酸盐含量又能保持泡菜脆度的最佳腌制条件

控制泡菜中亚硝酸盐的最佳工艺条件和保持泡菜脆度的最佳工艺条件有的相同,有的可能不同。面对这种情况,该如何进行实验再设计、综合探索这些因素协同作用的最佳泡菜腌制条件呢? 请同学们通过小组合作予以解决。

* *

【总结归纳】

总结归纳泡菜腌制的一般思路和方法,并说明每一步操作所采取的措施和依据。

【迁移应用】

利用泡菜腌制的一般思路,在家自主腌制泡菜,要求腌制的泡菜应满足:①蔬菜中亚硝酸盐的含量较低;②避免泡菜失脆;③泡菜的口感要好。

【拓展视野】

图4-26　发酵食物要警惕米酵菌酸中毒

* *

任务3　设计煎炸及烤制食品烹饪指南

煎炸及烤制是食品烹饪加工的两种重要方式,它们利用油脂加热后产生的高温使原料中富含的油脂、蛋白质、糖类、氨基酸等物质在烹饪过程中发生一系列复杂的化学变化而赋予食品独特的风味、色泽及特殊的质地结构,深受人们青睐。这两种烹饪方式在促使食品产生诱人色泽及松脆外壳的同时,由于温度过高,会产生一些潜在的致癌物,如杂环胺、丙烯酰胺、苯并[a]芘等,危及人体健康。如何对食材进行科学煎炸或烧烤才能避免高温产生的这些有害物质危害人体的健康呢? 本任务通过认识煎炸、烤制食品中有害物质的产生机理,探索煎炸、烤制食品的最佳工艺,从而获取食材的健康、安全烹饪指南。

＊＊＊＊＊＊＊＊＊＊＊＊＊＊＊＊＊＊＊＊＊＊＊＊＊＊＊＊＊＊＊＊＊＊＊＊

【交流研讨】

1.如果你是一名家庭主厨,需要对食材进行油炸或烤制,你将面临的困难是什么? 要解决该困难的任务属于何种类型?

2.请按照解决麻烦类问题的一般思路,初步进行任务规划,并将任务规划要点填写在表4-18 中。

【方法导引】

表4-18　解决麻烦类问题的一般思路

解决麻烦类问题的一般思路	第一步:定义麻烦,找到引起麻烦的物质及其造成的危害	第二步:找影响因素或形成原因	第三步:达成目标
任务规划			

＊＊＊＊＊＊＊＊＊＊＊＊＊＊＊＊＊＊＊＊＊＊＊＊＊＊＊＊＊＊＊＊＊＊＊＊

无论是对食材进行煎炸还是烤制,都需要尽可能避免在食物烹饪过程中产生杂环胺、丙烯酰胺、苯并[a]芘等潜在危及人体健康的致癌物。这是对食材进行煎炸或烤制前需要解决的麻烦。

在明确需要解决的麻烦后,接下来,将从产生麻烦的机理着手寻找产生麻烦的原因或影响因素。

活动1　寻找煎炸及烤制食品中有害物质形成的作用原理

＊＊＊＊＊＊＊＊＊＊＊＊＊＊＊＊＊＊＊＊＊＊＊＊＊＊＊＊＊＊＊＊＊＊＊＊

【信息检索】

请利用互联网或有关食品加工方面的书籍查找食物中丙烯酰胺、苯并[a]芘、杂环胺的产生机理及其理化性质,绘制思维导图,并在小组内和小组间展开交流,优化思维导图。

＊＊＊＊＊＊＊＊＊＊＊＊＊＊＊＊＊＊＊＊＊＊＊＊＊＊＊＊＊＊＊＊＊＊＊＊

食物中丙烯酰胺的产生及形成机理,国际上比较公认的就是天冬酰胺与还原糖之间发生的美拉德反应。美拉德反应是指羰基化合物(还原糖类)和氨基化合物(氨基酸、蛋白质)之间发生的一种非酶棕色化反应,最终产生棕色甚至黑色的大分子物质类黑精或称拟黑素。丙烯酰胺的形成机理可以用如图 4-27 所示的过程来表示。

丙烯酰胺的形成除了通过美拉德反应外,还可以通过油脂、碳水化合物、含氮化合物等物质在高温条件下发生反应而形成(图 4-28)。

对于苯并[a]芘而言,Badger 等人通过研究一致认为,食品中的脂肪、胆固醇、蛋白质、碳水化合物等有机物在高温下裂解产生的碳氢自由基首先结合成乙炔,乙炔再聚合成乙烯基乙炔或 1,3-丁二烯,后经环化作用合成乙烯基苯,再进一步合成丁基苯和四氢化萘,最后通过中间体在 700 ℃下合成苯并[a]芘[①](图 4-29)。

———————————

①　BADGER G, MORITZ A. The C-H stretching bands of methyl groups attached to polycyclic aromatic hydrocarbon[J]. Original Research Spectrochimica Acta. 1959,15:672-678.

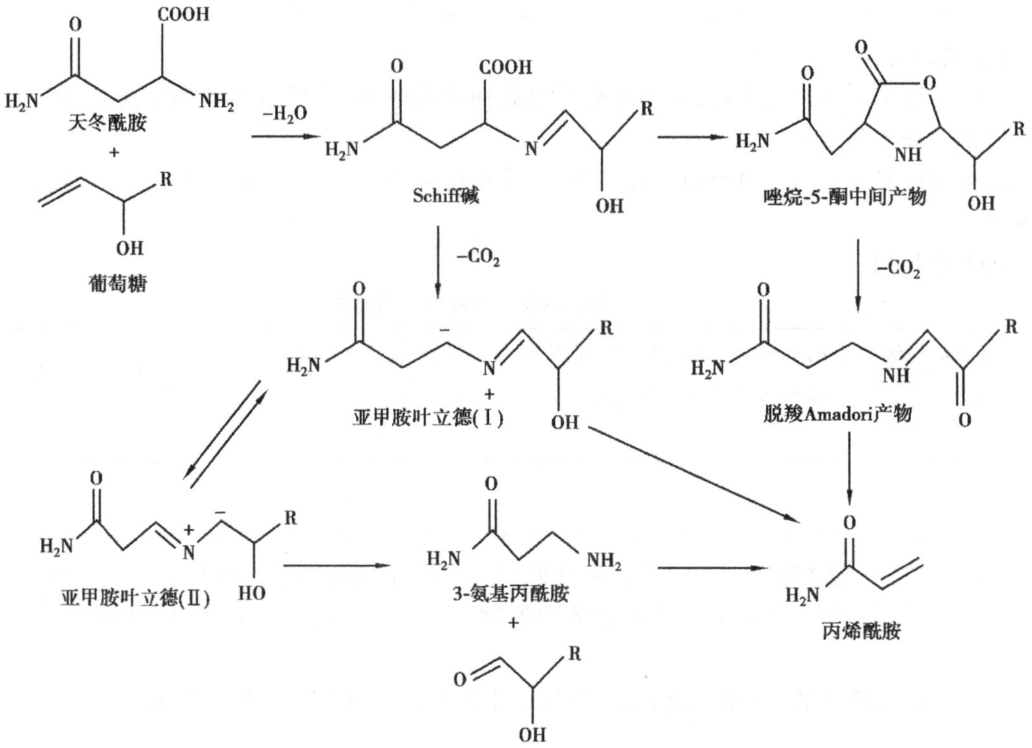

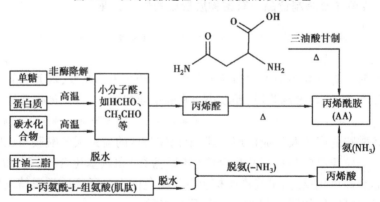

图 4-27 天冬酰胺途径下丙烯酰胺的形成机理

图 4-28 煎炸、烤制食品中丙烯酰胺（AA）的形成机理（次要）

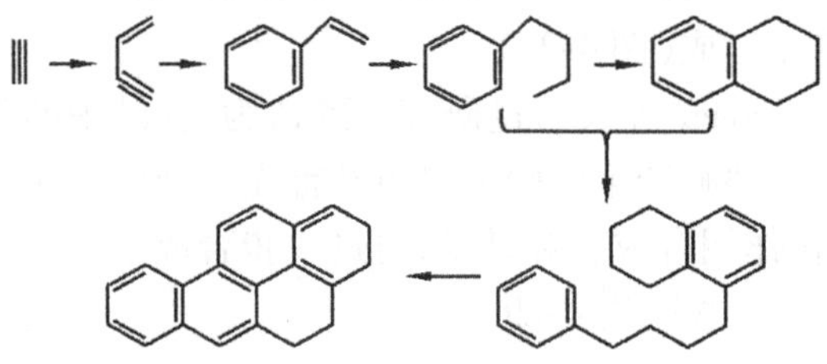

苯并[a]芘

图 4-29 苯并[a]芘的形成机理

杂环胺是高温烹调肉制品时,由食物中的葡萄糖、肌酸、氨基酸等反应生成的一类具有致突变性和致癌性的多环芳香族化合物[1],根据其结构特点与形成路径分为氨基咪唑氮杂环芳烃类(简称 AIAs,又称热致性杂环胺或极性杂环胺)和氨基咔啉类(又称热解型杂环胺或非极性杂环胺)两大类别[2],其中 AIAs 可以进一步划分为喹喔类、喹啉类、吡啶类和呋喃类(图 4-30)。不同类别的杂环胺形成机理有所不同。对 AIAs 的形成,普遍认为:在高温加热的初始阶段,葡萄糖与氨基酸发生美拉德反应,其中吡嗪、吡啶及碳中心自由基于 Amadori 重排之前形成,紧接着自由基进一步与体系中的肌酸酐发生反应产生 IQ、IQx 和 MeIQx[3]。吡啶类杂环胺的形成途径主要有两种方式:一是肌酸与酪氨酸、亮氨酸、异亮氨酸共热生成 PhIP[4];二是肌酸酐与葡萄糖、苯丙氨酸共热产生 PhIP[5]。对 PhIP 的形成机制,大多数学者认为是苯丙氨酸通过热解生成苯乙醛,接着苯乙醛与肌酸酐结合生成 PhIP 化合物[6]。氨基咔啉类杂环胺是通过蛋白质或氨基酸在超过 300 ℃的高温下裂解生成,如谷氨酸高温裂解形成 Glu-P-1、球蛋白高温裂解生成 AαC 和 MeAαC、色氨酸高温裂解形成 Trp-P-1 和 Trp-P-2[6]等。有研究表明,葡萄糖与氨基酸在低于 100 ℃的温度下可以生成 Harman 与 Norharman[7]。

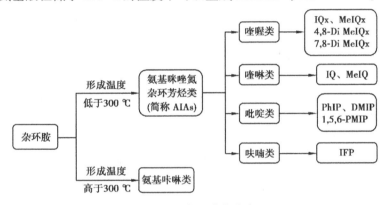

图 4-30 杂环胺的分类

弄清食物在煎炸或烤制时产生有毒有害物质的形成机制后,接下来探讨降低这些有害物质的措施。

① 刘冬梅,周若雅,王勇,等.煎炸及烤制食品中危害物的形成与控制研究进展[J/OL].食品工业科技. https://doi.org/10.13386/j.issn1002-0306.2020080046

② Keiji,Wakabayashi,Yukari,et al. Human exposure to mutagenic/carcinogenic heterocyclic amines and comutagenic β-carbolines[J]. Mutation Research/Fundamental and Molecular Mechanisms of Mutagenesis,1976,376(1-2):253-259.

③ 张梦茹.辛辣味香辛料及其特征成分对烤牛肉饼中杂环胺生成规律的影响研究[D].无锡:江南大学,2017.

④ Murkovic M. Formation of heterocyclic aromatic amines in model systems[J]. Journal of Chromatography B Analytical Technologies in the Biomedical & Life Sciences,2004,802(1):3-10.

⑤ Shioya M,Wakabayashi K,Sato S,et al. Formation of a mutagen, 2-amino-1-methyl-6-phenylimidazo[4,5-b]-pyridine (PhIP) in cooked beef,by heating a mixture containing creatinine,phenylalanine and glucose[J]. Mutation Research Letters,1987, 191(3-4):133-138.

⑥ 万可慧.牛肉干制品中杂环胺的形成与控制研究[D].南京:南京农业大学,2013.

⑦ Bordas M,Moyano E,Puignou L,et al. Formation and stability of heterocyclic amines in a meat flavour model system:Effect of temperature,time and precursors[J]. Journal of Chromatography B,2004,802(1):11-17.

活动2 寻找降低煎炸及烤制食品中有害物质的措施

* *

【头脑风暴】

根据丙烯酰胺、苯并[a]芘、杂环胺的形成机制和反应原料的理化性质,如果要减少或降低煎炸或烤制食品中的丙烯酰胺、苯并[a]芘、杂环胺等的含量,可以从哪些方面着手进行解决? 具体的解决措施有哪些? 并绘制思维导图。

* *

美拉德反应是丙烯酰胺产生的重要途径,阻断美拉德反应是控制煎炸物或烤制物中丙烯酰胺含量的关键所在。阻断美拉德反应可以从反应物、反应介质、反应条件3个维度出发。从反应物的视角来看,食品中的天冬酰胺和还原性糖含量的高低能够显著地影响丙烯酰胺含量的高低,且糖类对丙烯酰胺生成的影响大于天冬酰胺[1]。选择还原性糖和天冬酰胺含量均较低的原料进行煎炸或烤制加工,可直接降低丙烯酰胺的含量。对那些高还原性糖含量、高天冬酰胺含量的食材,可以将原材料切块后用水浸泡或热水漂烫等预处理,即可达到降低食材中还原性糖和天冬酰胺含量的目的。发生美拉德反应的原料——天冬酰胺和还原性糖中都含有易与水形成氢键的官能团(氨基或羟基),致使天冬酰胺和还原性糖能够溶于水,浸泡食材的水温越高,浸出的还原性糖和天冬酰胺的量越多;从反应介质来看,水既是美拉德反应的产物,也是其反应物的溶剂和载体。食材中水的含量能显著影响丙烯酰胺的生成,水分含量过高或过低,都会影响美拉德反应的发生。当食材中水的含量为12%～18%时最容易生成丙烯酰胺[2]。含水量较低时不利于反应物与产物流动且缩短煎炸或烤制时间,从而降低丙烯酰胺含量;含水量较高时可能会阻碍食物中热量传导,可以显著降低丙烯酰胺的含量;从反应条件来看,煎炸、烤制食品时的温度和时间不同,丙烯酰胺的生成量也不相同。此外,食用油种类、体系的pH值也会影响丙烯酰胺的生成量[2]。

苯并[a]芘的形成主要是油脂和蛋白质的高温裂解。食品中蛋白质、脂肪、碳水化合物等物质都和苯并[a]芘的生成有密切联系,其中脂肪高温裂解是产生苯并[a]芘的主要来源。高温会使食品中的脂肪酸氧化产生大量的氢过氧化物,氢过氧化物通过分子内成环聚合成苯环,然后不断通过脱 H_2O_2、添加 C_2H_2 分子形成苯并[a]芘等多环芳烃。要减少高温烹饪时苯并[a]芘的含量,要尽可能减少食材中脂肪的量,要控制好烹饪时的温度和时间。

杂环胺形成的重要途径是美拉德反应和高温裂解油脂、蛋白质。研究表明,合成杂环胺的不同前体化合物(糖类、部分氨基酸、肌酸及肌酸酐等)对杂环胺的生成影响不同,糖类物质、肌酸及肌酸酐等主要起促进作用[3],苯丙氨酸、亮氨酸等氨基酸的减少与杂环胺的增加呈现显著相关[4]。从控制美拉德反应的视角来看,选择低葡萄糖含量和低氨基酸含量的食材或食材事先进行切片、浸泡或漂烫处理以降低其葡萄糖、氨基酸含量,控制食材含水量和烹饪温

① 管玉格. 食品原料及加工方式对丙烯酰胺形成的影响[D]. 大连:大连工业大学,2016.

② 张丽梅. 烘煎食品中丙烯酰胺生成和分布规律及其速测方法的研究[D]. 厦门:厦门大学,2008.

③ Lee H,Lin M-Y. Formation and identification of carcinogenic heterocyclic aromatic amines in boiled pork juice[J]. Mutation Research/Fundamental and Molecular Mechanisms of Mutagenesis,1994,308(1):77-88.

④ Damasius J,Venskutonis P,Ferracane R,et al. Assessment of the influence of some spice extracts on the formation of heterocyclic amines in meat[J]. Food Chemistry,2011,126(1):149-156.

度仍然是减少高温烹饪时氨基咪唑氮杂环芳烃类杂环胺含量的主要措施。从防止油脂、蛋白质高温裂解的视角来看,选择低蛋白、低油脂的食材进行加工,或将烹饪温度控制在300 ℃以下,有利于控制氨基咔啉类杂环胺的生成。从加工条件来看,烹饪温度和时间是影响生化反应的重要因素,高温能够加剧反应,并随烹饪时间的延长,产物会随之积累。对于肉制品而言,温度对杂环胺的影响超过时间对杂环胺的影响。温度越高,杂环胺的生成量越多。相同温度下烹饪时间越长,杂环胺含量越高。此外,食盐的使用能够显著降低杂环胺的生成,香辛料能够抑制杂环胺的生成,酱油对杂环胺的形成具有促进作用。

综上所述,要控制高温烹饪食品中丙烯酰胺、苯并[a]芘、杂环胺等物质的含量,可以采取的措施主要包括合理选择原材料、对原材料进行预处理(如切片、浸泡、漂烫等)、控制烹饪温度和烹饪时间、添加食盐和香辛料等。

* *

【交流研讨】

1.借助互联网查询原料种类及其预处理、油炸或烤制温度和时间对油炸或煎炸过程中丙烯酰胺、苯并[a]芘、杂环胺含量的影响,并将影响规律填写在表4-19中。

表4-19　降低煎炸或烤制食品中丙烯酰胺、苯并[a]芘及杂环胺的适宜加工条件

烹饪工艺条件		丙烯酰胺	苯并[a]芘	杂环胺	筛选后工艺条件
原料种类					
原料预处理	漂烫温度				
	漂烫时间				
	漂烫介质				
油炸(煎炸)条件	油炸(或烤制)温度				
	油炸(或烤制)时间				
其他条件					

2.在原料选择、原料预处理和油炸(或烤制)条件对煎炸、烤制食品中丙烯酰胺、苯并[a]芘、杂环胺含量的影响规律,哪些是一致的?哪些是不一致的?权衡加工条件对各有害物质的影响,该如何选择加工条件?筛选后的结果填入表4-19中。

* *

外界条件对油炸或烤制食物过程中有害物质产生的影响规律并非完全一致。为了有效控制油炸或烤制过程有害物质含量,食物烹饪时应采取的措施:①选择氨基酸或还原性糖含量较低的原料进行烤制,如鸡肉等。②对原材料进行漂烫处理,漂烫温度控制在90 ℃左右,漂烫时间30 min左右,漂烫介质液由5%半胱氨酸、茶叶提取液、2%槲皮素组成。③控制好烹饪温度和时间。温度控制在170~190 ℃,时间为5~10 min。

为了获取油炸过程产生的有害物质含量达到最低,接下来探究漂烫温度、漂烫时间、油炸温度、油炸时间等因素协同作用对控制油炸物中有害物质含量的影响。

活动3 探索抑制煎炸及烤制食品产生有害物质的最佳工艺条件

****

【实验探究】

实验目的:漂烫温度、漂烫时间、油炸温度、油炸时间等因素协同作用对控制油炸物中有害物质含量的影响。

提供的食材:厚度为 0.5 cm 的鸡肉。

提供的试剂:无水乙醇、氢氧化钠、乙腈、甲醇、二氯甲烷(以上均为分析纯)、浸泡液(由5%半胱氨酸、茶叶提取液、2%槲皮素按体积比1∶1∶1混合而成)、丙烯酰胺(纯度>99.9)、甲醇(分析纯)、二次蒸馏超纯水。

提供的器材:SPE 小柱子;烧杯;漏斗;过滤架;试管;滤纸;玻璃棒;胶头滴管;250 mL 容量瓶;研钵;离心管;天平;移液管;0.45 μm 的 PVDF 滤膜;Beckman 高速台式离心机;C18 固相萃取小柱(200 mg/3mL);紫外分光光度计;注射器(10 mL);电子分析天平(型号 AL-2045);电热恒温水浴锅(型号 R501);可见分光光度计(型号 UV-721PC);恒温电热板(型号 DB-3A)。

实验目的:探究漂烫温度(A)、漂烫时间(B)、油炸温度(C)、油炸时间(D)4 个因素协同作用对油炸过程丙烯酰胺、苯并[a]芘、杂环胺生成的影响。

实验方案及其实施过程:

第一步:设计抑制油炸食品中有害物质生成的正交试验因素与水平(表4-20)。

表4-20 抑制油炸食品中有害物质产生的正交试验因素与水平设计

水平	(A)漂烫温度/℃	(B)漂烫时间/min	(C)油炸温度/℃	(D)油炸时间/min
1	80	25	160	6
2	90	30	180	8
3	100	35	200	10

第二步:选择正交实验各实验组的正交实验因素(表4-21)。

表4-21 抑制油炸物中有害物质生成的 $L_9(3^4)$ 正交试验及结果处理

实验号	A	B	C	D	丙烯酰胺抑制率/%	苯并[a]芘生成量/(μg·kg⁻¹)	杂环胺含量/(mg·g⁻¹)
1	1	1	1	1			
2	1	2	2	2			
3	1	3	3	3			
4	2	1	2	3			
5	2	2	3	1			

续表

实验号		A	B	C	D	丙烯酰胺抑制率/%	苯并[a]芘生成量/(μg·kg^{-1})	杂环胺含量/(mg·g^{-1})
6		2	3	1	2			
7		3	1	3	2			
8		3	2	1	3			
9		3	3	2	1			
丙烯酰胺	均值1							
	均值2							
	均值3							
	极差 R							
苯并[a]芘	均值1							
	均值2							
	均值3							
	极差 R							
杂环胺	均值1							
	均值2							
	均值3							
	极差 R							

第三步:按表4-20中的实验条件,分小组对鸡肉进行油炸并测定油炸物中有害物质的含量。具体操作步骤如下:①将事先准备好的鸡肉放入由5%半胱氨酸、茶叶提取液、2%槲皮素组成的浸泡液中浸泡一段时间,然后取出沥干。②将鸡肉放入恒温煎锅中进行油炸。③测定油炸物中丙烯酰胺的抑制率、苯并[a]芘生成量和杂环胺的含量,测定方法可通过扫描二维码获取。实验结果记录在表4-21中。

$$丙烯酰胺的抑制率(\%) = \frac{C_0 - C_t}{C_0} \times 100$$

式中: C_0——未预处理样品中丙烯酰胺含量,mg/kg;

C_t——预处理后样品中丙烯酰胺含量,mg/kg。

第四步:进行数据处理,处理结果记录在表4-21中。

【交流研讨】

根据表 4-21 中的数据分析,漂烫温度(A)、漂烫时间(B)、油炸温度(C)、油炸时间(D),4个因素对油炸食品中丙烯酰胺的抑制率、苯并[a]芘生成量、杂环胺含量的影响主次顺序分别是什么? 相应的最佳工艺条件是什么? 综合考虑,最终得到的煎炸、烤制食品的最佳工艺条件是什么? 请说出判断的理由。

＊＊＊＊＊＊＊＊＊＊＊＊＊＊＊＊＊＊＊＊＊＊＊＊＊＊＊＊＊＊＊＊＊＊＊＊

影响油炸物中有害物质(丙烯酰胺、苯并[a]芘、杂环胺等)含量的 4 个关键因素(漂烫温度、漂烫时间、油炸温度、油炸时间)中,漂烫温度、油炸温度的影响程度较大。要使油炸产生的有害物质能够控制在食品级安全范围内,可采取的油炸工艺为在 90 ℃的浸泡液(由 5% 半胱氨酸、茶叶提取液、2% 槲皮素组成,按体积比 1∶1∶1 混合而成)中漂烫处理 30 min,然后取出沥干,最后在 180 ℃条件下油炸 10 min。

＊＊＊＊＊＊＊＊＊＊＊＊＊＊＊＊＊＊＊＊＊＊＊＊＊＊＊＊＊＊＊＊＊＊＊＊

【总结归纳】

总结归纳煎炸及烤制食品的一般思路和方法,并指出每步操作的目的。

【迁移应用】

在家自制烧烤食品,要求能够将有害物质控制在食品安全范围之内,要求口感要好。

＊＊＊＊＊＊＊＊＊＊＊＊＊＊＊＊＊＊＊＊＊＊＊＊＊＊＊＊＊＊＊＊＊＊＊＊

项目学习评价

【成果交流】

设计一份家庭食材加工指南,内容包括腌制泡菜、煎炸食物、油炸食物等。

【活动评价】

1.通过材料分析、交流研讨,促进学生主动思考,为项目活动提供向前推进的理论基础和实践基础,诊断学生的信息检索与整理概括能力、知识获取与问题解决能力。

2.通过方法导引、拓展视野等,利用解决麻烦类问题的一般思路对项目进行任务规划和产品质量检测,以诊断学生运用方法论解决实际问题的能力,包括对方法论的理解力和执行力。

3.通过实验探究栏目,考查学生的实验设计能力和数据分析、处理能力。

4.通过总结概括栏目,诊断学生对问题解决过程的思路进行提炼的能力。

【自我评价】

本项目通过设计控制有害物质产生的食品加工指南,重点发展学生"变化观念与平衡思想""模型认知与证据推理""科学探究与创新意识"等核心素养。评价要点见表 4-22。

表4-22 "设计家庭食材加工烹饪指南"项目重点发展的核心素养及学业要求

	发展的核心素养	学业要求
变化观念与平衡思想	能基于生物体中氮元素生物的迁移过程和亚硝酸盐的消长变化认识亚硝酸盐在生物体内动态变化的原因,认识到食材腌制或煎炸、油炸过程中产生的有害物质的含量变化是有条件的	能基于描述现象类问题解决的一般思路对认识植物中的天然毒素进行任务规划,寻找消除天然毒素的关键证据,得出结论;能基于解决麻烦类问题解决的一般思路对控制腌制、煎炸、油炸等加工方式产生的有害物质(如亚硝酸盐、苯并芘、丙烯酰胺等)进行任务规划;能结合反应原理,从控制前体物、反应条件、降低生成物含量等维度预测消除有害物质(如亚硝酸盐、苯并芘、丙烯酰胺等)的措施,并基于正交实验寻找关键证据,得出结论
模型认知与证据推理	能基于描述现象类问题解决的一般思路认识食用性植物中的天然毒素;能根据天然毒素的性质预测消除天然毒素的措施;能基于解决麻烦类问题解决的一般思路分别对腌制、煎炸、油炸等食品加工过程产生的有害物质含量控制进行任务规划;能基于食品加工过程有害物质的形成机制,预测影响有害物质产生的可能因素,筛选关键变量并通过正交实验寻找关键证据,得出结论	
科学探究与创新意识	能结合影响食材加工过程有害物质产生的原理寻找影响因素,设计实验探究不同影响因素协同作用对控制有害物质的影响	

项目 **5**
探索食物霉变与存放环境的关联

项目学习目标

1.认识食物发生霉变与存放环境之间的关系,知道食物发霉是有条件的。

2.学会通过实验建立食物霉变与环境之间的关联,懂得如何保存食物并预防食物发霉。

3.通过发霉食物能否食用的辩论,懂得如何寻找证据、进行科学论证、权衡利弊并作出科学决策。

项目导引

食物因保存不当而发生霉变的现象在生活中比较常见,由此而引发的食品安全事件备受世人关注。

* *

【材料分析】

信息1:2020年,黑龙江王某及亲属9人在食用酸汤子面后全部中毒死亡。事故的元凶正是发酵面食中含有的米酵菌酸毒素,该毒素是由椰毒假单胞菌所产生,毒性强。目前,米酵菌酸中毒后尚无特效救治药物,病死率达50%以上。

信息2:霉变的甘蔗会产生"节菱孢霉菌",它分泌的3-硝基丙酸是一种耐热性强的水溶性毒素。食用霉变的甘蔗,会发生恶心、呕吐、腹泻、腹痛黑便等消化道症状,以及头疼、头昏、眼黑、复视等神经系统症状。中毒特别严重者可变成植物人,甚至死亡。霉变甘蔗中3-硝基丙酸的中毒剂量一般为12.5 mg/kg体重。食用霉变甘蔗中毒,目前尚无特效药可治,仅采用催吐方式治疗。

信息3:在霉变的花生、玉米或米饭等淀粉质食物,发苦的坚果,劣质芝麻油或自榨油,久泡的木耳,未洗净的筷子等中都发现了黄曲霉菌及其分泌的黄曲霉毒素的踪迹。黄曲霉毒素是二氢呋喃和香豆素的衍生物,属于剧毒物质,其毒性是砒霜的68倍、氰化钾(KCN)的10

倍,对肝脏组织的破坏性极强,能够诱发肝癌(致癌剂量1mg)。

请结合上述信息思考下列问题:

①食物保存过程中容易发生霉变,食用霉变的食物会引发中毒,这会给人体健康带来伤害。请问:食物发生霉变与食物保存环境之间有何关联? 解决这类问题的任务类型属于何种?

②请根据解决推论预测类问题的一般思路对食品霉变与环境条件的关联进行初步的任务规划,并将规划要点填写在表5-1中。

【方法导引】

表 5-1　解决推论预测类问题的一般思路

解决建立预测类问题的一般思路	第一步:发现问题,明确目标	第二步:提出猜想	第三步:验证猜想	第四步:基于信息分析论证,达成目标
任务规划要点				

* *

食物发生霉变,有的对人体健康有益,这类霉变称为"有益霉变";有的对人体有害,这类霉变称为"有害霉变"。有害霉变会产生霉菌,如曲霉菌、青霉菌、镰刀菌、麦角菌等,这些霉菌在生长、繁殖的过程中会分泌出一系列具有广泛化学结构的有毒有害次级代谢产物,如黄曲霉毒素、烟曲霉毒素、赫曲霉毒素、玉米赤霉烯酮、呕吐毒素和 T-2 毒素等。一旦摄入发生有害霉变的食物,就会使人体产生不适,出现中毒现象,危及人体健康。保存食物应最大程度地避免霉变的发生。食物发生霉变,与其保存的环境之间有何关联呢?

本项目通过探寻食物霉变与存放环境的关联,建立食物保存指南,让学生理解食物发霉的原因及其影响因素,懂得如何科学地保存食物。

任务 1　探寻食物霉变与存放环境的关联

日常生活中可食用的瓜、果、蔬菜以及各种粮食,在存放的过程中都会发生霉变(图5-1),不同的是发生霉变的速度有所不同。有的食物霉变速度较慢,需要比较长的时间才会发霉,如大米;有的食物霉变速度却比较快,2 天不到的时间就发生了霉变,如煮熟的食物等。

食物在存放的过程中,为什么会发生霉变? 食物霉变究竟受哪些环境因素影响? 食物霉变与存放环境之间究竟存在何种关联? 本任务借助建立联系类问题解决的一般思路,通过探究食物发霉与存放环境的关系等系列活动,让你明白环境中的食物为什么会发霉以及掌握如何控制存放条件来防止食物发霉。

发霉的橘子

发霉的大米

发霉的生姜

发霉的面包片

发霉的白菜

图 5-1　发霉的部分食物

活动 1　分析霉变食物中有害物质的组成、建立食物霉变原因假设

* *

【动手实验】

取一个刚蒸熟的馒头,均匀切割成大小相同的 4 块,分别装入编号为 A、B、C、D 的食品包装袋中,分别放在餐桌上、窗台上、卫生间、冰箱冷藏室。每隔一天观察馒头表面的变化,并将馒头表面的变化情况记录在表 5-2 中。

表 5-2　观察放置在不同地方的馒头发霉情况

类别	时间					
	第 1 天	第 2 天	第 3 天	第 4 天	第 5 天	第 6 天
A 餐桌上的馒头						
B 窗台上的馒头						
C 卫生间的馒头						
D 冰箱冷藏室的馒头						

【动手实验】

冰箱冷藏室中的馒头连续放置 6 天,未见馒头发霉;而放置在餐桌上、窗台上、卫生间的馒头,放置 2 天后均产生了不同程度的霉,在馒头表面出现色斑。

(1)在馒头表面中出现的霉菌可能是什么? 它对食品安全可能会产生什么影响?

(2)结合实验结果进行猜想:馒头发霉可能与哪些因素有关?

* *

馒头发霉后会在馒头表面形成一些颜色异常的斑点(图 5-2)。这些斑点,其实是一种称为曲霉的真菌。曲霉由营养菌丝和气生菌丝两部分组成,营养菌丝分布在馒头内部,主要负责分解馒头中的大分子营养物质,为曲霉的生长提供营养;气生菌丝则分布在馒头外面,使馒头表面呈现出青色、黑色、褐色等特殊的颜色。曲霉产生的毒素会造成人体中毒,特别是产生的黄曲霉毒素具有肝毒性,会对肝脏产生亚急性和慢性损伤。

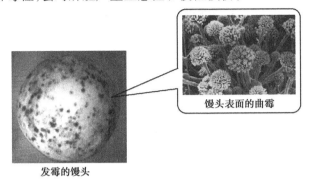

馒头表面的曲霉

发霉的馒头

图5-2　发霉的馒头及其表面的曲霉

食物发霉的原因是多方面的,可能与空气中氧气的含量、环境温度、环境相对湿度、食物的酸碱性以及食物本身的性质有关。

＊＊＊

【拓展视野】

食物长霉

食物表面的霉菌主要有毛霉菌、根霉菌、青霉菌等,无论哪一类霉菌,其生殖方式均为孢子生殖。孢子是一种粉末状的微小颗粒,在显微镜下可以观察到。孢子的体积小、质量小,孢子在风力的作用下很容易随风飘动,散落到空气可以到达的任何地方,一旦遇到其生长、发育、繁殖的适宜环境,散落的孢子就可以发育为成熟的霉菌。这就是通常所说的"长霉"。

＊＊＊

活动2　探索存放环境与食品发霉的关系

食物表面的霉菌,与其他微生物一样,它们的生长、繁殖都需要获取营养和适宜的生长环境,如温度、湿度、氧气含量……

接下来,通过实验的方式探索食品发霉与食品存放环境的关系。

＊＊＊

【实验探究】

发现问题:馒头放置在空气中发生了霉变。

提出问题:馒头在空气中发生霉变的可能原因是什么?

提出假设:

假设1:馒头发生霉变可能与环境湿度有关?

假设2:馒头发生霉变可能与环境温度有关?

假设3:馒头发生霉变可能与氧气浓度有关?

假设4:馒头发生霉变可能与感染霉菌有关?

设计方案并实施:

(1)取一个食堂制作的馒头,将其切成大小相同的4块,分别编号1、2、3、4。在第2—4号馒头上分别滴加10滴、20滴、30滴水,同时将馒头放入塑料袋中。将塑料袋放入温度为25

℃的便携式恒温箱中。每隔一天观察一次馒头表面的发霉情况,并将观察结果记录在表5-3中。

表5-3 不同湿度对馒头发生霉变的影响

发霉情况　　　时间　馒头编号	第1天	第2天	第3天	第4天	第5天
1#(未处理)					
2#(滴10滴水)					
3#(滴20滴水)					
4#(滴30滴水)					

(2)取一个食堂制作的馒头,将其切分为大小相同的4块,分别编号为5、6、7、8。5号馒头放在冰箱冷藏箱中,6号、7号、8号馒头分别放在温度为20 ℃、30 ℃、40 ℃的便携式恒温箱中。每隔一天观察一次馒头发霉情况,并将观察结果记录在表5-4中。

表5-4 不同温度对馒头发生霉变的影响

发霉情况　　　时间　馒头编号	第1天	第2天	第3天	第4天	第5天
5#(冰箱中)					
6#(20 ℃)					
7#(30 ℃)					
8#(40 ℃)					

(3)取一个食堂制作的馒头,将其切分为大小相同的4块,分别装入可密封的4个塑料袋中,编号依次为9、10、11、12。在10、11、12号塑料袋中分别注入10 mL、15 mL、20 mL氧气。将4个塑料袋放入25 ℃的便携式恒温箱中,每隔24 h(即1天)观察一次馒头的发霉情况,并将观察结果填写在表5-5中。

(4)取一个食堂制作的馒头,切分成大小相同的两块,编号为13、14。其中13号馒头不作任何处理,14号馒头表面用牙签涂摸一些霉菌。将馒头装入塑料袋后置于25 ℃的便携式恒温箱中,每隔24 h(即一天)观察一次馒头的发霉情况,并将观察结果填写在表5-6中。

表 5-5　不同氧气浓度对馒头发生霉变的影响

时间 发霉情况 馒头编号	第 1 天	第 2 天	第 3 天	第 4 天	第 5 天
9#（空气）					
10#（空气+10 mL O₂）					
11#（空气+15 mL O₂）					
12#（空气+20 mL O₂）					

表 5-6　是否感染霉菌对馒头发生霉变的影响

时间 发霉情况 馒头编号	第 1 天	第 2 天	第 3 天	第 4 天	第 5 天
13#（未感染霉菌）					
14#（感染霉菌）					

问题与讨论：

1. 根据上述实验数据，你能从中得出什么结论？

2. 你认为食物发生霉变可能与哪些因素有关？应该如何保存食物？

＊＊＊＊＊＊＊＊＊＊＊＊＊＊＊＊＊＊＊＊＊＊＊＊＊＊＊＊＊＊＊＊＊＊＊＊

食物发霉与食物存放环境的温度、湿度、氧气浓度、是否感染霉菌以及食物本身的性质有一定的关联。

从环境温度与食物霉变的关系来看，在相同的条件下，环境温度越高，食品发生霉变的速度越快；温度太低或太高，食物霉变速度会受到抑制。这与食物表面的霉菌大多属于中温型微生物密切相关。对于绝大多数产毒霉菌而言，其适宜的生长温度一般为 4~60 ℃，分泌毒素的最适温度为 25~30 ℃，在 0 ℃以下或 30 ℃以上不能产毒或产毒力减弱。

从环境相对湿度与食物霉变的关系来看，食物霉变速度与环境相对湿度之间呈正相关，湿度越大，食物霉变的速度越快。科学实验研究表明，霉菌在环境相对湿度高于 60% 时才能生长；相对湿度大于 65% 时生长速度较快；相对湿度达到 80%~95% 时，霉菌生长迅速。不同类型的霉菌，其生长的最低相对湿度有所不同，具体情况见表 5-7。

表 5-7　不同类型的霉菌生长所需的最低相对湿度

霉菌	青霉	刺状毛霉	黑曲霉	灰绿曲霉	耐旱真菌	黄曲霉
最低相对湿度	80%～90%	93%	88%	78%	60%	80%

从环境氧气浓度与食物霉变的关系来看,氧气浓度较大时有利于曲霉菌的生长。霉菌属于需氧型微生物,它的生长、繁殖离不开氧气。一旦霉菌离开了氧气,它将停止生长,甚至死亡。

从是否感染霉菌与食物霉变的关系来看,感染了霉菌的食物发生霉变的速度较快。

此外,食物本身的性质会对食物霉变产生影响。例如,含糖量高或蛋白质含量较高的食物比较适宜黄曲霉菌的生长,有利于黄曲霉菌分泌黄曲霉毒素;食物含有的微量金属元素和较低的食盐含量(1%～3%)能促进黄曲霉菌分泌黄曲霉毒素。

综上所述,要防止食物发霉,应将食物密封并置于低温、干燥的环境中保存。

活动3　探索防止食物霉变的最佳工艺

* *

【交流研讨】

霉变食物表面生长的各种霉菌都有其适宜的生长条件,包括温度、湿度、环境 pH 值、氧气浓度、食盐浓度等。请从抑制霉菌生长的视角分析:要防止食物在保存过程中发生霉变,应如何控制保存条件?

* *

霉菌的生长与食物本身的性质和环境有关。要控制霉菌生长,就是要将环境条件控制在霉菌适宜生长的范围之外。从温度的视角来看,环境温度应当低于 4 ℃;从环境相对湿度的视角来看,相对湿度应低于 60%;从氧气浓度的视角来看,应将食物进行密封保存,使其处于无氧环境之中;从食物中含盐量的视角来看,食盐浓度应大于 3%;从环境 pH 值的视角来看,食物的 pH 值应控制在 2.5 以下或 9 以上,因为黄曲霉菌的适宜生长 pH 值为 5.5,其分泌产生黄曲霉毒素的最适 pH 值为 2.5～6。

影响霉菌生长的各个因素既相对独立又相互影响,食物的保存必须综合考虑各个因素之间相互协同影响的结果。接下来,通过正交实验探索温度、相对湿度、食物 pH 值、食物盐度对食物在密封保存条件下的协同影响。

* *

【交流研讨】

实验目的:探索温度、相对湿度、食物 pH 值、食物盐度对食物在密封保存条件下的协同影响。

提供的原料:馒头、饮用水。

提供的仪器或设备:冰箱、小刀、可密封的食品袋、黄曲霉毒素检测手电(UV 紫光鉴定灯)(图 5-3)、黄曲霉毒素 B_1 检测卡(含检测卡、提取液、专用滴管和取药勺)、胶头滴管。

图 5-3　UV 紫光鉴定灯

实验方案及实施：

第一步：设计影响食物在密封条件下发霉的因素与水平表（表5-8）。

表5-8　影响食物发霉的因素与水平表

水平	因素			
	(A)温度/℃	(B)相对湿度/%	(C)食物 pH 值	(D)食物中盐的质量分数/%
1	−15 ~ −20	50	6	4
2	−5 ~ −10	40	7	5
3	0	30	8	6

注：冰箱冷冻室温度为−15 ~ 20 ℃；冷藏室温度为−5 ~ 10 ℃；保鲜室温度为 0 ℃。

第二步：设计影响食物在密封条件下发霉的 $L_9(3^4)$ 正交实验组（表5-9）。

表5-9　影响食物发霉的 $L_9(3^4)$ 正交实验组及其结果处理

序号	A	B	C	D	黄曲霉毒素含量	检测卡检测结果
1	1	1	1	1		
2	1	2	2	2		
3	1	3	3	3		
4	2	1	2	3		
5	2	2	3	1		
6	2	3	1	2		
7	3	1	3	2		
8	3	2	1	3		
9	3	3	2	1		
均值1						
均值2						
均值3						
极值 R						

第三步：分小组进行家庭实验。操作步骤：①将馒头捏成细小的粉末，向其表面喷洒一定 pH 值的白醋溶液和食盐溶液，使馒头的湿度、盐度、pH 值达到表5-9中指定实验组的要求。②将馒头分成3份，分别放入冰箱的冷冻室、冷藏室、保鲜室静置 24 h。③从冰箱中取出馒头，用黄曲霉毒素 B_1 检测卡测定馒头中黄曲霉毒素 B_1 的含量。显阴性记为"1"，显阳性记为"0"。结果记入表5-9中。

第四步：对实验数据进行处理，并将结果记录在表5-9中。

问题与讨论：

1. 在温度、相对湿度、食物 pH 值、食物盐度 4 个影响因素中，对食物发霉影响的主次顺序是什么？判断的理由是什么？

2.防止食物发霉的最佳实验组合是什么？由此推知,保存食物的最佳条件是什么？

【方法导引】

利用黄曲霉毒素 B_1 检测卡检测食物中的黄曲霉毒素 B_1

利用黄曲霉毒素 B_1 检测卡检测样品的操作分为制备样品待检液和使用检测卡进行检测两个基本环节。制备样品待检液的基本操作是向盛有提取液的塑料管中加入固体样品粉末1瓶盖(或液体样品5滴),然后盖紧瓶盖,上下剧烈振荡 1 min,竖起静置,即可得到待检液(图 5-4)。

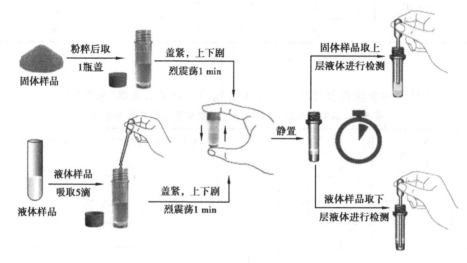

图 5-4 样品液的制备流程

在利用检测卡检测时,取待检液3滴(约 60 μL)滴入检测卡的加样孔(S 孔)中,8 min 后观察检测结果(图 5-5),即可判断样品中黄曲霉毒素 B_1 是否超标(即呈阳性)。结果判断方法如下:C 带和 T 带均显红色,C 带和 T 带颜色相同或 C 带颜色比 T 带深,说明检测结果呈阴性;C 带呈红色、T 带无色,说明检测结果呈阳性;C 带不显色,T 带显红色或无色,说明检测结果无效,需更换试纸重新检测(图 5-6)。

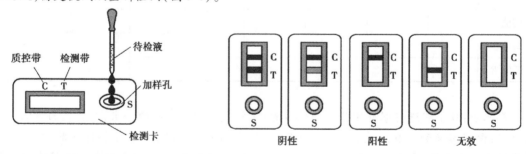

图 5-5 向检测卡的加样孔中加待检液　　　　图 5-6 检测结果判断方法

* *

实验事实表明,将食物在冰箱中保存 24 h,食物是安全的,用黄曲霉毒素 B_1 检测卡检测显阴性。也就是说,隔夜饭、菜保存在冰箱中是可以食用的,不会发生中毒事故。

任务 2　辩一辩:发霉的食物还能食用吗?

食物在保存的过程中,因保存方式不当,会或多或少地发生霉变。不同的食物,发生霉变的程度可能不同,霉变食物中含有的毒素也有可能不同。

发霉的食物能不能够食用呢? 有的人认为可以食用,有的人认为不能食用,还有的人处于中立态度。

活动 1　认识霉变食物中有害成分的性质

* *

【交流研讨】

食物在保存过程中可能会发生霉变,产生有害物质。不同食物发生霉变时感染的霉菌可能不同,不同类型的霉菌所分泌的毒素也有所不同。发霉食物中含有的毒素主要是黄曲霉毒素。其中,淀粉质食物还可能感染椰毒假单胞菌,并含有其分泌的米酵菌酸毒素;霉变的甘蔗中含有硝基丙酸等。请结合霉变食物中所含毒素的结构,预测毒素的理化性质。

【拓展视野】

部分发霉物质中所含毒素的结构简式如图 5-7 所示。

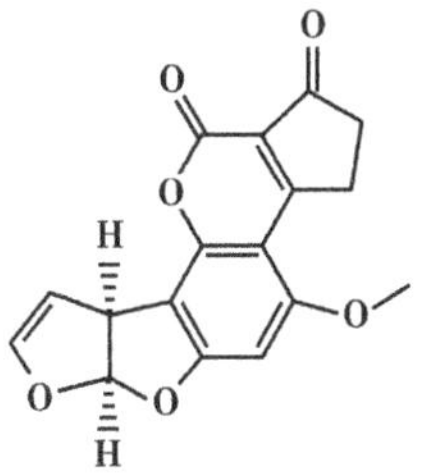

黄曲霉毒素B₁ 　　T-2毒素

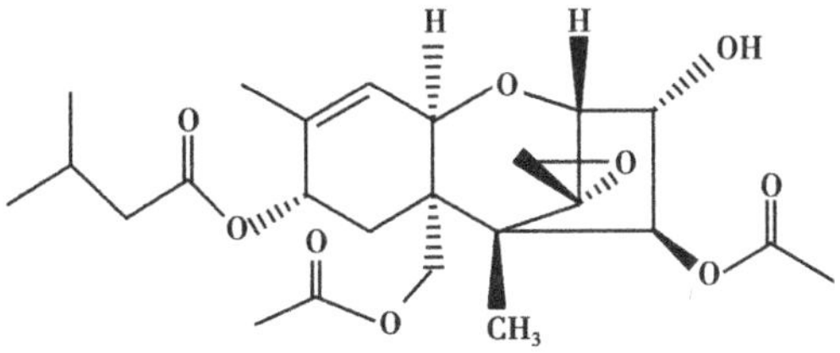

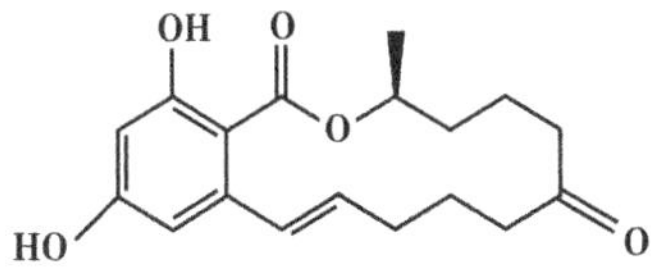

玉米赤霉稀酮 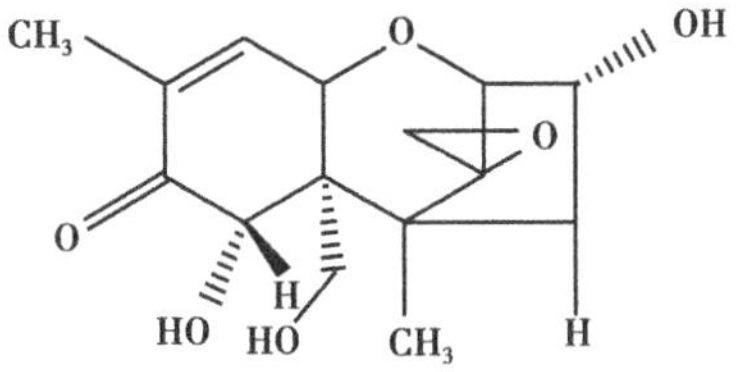 　　呕吐毒素

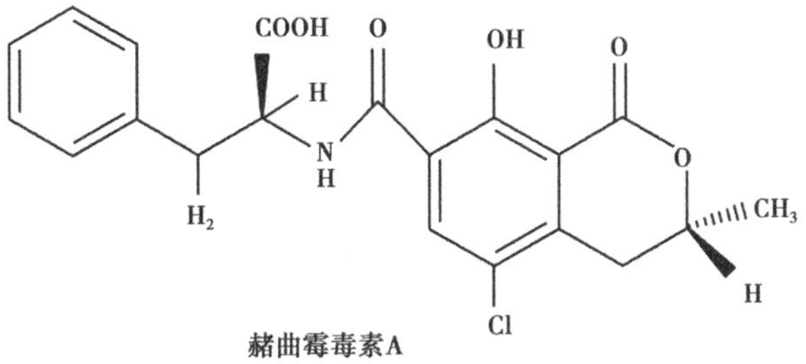

赭曲霉毒素A

图 5-7　部分发霉物质中含有的毒素

* *

从黄曲霉毒素 B_1、赭曲霉毒素 A、呕吐毒素、T-2 毒素等物质的结构来看,霉变食物中含有的毒素一般难溶于水、乙醚、石油醚,易溶于甲醇、氯仿、丙酮、苯等有机溶剂。虽然它们的结构中含有羟基,可以与水形成氢键,但毒素的相对分子质量较大,分子体积较大,其在水中的溶解性非常有限。

从毒素所含的主要官能团来看,主要有酯基、羰基、醚键或硝基等,这些官能团在中性条件下都能够稳定存在,其中,酯基在强碱性条件下易水解;醚键在中性和碱性条件下稳定而在酸性条件下不稳定。根据毒素含有的官能团,可以推知黄曲霉毒素 B_1 对热稳定,不易分解;在中性和酸性条件下能够稳定存在,但在强碱性条件(如 pH 值为 9~10)下可迅速水解;黄曲霉毒素 B_1 的结构中含有碳碳双键,能够被强氧化剂[如 $KMnO_4(H^+)$ 溶液、次氯酸钠溶液等]氧化。根据同样的道理,可以推测出赭曲霉毒素 A 具有下列性质:①微溶于水。分子中的羧基和酚羟基可与水形成一定数目的氢键,但分子的体积较大,形成氢键的数量有限,微溶于水。②分子中含有酚羟基,能够与碱性物质反应;能够被氧化剂氧化。③在中性或酸性条件下,有较大的稳定性。分子结构中含有的酯基和肽键,可以在强碱或生物酶的作用下水解。

由此可知,从化学的视角去除发霉食品中含有的毒素,需要在高温、强碱性环境或生物酶的作用下进行。以发霉土豆为例,探讨发霉食物中毒素去除的方法。

活动2　探索霉变食物中毒素去除的方法——以发霉土豆为例

****

【动手实验】

实验1:切取发霉土豆的霉变部分,将其切成大小相同的小片,分别放在 20 ℃、40 ℃、60 ℃、80 ℃、100 ℃的水中浸泡 10 min。测定在浸泡前后霉变土豆中黄曲霉毒素 B_1 的含量。

实验2:将切割好的霉变土豆进行油炸。油炸时先向锅中加入植物油,待植物油烧热后再加入一定量的食盐,待油烧开后再放入霉变的土豆进行油炸。待土豆炸熟后取出,冷却至室温后,测定油炸土豆中的黄曲霉毒素 B_1 的含量,并与油炸前土豆中黄曲霉毒素 B_1 的含量相比。

实验3:将切割好的霉变土豆用叶绿素进行浸泡,30 min 后测定浸泡后的土豆中所含黄曲霉毒素 B_1 的含量。

问题与讨论:

1. 用水漂洗的方式能够有效去除霉变食物中的毒素吗? 为什么?

2. 油炸发霉食品,在烧热的油中加入食盐后再油炸,可以去除霉变食物中的毒素吗? 为什么?

3. 利用叶绿素去除霉变食物中的毒素,方法可行吗? 为什么?

4. 根据上述 3 个实验的结果,你能从中得出什么结论?

【方法导引】

食物中黄曲霉毒素的提取方法

称取 5 g 经高速粉碎机粉碎的粒径为 2 mm 的样品,按固液比为 1:10 加入 86% 乙腈溶剂,采用超声提取 10 min,用普通滤纸进行过滤,收集滤液至 250 mL 玻璃锥形瓶中;移取 5 mL 滤液至 50 mL 容量瓶中,用磷酸盐缓冲溶液(PBS)定容;将稀释液用玻璃纤维滤纸过滤至三角瓶中。

****

黄曲霉毒素是淀粉含量较高物品、木质物品等发霉时所产生的一种比较常见的有毒的潜在致癌物。黄曲霉毒素耐热性强,一般的高温加热,很难使黄曲霉毒素分解而消除。研究事实表明,要使黄曲霉毒素发生分解,温度至少要达到 280 ℃。

研究还发现,对发霉食物进行油炸之前,在热油中先加入一定量的食盐,待油烧开后再加入发霉食物进行煎炒,可以大幅度消除发霉食物中的黄曲霉毒素。将发霉食物用叶绿素浸泡处理后,也可以消除黄曲霉毒素。

表 5-10　富含叶绿素的食物

西红柿	胡萝卜	菠菜	玉米	南瓜	橄榄
花椰菜	韭菜	菠菜	赤小豆	海带	黑芝麻
油麦菜	生菜	红枣	猕猴桃	小白菜	葡萄

活动 3　辩论:霉变食物能否食用

霉变食物能否食用,首先要弄清楚该议题所涉及的生化知识和生化问题,然后在此基础上寻找相关证据进行论证,权衡利弊,才能得出科学的结论。

接下来,探讨"霉变食物能否食用"这一议题所涉及的生化问题和寻找相关证据。

＊＊＊＊＊＊＊＊＊＊＊＊＊＊＊＊＊＊＊＊＊＊＊＊＊＊＊＊＊＊＊＊＊＊＊＊＊

【交流研讨】

1."霉变食物能否食用"这一议题涉及的生化知识有哪些? 该议题涉及的化学知识与化学反应有哪些? 认识这些化学知识或化学反应的基本思路是什么?

2. 从经济学、营养学、毒理学以及食品安全等视角分析"霉变食品能否食用"的利弊。请利用互联网、图书馆或资料室查阅相关内容,或通过问卷调查、走访营养学专家、毒理学专家和食品安全管理部门的业内人士,了解食用霉变食品的利弊,并将相关观点填写在表 5-11 中。

表 5-11　食用霉变食物的利与弊

视角	利	弊
经济学		
营养学		
毒理学		
食品安全		
其他		

＊＊＊＊＊＊＊＊＊＊＊＊＊＊＊＊＊＊＊＊＊＊＊＊＊＊＊＊＊＊＊＊＊＊＊＊＊

"霉变食品能否食用"问题是食品安全中争议比较大的问题。从不同的视角看待这一问题,会得出不同的观点。要正确认识"霉变食品能否食用"需要从多个视角进行综合分析。从经济学的视角来看,直接将部分发霉的食物全部扔掉,会造成食物的浪费;从毒理学的视角来看,摄入有毒有害物质,可能会引起人体食物中毒,给人的健康带来不可估量的损害;从食品安全的视角来看,食用霉变食物不安全等,这些都是食用霉变食物的弊端。有的人认为,可去掉霉变部分,食用未霉变部分,不仅不会浪费食材,还可以为人体提供所需的营养物质。可见"食用霉变食物"有利有弊。

"食用霉变食物"的利弊问题,需要从生化知识出发,从营养学、毒理学、经济学、食品安全等视角出发分析其利弊,并根据寻找的证据进行论证,才能获得正确的观点。

* *

【交流研讨】

1. 以"霉变食物能否食用"为题展开论证,在小组内进行交流评价,并完善科学论证过程,最后形成一篇科技论文。

2. 下面是小组讨论时,部分同学针对"霉变食物能否食用"进行论证时形成的一些观点。这些观点分别佐证或反驳了"食用霉变食物"的利弊。

同学甲:发霉的食物可以食用。

同学乙:食物分为硬食物和软食物,硬食物可去掉霉变部分,吃剩下的部分;软食物发生霉变时应全部扔掉。

同学丙:食物发生霉变后,虽然肉眼未观察到霉变部分,但在显微镜下可观察到霉菌的存在。

同学乙:霉菌属于孢子生殖,它会跳跃,成群的孢子会到处飞舞,到达任何地方。

同学甲:霉变食物中的毒素可以利用叶绿素浸泡处理,达到消除毒素的目的。

……

【方法导引】

表5-12　科学论证过程的水平划分

水平及要求	示例
水平1:只有观点,没有相应的佐证材料	观点:食用霉变食物对人体有害
水平2:有观点有佐证材料,但没有材料到观点的推理过程或推理不合理,佐证材料不充分	观点:食用霉变食物对人体有害 材料:霉变食物中含有的毒素能够损害人体的肝脏,危害人体健康
水平3:有观点和充分的佐证材料,以及科学的推理过程	观点:食用霉变食物对人体有害 材料:食物发霉是食物表面感染了霉菌,霉菌能够分泌毒素。霉菌能够到处飞舞,到达任何地方,让所有的食物感染霉菌。霉变食物中含有的毒素能够损害人体的肝脏,危害人体健康 推理过程:食物发霉是感染了霉菌→霉菌能够到处飞舞,到达任何地方→霉菌能够分泌毒素→霉变食物中含有的毒素能够损害人体的肝脏,危害人体健康→发霉的食物不能食用

续表

水平及要求	示例
水平4：有观点和充分的佐证材料，以及科学的推理过程。还有反驳观点的佐证材料和推理	观点：食用霉变食物对人体有害 材料：食物发霉是食物表面感染了霉菌，霉菌能够分泌毒素。霉菌能够到处飞舞，到达任何地方，让所有的食物感染霉菌。霉变食物中含有的毒素能够损害人体的肝脏，危害人体健康 推理过程：食物发霉是感染了霉菌→霉菌能够到处飞舞，到达任何地方→霉菌能够分泌毒素→霉变食物中含有的毒素能够损害人体的肝脏，危害人体健康→发霉的食物不能食用 反驳及其证据：食物感染霉菌后所分泌的毒素，可通过在热油中加盐再炸的方式去除；利用叶绿素处理霉变食物，能够有效消除毒素 进一步推理：利用叶绿素处理霉变食物，能够有效去除毒素。霉变食物中的有害物质能够消除。消除毒素的霉变食物可以食用

* *

　　通过对"霉变食物能否食用"进行充分的论证和推理，可以分清主流观点和支流观点。接下来，在推理论证的基础上进行权衡，最终作出决策。

* *

【交流研讨】

　　1.如图5-8所示是某研究小组关于"霉变食物能否食用"的相关讨论，阅读并思考你能从中得到的启示。

图5-8　权衡利弊

　　同学甲：霉变食物能食用的有3个观点，不能食用的有4个观点。不能食用的观点条目大于能够食用的观点条目，说明霉变食物不能食用。

　　同学乙：对人体健康有危害这一条就够了，直接判断霉变食物不能食用。

　　同学丙：虽然霉变食物有危害，如果产生这种危害的毒素能够通过常规方法消除，这样的霉变食物是可以食用的。

　　同学丁：霉变食物既有可以食用的证据和观点，也有不能食用的证据和观点，真不好决断能不能食用。

同学戊：应该从大局出发，长远考虑。发霉食物中的毒素可以利用叶绿素来消除，这对消除霉变产生的毒素具有积极意义。但这种消除毒素的方法在生活中并未得到普及，不属于主流。摄入霉变食物，食物中含有的毒素会对人体健康产生负面影响，这是主流。霉变食物能否食用，应抓住主流进行决断，才能得出正确的结论。

……

2.根据小组汇报展示的评价内容和小组活动的过程及结果，小组成员研讨后汇报展示内容和形式。

【方法导引】

表5-13　小组评价的因素和等级

因素	评价等级			
	A	B	C	D
知识的应用	不仅能充分运用生化知识和认识有机物性质的视角进行阐述分析，还能应用相关的新知识	能充分、科学、合理地应用生化知识和认识有机物性质的视角进行阐述分析	能比较充分、科学地应用生化知识和认识有机物性质的视角进行阐述分析	应用生化知识进行阐述分析时不够全面或出现错误
科学论证	有针对议题的明确观点，证据充分，论证推理过程合理，考虑了反驳及其证据	有针对议题的明确观点，证据充分，论证推理过程合理	有针对议题的明确观点，证据比较充分，论证推理过程有瑕疵但基本合理	有针对议题的明确观点，证据基本充分，但缺少论证推理过程
科学态度和社会责任	基于实际，从食品安全的视角综合分析社会议题	基于实际，从营养学、毒素学、经济学等视角具体分析社会性科学议题	能分析食品安全议题可能给食物安全、人类健康等带来的双重影响，但不够充分、具体	只关注营养对个体的影响，忽视或缺乏食品安全对人类健康的影响

* *

对食品安全议题的权衡必须从不同层面进行分析，厘清问题解决的主流与支流，结合必要的证据推理进行分析、归纳，才能得出科学的结论。否则，得出的结论是片面的、经不起检验的。

项目学习评价

【成果交流】

制作一份食物保存指南。

【评价活动】

1.通过动手实验、交流研讨、实验探究、走访调查、展示交流、总结归纳等栏目,诊断学生信息检索与整理归纳能力、知识获取与问题解决能力。

2.通过方法引导,一方面,引导学生按照问题解决的一般思路展开项目学习,并诊断对项目进行任务规划的能力;另一方面,在辩论过程中便于学生诊断自己进行科学论证时所达到的论证水平。

3.通过拓展视野栏目,诊断学生获取信息并利用信息解决问题的能力。

【自我评价】

通过建立食物霉变和存放环境的关联、辩论"霉变食物能否食用"两大项目任务,重点发展学生"模型认知与证据推理""科学探究与创新意识""科学态度与社会责任"等核心素养。请依据表 5-14 检查对本项目的学习情况。

表 5-14　"探索食物霉变与存放环境的关联"项目重点发展的核心素养与学业要求

发展的核心素养		学业要求
模型认知与证据推理	能基于推论预测类问题解决的一般思路对建立食物霉变与存放环境的关联进行任务规划,并通过实验收集证据,得出结论; 能基于影响食物霉变的因素,探索不同因素协同作用对食物霉变的影响,寻找实验证据,筛选影响食物霉变的主次顺序,并确定食物保存的最佳工艺	能基于推论预测类问题解决的一般思路对建立食物霉变与存放环境的关联进行任务规划; 能基于实验理解外界条件对食物霉变的影响规律,并建立食物霉变与存放环境之间的关联; 能基于探索不同因素协同作用对食物霉变的影响,找到影响食物发霉的关键因素,并以此确定食物保存的最佳条件; 能基于霉变食物能否食用的辩论,学会寻找证据、进行科学论证、权衡利弊并进行科学决策
科学探究与创新意识	能按照"发现问题、提出假设、验证假设、得出结论"的思路探寻食物霉变与存放环境之间的关联,并通过实验寻找证据,分析关键证据,得出结论	
科学态度与社会责任	能基于物质转化关系,分析、探讨食物霉变对人体健康的影响,并能从多个视角评估霉变食物能否食用	

项目 **6**

酿造美味可口的功能性米酒

项目学习目标

1. 能够掌握米酒发酵的原理和自主酿造米酒。通过米酒制作,了解微生物在传统发酵工业中的应用及其重要意义。

2. 通过设计米酒酿造工艺和优化米酒酿造两大任务,让学生通过发现问题、寻找麻烦成因、提出解决策略、进行实验论证等系列活动,初步掌握产品从有到优的设计理念,形成产品设计类问题解决的一般思路和方法,并能运用产品设计类问题解决的一般思路去解决生活中遇到的现实问题。

3. 通过制作米酒和设计米酒包装,让学生初步懂得如何将产品的卖点和包装设计进行融合,设计出有创意的包装,从而培养运用跨学科知识解决现实问题的能力。

项目导引

米酒,又称酒糟、醪糟、酒酿,是由糯米或大米蒸熟后加入酒曲发酵而成的一种特殊食品。在酿造米酒的过程中,通过酒曲的根霉菌产生的淀粉酶、蛋白酶、脂肪酶的作用,使淀粉水解转化为麦芽糖或葡萄糖,使不溶性蛋白质水解产生多肽和游离氨基酸,使根霉菌繁殖过程伴随产生的乳酸、柠檬酸、葡萄糖酸及琥珀酸等有机酸与酵母菌代谢产生的醇类物质作用形成各种酯类化合物。此外,发酵过程还会产生维生素 E、维生素 B 和多种矿物质。由此可知,米酒中含有丰富的营养价值。米酒具有促进食欲、帮助消化、温寒补虚、提神解乏、解渴消暑、促进血液循环、润肤等[①]功效。人们在酿造米酒的过程中添加一些药食同源的食材(如灵芝、玛咖、芦荟等)和富含维生素的水果(如香蕉、猕猴桃、银杏等)汁制出了一批营养价值和保健功

---

① 蔡柳,熊兴耀,张婷婷,等.甜酒酿的发酵工艺及其稳定性研究[J].现代食品科技,2012,28(5):527-529+520.

能更强的功能性米酒,以满足不同群体对米酒的需要。如何自酿米酒?怎样才能使制得的米酒品质更佳?这是本项目需要解决的问题。

本项目以自酿香蕉米酒为根本任务,通过探索香蕉米酒酿造条件和米酒澄清条件,获取香蕉米酒生产的最佳工艺,旨在让学生领略米酒酿造的魅力和掌握产品设计类问题解决的一般思路和方法,培养学生证据推理能力、实验探究能力以及问题解决能力,培养学生的核心素养。

任务1 探究米酒发酵的工艺条件

* *
【交流研讨】

1.如果你是一名米酒酿造师,现在需要酿造香蕉米酒,你将面临的困难是什么?解决这类问题的任务类型是什么?

2.请根据解决产品设计类问题的一般思路,对酿造香蕉米酒进行初步的任务规划,并将任务要点填写在表6-1中。

【方法导引】

表6-1 解决产品设计类问题的一般思路

产品设计类问题的一般思路	第一步:明确目标	第二步:目标拆解,要素分析	第三步:概念设计	第四步:精细、具体设计	第五步:权衡、优化统整	第六步:循环、重复设计	第七步:反思提炼问题解决思路的关键策略
任务规划要点							

* *
酿造香蕉米酒前需要弄清所需要的原料、酿造过程所涉及的微生物以及发酵米酒的基本原理,这是一名米酒酿造师在酿造米酒前必须搞清楚的问题。解决这类问题的任务类型属于产品设计类问题。

利用合适的原料和微生物、控制好发酵条件,获取优质的香蕉米酒,是酿造香蕉米酒时应当达成的最终目标。在厘清产品设计所应达成的目标后,接下来对目标进行具体的拆解和对目标的达成进行具体的设计。

* *
【交流研讨】

1.从物质的视角来看,酿造香蕉米酒需要哪些物质?

2.从酿造米酒的过程来看,酿造香蕉米酒的过程可分为哪些阶段?每个阶段需要解决的核心问题是什么?

3.从总体上讲,酿造香蕉米酒需要解决的核心问题是什么?

* *
酿造香蕉米酒需要香蕉、香米和糯米3种基本原料和微生物(根霉菌和酵母菌)。从酿造香蕉米酒的过程来看,酿造香蕉米酒包括淀粉糖化过程和酒精发酵过程两个重要阶段。淀粉糖化过程是淀粉在根霉菌、毛霉菌等糖化菌的作用下转化为低聚糖(包括麦芽糖)和单糖(如葡萄糖、果糖等),这一阶段随发酵时间的延长,淀粉糖化程度逐渐增大,发酵液中含糖量会升高。同时,在根霉菌发酵时会将部分淀粉转化为乳酸、柠檬酸、乙酸等有机酸,将蛋白质转化为多肽和游离氨基酸,使游离有机酸和醇类物质反应生成具有特殊香味的酯类化合物等。酒精发酵过程是在酿酒酵母菌的作用下将葡萄糖等转化为乙醇,该过程会产生一些芳香味的化合物。淀粉糖化过程是酒精发酵的前提和基础,酒精发酵离不开淀粉的糖化。淀粉糖化过程和酒精发酵过程在时间序列上存在先后关系,但都离不开微生物的作用。要使米酒发酵能够达到理想状态,需要解决好3个方面的问题:一是让原料中的淀粉能够充分糖化;二是酒精发酵能够正常进行;三是保障根霉菌和酵母菌能够协同作用并实现代谢协调。

* *

【交流研讨】

1. 怎样使淀粉糖化能够充分进行,满足后续酒精发酵的需要?

2. 采取什么的方式才能使酒精发酵正常进行?

3. 怎样操作才能保证糖化过程和酒精发酵过程中微生物作用能够协同进行,并实现代谢协调?

* *

淀粉的糖化过程作为米酒发酵的重要阶段,基于起点与终点的关系寻求思路进行概念设计,可以将系统中的物质拆解为淀粉和微生物。要使米酒发酵过程中实现淀粉糖化最大化,就应该想方设法实现提高糖化过程的转化率和保障根霉菌正常生长、繁殖。

酒精发酵过程是继糖化过程之后,将葡萄糖等转化为酒精的过程,实现这一转化,离不开酿酒酵母菌的作用。要使酒精发酵正常进行,就必须提供适宜的外界条件以保障酿酒酵母菌能够正常生长、繁殖。

由此可知,解决米酒酿造的基本思路可以概括为3个方面:一是寻找提高淀粉转化率的可行性措施;二是寻找影响微生物正常生长、繁殖的最佳适宜条件;三是通过调配根霉菌和酵母菌的用量配方寻找两者协同作用和代谢协调的最佳状态。这些解决问题的思路都可以通过借助已有研究成果和实验优化的方式来实现。

* *

【方法导引】

寻找微生物生长适应条件应从微生物本性和生长、繁殖的适宜条件两个方面着手进行推导:一是结合微生物的特点,如是好氧或厌氧还是兼性厌菌,或是否具有好湿性等确定是否密封发酵和液态发酵;二是从微生物生长、繁殖所需要的适宜基质、环境温度、pH 值、湿度等角度寻找可供控制的条件。

* *

接下来,就如何提高淀粉糖化时的转化率和寻找适宜微生物的因素进行探索。

* *

【头脑风暴】

结合所学知识和借助互联网,检索下列问题涉及的相关知识,进行小组交流并达成共识。

1. 要提高淀粉糖化时的转化率,可采取哪些具体措施? 举例说明并阐述理由。

2. 影响根霉菌和酿酒酵母菌生长、繁殖的因素分别有哪些? 影响规律有何异同? 应当如何筛选这些因素作为米酒发酵必须控制的条件?

　　3.怎样才能实现根霉菌和酵母菌在米酒发酵过程中的协同作用和代谢协调,使米酒的品质达到最佳?

＊＊＊＊＊＊＊＊＊＊＊＊＊＊＊＊＊＊＊＊＊＊＊＊＊＊＊＊＊＊＊＊＊＊＊

　　在淀粉糖化过程中,提高淀粉转化率可以从以下几个方面着手:一是提高原料中淀粉的浸出率,使其能够与根霉菌充分接触。实现这一目标,需要通过浸泡、蒸煮工序使原料中的淀粉糊化。浸泡的目的在于使淀粉质原料充分吸水膨胀,便于植物细胞中的淀粉浸出,但不能使细胞膜破裂,为后续蒸煮原料提供方便,以免出现蒸煮后糯米或大米等原料夹生的情况。浸泡好的标准是用手一捻,即能成粉。二是煮熟的原料与含有根霉菌的酒曲充分混合,增大彼此的接触面积。三是通过控制根霉菌生长、繁殖的条件,使根霉菌产酶,并保持最佳的活性状态,促进淀粉转化为低聚糖和单糖。影响根霉菌生长、繁殖的因素主要有基质营养成分、溶解氧、环境温度、初始 pH 值、葡萄糖含量、水的含量等。它们对根霉菌生长、繁殖的影响情况如下:①氮源和碳源物质的含量。根霉菌缺乏酸性羧基蛋白酶,使得根霉菌在生料上生长比在熟料上生长更加容易。根霉菌在熟料上生长时不能利用因加热蒸煮而变性的蛋白质,必须加入适量的氮源物质才能确保其正常生长、繁殖,否则会因缺乏有机氮而影响其菌丝生长和产酶活性[①]。不同根霉菌品种对不同的氮源利用程度不同,总体上讲,利用程度的先后顺序为复合氮源的使用比单一氮源好。根霉菌能产生液化酶(α-淀粉酶),还可以产糖化酶,且产糖化酶的能力强、活力高,能够将淀粉几乎完全转化为葡萄糖。发酵工业常常将根霉菌作为糖化菌制作大曲、麸曲等酒曲。酒曲的糖化力和液化力与根霉菌生长状态密切相关。由此可知,在米酒发酵前应向发酵体系中加入一定的氮源物质(如酵母膏、大豆粉浸出物等),同时选用淀粉质含量较高的物质作为发酵原料或碳源物质(如糊精、淀粉、米糠、蔗糖、木薯粉、麸皮等)。氮源和碳源物质的添加量应根据用于酿造米酒的基质(主原料)营养成分的含量来调节。②溶解氧的含量。根霉菌是好氧、好湿性真菌,它的生长、繁殖需要充足的氧气。米酒的糖化过程应不断向发酵体系中通入适量的氧气,同时在拌曲前应对蒸熟的大米或糯米进行松米。③环境温度。根霉菌的生长和产酶受温度影响较大,根霉菌能够在 15 ~ 40 ℃的环境中生长、繁殖,其菌丝生长最适温度为 30 ~ 37 ℃,产酸性蛋白酶的最适温度为 28 ~ 31 ℃,脂肪酶的最适温度为 30 ℃,糖化酶和液化酶最适温度为 33 ~ 35 ℃。超过 45 ℃根霉菌生长变缓,超过 50 ℃就会使根霉菌死亡。这就是在拌曲前需要将蒸熟的大米或糯米进行冷却的原因。④糖化过程的初始 pH。pH 值大小对嗜酸性根霉菌的生长、繁殖产生较大影响。根霉菌生长的最适 pH 值为 5 ~ 5.5,其分泌酸性蛋白酶的最适 pH 值为 2.5 ~ 5、脂肪酶的最适 pH 值为 6 ~ 7.5。⑤水分。水分对根霉菌生长影响较大,但对产酶的影响不大。发酵基质中含水量为40%及以下,根霉菌生长缓慢。70% 时生长快,但通气与散热效果差,易感染杂菌。50% ~60%的含水量最适合根霉菌生长。糖化过程的加水量应根据原料含水、空气含量而定。其他条件对根霉菌生长、繁殖的影响不再赘述。

　　在酒精发酵阶段,主要是控制酿酒酵母菌的生长环境来控制酒精的生成。影响酿酒酵母菌生长的条件如下:①溶解氧。酿酒酵母菌是一种好氧菌,它的生长、繁殖需要氧气的参与,

---

　　①　龙可,赵中开,马莹莹,等.酿酒根霉菌研究进展[J].现代食品科技,2013,29(2):443-447.

如果氧气严重不足或长期缺氧,酿酒酵母菌繁殖几代后就会死亡,酿酒酵母菌的发酵必须提供充足的氧气。②碳源物质和氮源物质。碳源物质和氮源物质都是酵母菌细胞生长、繁殖所需的重要物质,酵母菌对它们的利用都有其选择性[1](如碳源物质的利用率高低和优先顺序为蔗糖>葡萄糖>木棉糖;氮源物质的利用率高低和优先顺序为酵母浸粉>硫酸铵>蛋白胨)。在酒精发酵阶段,如果提供的碳源物质或氮源物质太少,酿酒酵母菌体生长缓慢;提供过多,则会导致渗透压过大,不利于菌体生长。酒精发酵过程所提供的碳源或氮源物质必须适量。有研究表明,当碳源物质分别为蔗糖、葡萄糖时,其最佳添加量分别为 34.64 g/L、4% ~ 6%;氮源物质分别为尿素、酵母浸膏时,其最佳添加量分别为 1.0 g/kg、9 g/L。③pH 值。pH 值对酿酒酵母菌生长影响较大。酿酒酵母是一种嗜酸性微生物,能在 pH 值为 2.5 ~ 8 的环境中生长,其中生长最适 pH 值为 4 ~ 6.5、产酒精最适 pH 值为 4.9 ~ 5.1。最适合生长的 pH 值,不同品种的酿酒酵母可能不同,其值可能为 4 或 5 或 6。pH 值为 2.5 或 8 时,它的生长明显受到抑制[2]。但高 pH 值对杂菌的抑制难以发挥,影响出酒率[3]。④温度。液态的酿酒酵母菌适宜生长温度为 20 ~ 35 ℃,最适温度为 28 ~ 32 ℃。超过 40 ℃时酵母菌活数量会减少;超过 50 ℃时酵母菌停止生长,甚至死亡。干态的酵母菌可以抗高温,120 ℃条件下可以生存。在适宜温度范围内,温度每升高 1 ℃,酵母菌发酵速度增加 10%[4]。⑤酵母接种量。接种量过小,对酒精发酵后期菌种生长不利;接种量过大,会使菌体生长过快,营养物质消耗过快,有些初级或次级代谢产物会抵制菌体的生长。

为了使米酒酿造过程中的糖化过程和酒精发酵过程能够协调,避免分别接种根霉菌和酵母菌带来的麻烦,工业上常将根霉菌和酵母菌按一定比例植入培养基中制成酒曲。在酒发酵过程中只需拌入一定量的酒曲进行米酒发酵即可。

综上所述,米酒酿造过程可划分为两个环节:一是对米酒发酵前的原料预处理;二是米酒主发酵。米酒发酵前的原材料预处理包括选择淀粉质含量较高的糯米或大米作米酒发酵的原料、对糯米或大米进行浸泡处理、蒸煮大米、药食同源食物的准备等工序。浸泡糯米或大米时只需在 35 ℃以下的水中浸泡即可,浸泡温度不同,浸泡的时间有所不同,浸泡的标准就是手捏即碎,无浸烂或无硬心即可,该过程无需优化。作为预处理阶段,需要控制的是米酒发酵所需的主要原料的配比和蒸煮时间。主发酵阶段需要考虑酒曲中根霉菌与酵母菌的生长、繁殖和发酵启动后的无氧发酵,必须控制好发酵装置中的米酒醪装入量、米酒醪中的料水比(即 $m_{(生糯水)} : m_{(温开水)} = 1 : 1.5$ 左右)及其初始 pH 值(4 ~ 6)、发酵温度(28 ~ 35 ℃)、发酵时间和酒曲接种量等。

* *

【拓展视野】

米酒感官评价标准

① 罗华军,刘云,王亚宁,等.近平滑假丝酵母 ATCC7330 的生长条件优化[J].化学与生物工程,2019,36(2):12-16.

② 刘龙海,李新圃,杨峰,等.酿酒酵母菌生长特性的研究[J].中国草食动物科学,2016,36(3):38-41.

③ 陈文秀,董宁亮,杨鹏飞,等.影响酒精酵母发酵效果的因素研究[J].现代食品,2017(9):104-106.

④ 贾博,刘灵伶,刘兴艳.Cu^{2+} 对酿酒酵母酒精发酵特性的影响[J].现代食品科技,2015(1):32-36+31.

表6-2　米酒感官评价标准

项目	色泽		香味		口感	
	标准	分值	标准	分值	标准	分值
指标	酒红色,质地均一,有光泽	1.8 ~ 2	典型的发酵香,风味复杂多样	3 ~ 4	风味柔和、酸甜比例适当	3.4 ~ 4
	淡酒红色,质地均一,有光泽	1.5 ~ 1.7	米香、醇香较淡,风味复杂多样	2.5 ~ 2.9	酒香稍重或不足	2.7 ~ 3.3
	很淡的酒红色或发黑,质地不均一,无光泽	0 ~ 1.4	几乎无醇香,风味单一	0 ~ 2.4	酸甜失调,口味较差	0 ~ 2.6

* *

　　理论的推导离不开实验的论证。接下来,通过实验探究的方式对米酒酿造工艺进行优化,以获取最佳的米酒酿造方法。

* *

【材料分析】

　　某研究团队通过单因素实验研究了香米与糯米的质量配比、蒸饭时间、香蕉汁添加量、酒曲接种量、发酵温度、发酵接种量等对香蕉米酒的品质影响[①],得到如图6-1—图6-6所示的影响因素与感官评分的变化曲线。请结合图像分析基于单因素实验的糯米米酒最佳工艺条件。

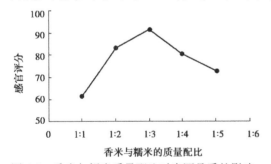

图6-1　香米与糯米质量配比对米酒品质的影响

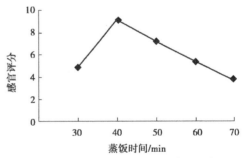

图6-2　蒸饭时间对米酒品质的影响

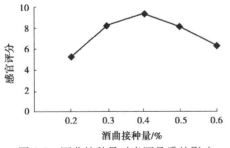

图6-3　酒曲接种量对米酒品质的影响

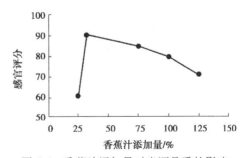

图6-4　香蕉汁添加量对米酒品质的影响

　① 曾庆华,郑焕芹,孙小凡,等. 发芽糙米和糯米甜酒酿的研制[J].粮食与油脂,2019,32(8):66-69.

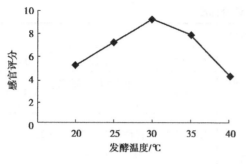

图 6-5　发酵温度对米酒品质的影响

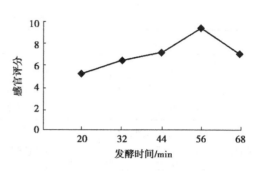

图 6-6　发酵时间对米酒品质的影响

＊＊＊＊＊＊＊＊＊＊＊＊＊＊＊＊＊＊＊＊＊＊＊＊＊＊＊＊＊＊＊＊＊＊＊

　　米酒的品质受香米与糯米的质量配比、蒸饭时间、酒曲接种量、香蕉汁的添加量、发酵温度、发酵时间的影响。随着蒸饭时间的延长,米酒的感官品质均呈现先升高后降低的趋势,蒸饭时间达到 40 min 时米酒的品质达到最佳。香米与糯米的质量配比、酒曲接种量、香蕉汁添加量、发酵温度、发酵时间对米酒品质的影响规律与蒸饭时间相似,其中香米与糯米的最佳质量配比为 1∶3,酒曲最佳接种量为 0.4%(质量分数),香蕉汁最佳添加量为 28%,最佳发酵温度为 30 ℃,最佳发酵时间为 56 min,在这些条件下对糯米进行发酵,都可以获得最佳的米酒感官品质。

　　单因素实验获得的实验结果,其可靠性和信度都相对较差。为了获得最佳的米酒酿造工艺条件,还需要进一步探索蒸饭时间、酒曲接种量、发酵温度、发酵时间等因素协同作用对米酒感官品质的影响。

＊＊＊＊＊＊＊＊＊＊＊＊＊＊＊＊＊＊＊＊＊＊＊＊＊＊＊＊＊＊＊＊＊＊＊

【实验探究】

实验目的: 探究蒸饭时间、酒曲接种量、发酵温度、发酵时间等因素协同作用对米酒感官品质的影响。

提供的原料及试剂: 糯米、香米、香蕉汁、酒曲、冷开水或矿泉水。

提供的器材: 200 mL 米酒发酵装置、恒温箱、计时器。

实验步骤与实施:

第一步:设计米酒感官品质影响因素与水平(表 6-3)。

表 6-3　米酒酿造的正交实验因素和水平表

水平	A 香米与糯米的质量配比	B 蒸饭时间/min	C 香蕉汁添加量/%	D 发酵温度/℃	E 发酵时间/h	F 酒曲接种量/%	G 米酒醪装入量/mL
1	1∶2.5	38	28	26	54h	0.35	200
2	1∶3	40	30	28	56h	0.4	175
3	1∶3.5	42	32	30	58h	0.45	150

第二步:设计影响米酒感官品质的 $L_{18}(7^3)$ 正交实验组(表 6-4)。

表6-4　米酒酿造的 $L_{18}(7^3)$ 正交实验及结果处理

实验组	因素							感官评分
	A	B	C	D	E	F	G	
1	1	1	1	1	1	1	1	
2	1	1	2	3	2	3	3	
3	1	2	3	1	3	2	3	
4	1	2	1	2	2	3	2	
5	1	3	2	2	1	2	1	
6	1	3	3	3	3	1	2	
7	2	1	1	2	3	2	3	
8	2	1	3	1	1	3	2	
9	2	2	3	2	2	1	1	
10	2	2	2	3	1	2	2	
11	2	3	1	3	3	3	1	
12	2	3	2	1	2	1	3	
13	3	1	2	2	3	1	2	
14	3	1	3	3	2	2	1	
15	3	2	1	3	1	1	3	
16	3	2	2	1	3	3	1	
17	3	3	1	1	2	2	2	
18	3	3	3	2	1	3	3	
均值1								
均值2								
均值3								
极值 R								

　　第三步:分小组进行米酒酿造。操作过程如下:①按指定配比称取一定质量的香米和糯米于盛有30℃热水的容器中浸泡至手捏即碎、无浸烂或无硬心为止。②将容器中的香米和糯米一同倒入垫有纱布的过滤装置中,用水冲洗糯米和香米几次,至漂洗干净为止。③蒸饭。控制好蒸饭时间,要求米饭松、软、透、不粘连。④将好的米饭摊开,冷却至30℃以下,然后转移到米酒发酵装置中,用事先准备好的香蕉汁淋米饭,并加入一定量的酒曲,混合均匀,中间扒一个窝。⑤将米酒发酵装置放入恒温箱中恒温发酵到指定时间后取出,再经高温加热以终止米酒发酵,最后对米酒质量进行感官评价。操作过程中的条件控制按表6-4中的指定要求进行。感官评价结果记录在表6-4中。

　　第四步:对实验结果进行数据处理,处理结果记入表6-4中。

问题与讨论：

1. 根据表6-4的实验结果，你认为影响米酒感官品质评价的主次因素是什么？

2. 糯米米酒酿造的最佳实验条件组合是什么？米酒的最佳酿造工艺是什么？

＊＊＊＊＊＊＊＊＊＊＊＊＊＊＊＊＊＊＊＊＊＊＊＊＊＊＊＊＊＊＊＊＊

结合表6-4中的实验数据和处理结果，依据极差 R 值，可以判断影响米酒感官品质的主次因素依次为发酵温度>香蕉汁添加量>发酵时间>酒曲接种量>蒸饭时间>香米和糯米的质量配比>米酒醪装入量，对应的米酒酿造最佳工艺为 $A_3B_1C_1D_3E_1F_1G_3$，即香米与糯米的配比为 1∶3.5、香蕉汁添加量为 28%、发酵湿度为 30 ℃、发酵时间为 54 h、酒曲接种量为 0.35%、蒸饭时间为 38 min、米酒醪装入量为 150 mL（即发酵装置容积的 75%）。

任务2　探究米酒澄清的工艺条件

＊＊＊＊＊＊＊＊＊＊＊＊＊＊＊＊＊＊＊＊＊＊＊＊＊＊＊＊＊＊＊＊＊

【交流研讨】

按照传统米酒酿造的工艺流程在家自酿香蕉米酒时，米酒酿好后发现酒体浑浊，并非像市场销售的米酒那样澄清。如果你是一名米酒酿造师，你认为米酒出现浑浊的原因是什么？应该怎样解决？

＊＊＊＊＊＊＊＊＊＊＊＊＊＊＊＊＊＊＊＊＊＊＊＊＊＊＊＊＊＊＊＊＊

米酒的酒体中含有果胶、蛋白质、单宁、酯类化合物等物质，这些物质易溶于酒精而难溶于水。在酒精度比较低的米酒中，它们会吸附带正电荷的阳离子或带负电荷的阴离子而形成带正电荷的悬浮颗粒或带负电荷的悬浮颗粒，或直接以固体颗粒的形式存在于酒体中，导致米酒浑浊。要使米酒变得澄清，可根据酒中悬浮物的理化性质，加入合适的澄清剂，使悬浮物絮凝或被吸附而沉淀，从而达到澄清酒体的目的。

＊＊＊＊＊＊＊＊＊＊＊＊＊＊＊＊＊＊＊＊＊＊＊＊＊＊＊＊＊＊＊＊＊

【拓展视野】

请扫描图6-7所示二维码，了解常见酒类澄清剂及其澄清原理。

图6-7　常见酒类澄清剂及其澄清原理

【交流研讨】

1. 为了香蕉米酒的澄清效果达到最佳，应该选择单一澄清剂还是复合澄清剂？请结合上面的拓展视野和所学知识，谈谈你选择的理由。

2. 澄清剂的澄清效果主要受哪些因素影响？影响规律如何？

＊＊＊＊＊＊＊＊＊＊＊＊＊＊＊＊＊＊＊＊＊＊＊＊＊＊＊＊＊＊＊＊＊

不同的澄清剂对酒体中的悬浮物质的澄清机理有所不同。单一的澄清剂只能对酒体中的某一种或几种悬浮物产生作用,并非所有悬浮物质,使用单一澄清剂的澄清效果是限的。而复合澄清剂则是根据酒体中悬浮物质的成分和理化性质,选择不同的澄清剂组合而成的,其澄清效果显著高于单一澄清剂。使米酒澄清时应尽量选择复合澄清剂,如壳聚糖-皂土复合澄清剂。

不同澄清剂的澄清效果虽然有所不同,但对米酒感官品质的影响规律大体相似。随着澄清剂添加量的增加,米酒的感官品质呈现先增强后减弱的变化趋势。在米酒品质达到最佳时,不同澄清剂的添加量有所不同。分别使用皂土、壳聚糖、明胶等作澄清剂时,它们的最佳添加量分别为 0.3 g/L、0.2 g/L、0.2 g/L,对应的米酒透光率分别为 92.7%、92.9%、82.2%。

米酒的澄清效果受澄清剂的种类和添加量的影响,还与米酒温度、澄清时间有关。米酒温度、澄清时间对米酒品质的影响与澄清剂的添加量相似。

在弄清楚影响米酒澄清效果的影响因素及其规律之后,接下来探讨影响米酒澄清的最佳工艺条件。

* *

【材料分析】

某米酒研制小组为了考察壳聚糖-皂土复合澄清剂、米酒温度、澄清时间等对米酒澄清效果的影响,进行了单因素实验,得到如图 6-8—图 6-10 所示的直方图。请根据图中信息判断,基于单因素实验基础上米酒澄清的最佳工艺条件。

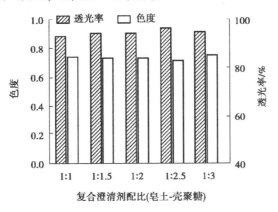

图 6-8　复合澄清剂配比对米酒品质的影响

* *

不同配比的壳聚糖-皂土复合澄清剂对米酒的澄清效果存在一定差异,但澄清效果明显高于单一澄清剂。当皂土与壳聚糖的配比为 1∶2.5 时,澄清效果最佳。随着米酒温度升高,澄清后米酒的透光率呈现先增大后减小的变化趋势,在 40 ℃时透光率达到最高[1]。温度高于40 ℃时,米酒中的蛋白质会析出,使透光率下降,影响米酒风味。水浴时间对米酒澄清效果的影响规律与水浴温度相似,在 40 ℃的热水中水浴达 40 min 时,澄清效果达到最佳状态。

① 姚远,陶玉贵,葛飞,等.桑葚米酒澄清处理对香气成分的影响[J].安徽工程大学学报,2019,34(04):30-37+50.

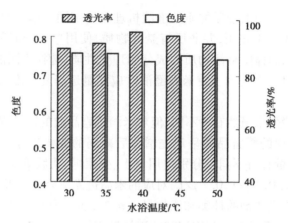

图 6-9　米酒温度对米酒品质的影响

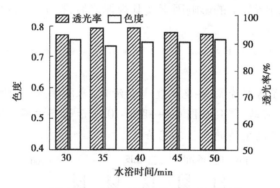

图 6-10　水浴时间对米酒品质的影响

单因素实验不能真正反映各个因素协同作用的结果,需要通过正交实验探索澄清剂配比、米酒温度和澄清时间三者相互协同对米酒品质的影响。

* *

【实验探究】

探究皂土-壳聚糖复合澄清剂配比、米酒温度、澄清时间 3 个因素协同作用对米酒品质的影响

提供的试剂:皂土、壳聚糖、新制的香蕉米酒、温开水或矿泉水。

提供的仪器:恒温箱(或恒温水浴加热装置)、试管若干、色度计(图 6-11)、透光率测量仪(图 6-12)。

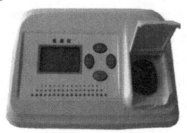

图 6-11　色度计

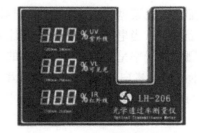

图 6-12　光学透过率测量仪

实验方案与实施:

第一步:设计香蕉米酒澄清的因素及水平表(表6-5)。

表6-5 香蕉米酒澄清的因素水平表

水平	因素		
	A 皂土-壳聚糖复合澄清剂配比	B 米酒温度/%	C 澄清时间/min
1	1:2.4	39	39
2	1:2.5	40	40
3	1:2.6	41	41

第二步:设计香蕉米酒澄清的 $L_9(3^3)$ 正交实验(表6-6)。

表6-6 香蕉米酒澄清的正交实验组及数据处理

实验组		因素			香蕉米酒的色度	香蕉米酒的透光度	感官评分
		A 皂土-壳聚糖复合澄清剂配比	B 米酒温度/%	C 澄清时间/min			
1		1	1	1			
2		1	2	3			
3		1	3	2			
4		2	1	2			
5		2	2	1			
6		2	3	3			
7		3	1	3			
8		3	2	2			
9		3	3	1			
色度	均值1						
	均值2						
	均值3						
	极值 R						
透光率	均值1						
	均值2						
	均值3						
	极值 R						

第三步:分小组实验。操作过程:向10 mL 试管中加入5 mL 香蕉米酒样品,再加入按一定配比组成的皂土-壳聚糖复合澄清剂,充分混合后,使复合澄清剂的浓度达到0.2~0.3 g/L。调节恒温箱温度至指定温度,待恒温箱内温度达到指定温度后将试管放入箱内,保温至规定

时间后取出(注:可以将试管放入指定温度的热水中水浴,水浴达到指定时间后取出),冷却到室温,测定其色度和透光率,并进行感官评价。测定结果记录在表6-6中。

第四步:数据处理,将处理结果填入表6-6。

问题与讨论:

1. 在复合皂土-壳聚糖复合澄清剂配比、米酒温度、澄清时间3个因素中,影响米酒澄清的主次因素是什么? 判断的依据是什么?

2. 使香蕉米酒澄清的最佳实验组合条件是什么? 由此推知,使香蕉米酒澄清的最佳工艺条件是什么? 阐述你判断的理由。

* *

根据香蕉米酒澄清的各因素各水平的感官评分均值和极值 R,可以判定影响香蕉米酒澄清的主次因素次序为澄清剂配比>米酒温度>澄清时间,影响感官评分的最佳实验组合是 $A_3B_1C_3$,由此可知判定香蕉米酒的最佳澄清工艺条件为米酒温度为39 ℃、皂土-壳聚糖配比为1:2.6、澄清时间为41 min。

* *

【总结概括】

结合任务1和任务2,总结酿制香蕉米酒的关键策略,简要说明每一步策略的提出依据。

* *

综上所述,米酒酿造成功与否,需要处理好以下关键点:一是蒸饭时米饭熟度适宜,应满足松、软、透、不粘连的特点。二是控制好主发酵工艺条件,包括发酵装置的装入量应在75%左右,以保证发酵正式启动前酒曲中的根霉菌、酵母菌能够正常生长、繁殖;发酵时需控制好原料的添加量及其配比、酒曲接种量、发酵温度和发酵时间。三是米酒澄清环节要控制好复合澄清剂的配比及用量、澄清温度和澄清时间。除此之外,需要在主发酵结束时及时终止发酵,以降低米酒继续发酵引起米酒酒质变坏和发生爆炸的风险。只有正确处理好上述关键点,才能酿造出品质优良的米酒。结合整个任务的分析和探讨,可以将香蕉米酒的酿造用图6-13所示的流程来表示。

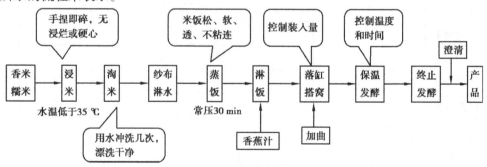

图6-13 香蕉米酒酿造流程图

* *

【迁移应用】

请利用香蕉米酒酿造的问题解决思路,在家自制猕猴桃绿米米酒。

提示:

(1)原料:猕猴桃、绿米、甜酒曲、温开水;发酵装置自选。

（2）单因素实验研究获取的猕猴桃绿米米酒酿造的最佳工艺条件[①]：酒曲添加量为0.8%、28 ℃下发酵3天、猕猴桃汁添加量为30%。

* *

项目学习评价

【成果交流】

以枸杞、糯米为主要原料，选择合适的酒曲，在家自酿保健性功能米酒。要求制得的米酒具有良好的感官评价。两周后提交产品。

【活动评价】

1. 通过交流研讨、市场调研、实验探究栏目，促进学生主动思考，为项目活动提供向前推进的理论基础和实践基础，诊断学生的信息获取、资料整理、问题解决等方面的能力。

2. 通过方法导引、拓展视野等栏目引导学生利用解决麻烦类问题的一般思路进行任务规划和解决问题，以诊断学生运用方法论解决实际问题的能力，包括运用方法导引进行任务规划的理解力和执行力等。

3. 通过实验探究栏目探究外界条件对米酒品质的影响，以诊断学生实验探究能力、筛选关键变量、通过数据分析获取最佳米酒酿造工艺的能力。

4. 通过总结归纳栏目，以诊断学生提炼米酒酿造的关键策略的能力。

【自我评价】

本项目通过酿造美味可口的功能性米酒的学习，重点发展学生"模型认知与证据推理""科学探究与创新意识"等方面的核心素养。评价要点见表6-7。

表6-7

发展的核心素养		学业要求
模型认知与证据推理	能基于产品设计类问题解决的一般思路对米酒酿造进行任务规划； 能结合米酒的感官评分标准对自制米酒品质进行评价； 能基于实验寻找实验证据，得出结论	能基于米酒酿造，体会微生物在米酒发酵过程中所起的作用； 能基于产品设计类问题解决思路和解决麻烦类问题解决思路，针对自酿米酒存在的问题进行任务规划，并通过实验探究的方式逐步达成目标； 能通过实验探究的方式探究甜酒曲、酵母菌用量、发酵工艺条件等对米酒品质的影响，寻找实验证据，获取相关的最佳工艺条件； 能基于米酒包装的基本原则、设计理念和评价标准，设计简单而富有创意的米酒包装
科学探究与创新意识	能基于实验法探究米酒酿造工艺的最佳条件，并通过收集证据，基于实验事实得出结论，提出见解； 能基于正交实验去筛选影响米酒品质关键因素及次序、最佳生产工艺； 能基于米酒卖点的包装设计探讨，掌握米酒包装设计的基本原则、设计理念与评价标准，并能设计出简单而富有创新理念的米酒包装	

① 李斌,许彬,程爽,等.猕猴桃绿米米酒的酿造工艺研究[J].粮食与油脂,2019,32(1):24-27.

项目 **7**

设计酵素发酵指南

项目学习目标

1. 认识酵素的成分及其营养价值,知道酵素发酵过程可能产生的有害物质,学会制作安全可靠的营养酵素。

2. 能够按照"定义麻烦→寻找形成原因或影响因素→达成目标"的思路,解决酵素发酵过程中有害物质的产生问题。

3. 初步掌握解决描述现象类问题的一般思路和解决麻烦类问题的一般思路,并能够运用这些思路去解决发酵行业中遇到的实际问题。

项目导引

食用酵素是一种以食用真菌、新鲜果蔬、谷物或中草药等为原料,经酵母菌、乳酸菌等多种益生菌发酵而成的功能性发酵产品[①]。它是承担人类基本生命活动的体内各种酶的总称。在生物体内,酵素不仅可以协助有机体将摄入的三大营养物质(糖类、油脂、蛋白质)分解为直接营养素(葡萄糖、脂肪酸、氨基酸),进行新陈代谢,而且可以通过酵素合成新的物质以实现新生细胞的生长发育、组织更新、器官修复等(图7-1)。可以说生物体内物质的合成、分解、运输、排出以及提供能量、维持生命活动无不与酵素密切相关。

人类对酵素的利用经历了从无意识到有意识的过程。我国早在4 000多年前的夏禹时代就已经盛行。《黄帝内经》中的醴醪篇实质是讲古人利用醴醪(即酵素的前期物)治疗疾病。酵素发展至今,品种越来越多、功能越来越齐全,能够完全满足各类人群的需求。有的酵素爱

---

① 索婧怡,朱雨婕,陈磊,等.食用酵素的研究及发展前景分析[J].食品与发酵工业,2020,46(19):271-283.

好者在家自制酵素,但是家庭自制对发酵条件难以做到严格控制,制得的酵素产品中检测出有害物质亚硝酸盐、甲醇、甲醛等,使得酵素登上饮食"神坛"之后又跌落下来。安全、卫生、营养的酵素究竟该怎样制作呢?

酵素分解
酵素合成
蛋白质
淀粉
三大营养物质
脂肪
维生素
矿物质
膳食纤维
氨基酸
脂肪酸
直接营养素
葡萄糖
维生素
矿物质
膳食纤维
组织更新
生长发育
新生细胞
器官修复
维生素
矿物质
膳食纤维

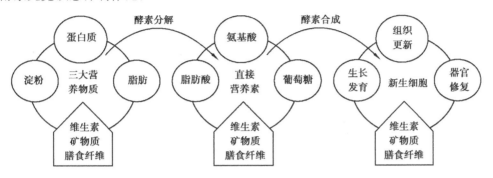

图7-1　酵素在人体内的催化作用

* *

【拓展视野】

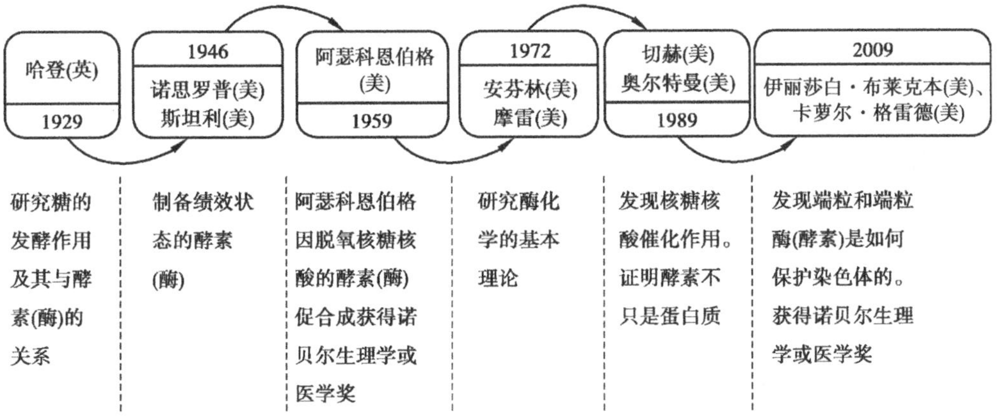

哈登(英)
1929
1946
诺思罗普(美)
斯坦利(美)
阿瑟科恩伯格(美)
1959
1972
安芬林(美)
摩雷(美)
切赫(美)
奥尔特曼(美)
1989
2009
伊丽莎白·布莱克本(美)、卡萝尔·格雷德(美)
研究糖的发酵作用及其与酵素(酶)的关系
制备绩效状态的酵素(酶)
阿瑟科恩伯格因脱氧核糖核酸的酵素(酶)促合成获得诺贝尔生理学或医学奖
研究酶化学的基本理论
发现核糖核酸催化作用。证明酵素不只是蛋白质
发现端粒和端粒酶(酵素)是如何保护染色体的。获得诺贝尔生理学或医学奖

图7-2　酵素发展与诺贝尔奖

* *

本项目循着科学家的足迹,先揭秘酵素,了解酵素的成分和功能;探究酵素产生毒素的作用原理和获取控制酵素中有害物质含量的最佳条件。通过这些体验活动,让学生掌握解决麻烦类问题的基本思路和方法,培养学生的问题解决能力。

任务1　揭秘食用酵素的成分

酵素是生命之源,没有酵素就没有生命。酵素被人类作为饮品使用,已有多年的历史。为何酵素在登上食物"神坛"之后又被跌下"神坛"?

* *
【交流研讨】

1.如果你是一名酵素生产者,在制作酵素之前,需要解决的问题是什么? 解决该问题的任务类型是什么?

2.请根据解决描述现象类问题的一般任务,对"自制酵素"项目进行任务规划,并将规划要点填入表7-1中。
* *
【方法导引】

表7-1 解决描述现象类问题的一般思路

解决描述现象类问题的基本思路	第一步:明确目的,确定观察对象	第二步:制订观察计划	第三步:按照一定顺序观察	第四步:形成描述
任务规划要点				

如何获取简单、安全、可靠的酵素制备方法是一名酵素生产者应当掌握的知识,也是其必须解决的问题。解决该类问题的任务类型属于描述现象类任务。

接下来,就如何针对食用植物酵素建立描述现象类问题解决任务展开探讨。
* *
【交流研讨】

1.制备食用性植物酵素时,需要确定的观察对象是什么?

2.针对食用性植物酵素,应当建立的观察点有哪些?
* *
制备食用性植物酵素时,需要观察的对象是酵素的成分。为了获取酵素的整体认识,应对酵素的种类、成分及其营养物质、致病因子及预防措施等分别建立观察点,并结合观察结果进行科学的描述。

明确观察对象之后,接下来是针对观察对象制订观察计划和确定观察顺序。
* *
【交流研讨】

1.对食用性植物毒素进行观察,应建立什么样的观察方式和观察路径? 选择的观察工具是什么? 具体针对哪些要素展开观察? 将这些要点绘制成思维导图。

2.对食用性植物毒素的多个内容进行观察,应按照什么样的顺序进行? 是空间顺序、时间顺序,还是逻辑顺序?
* *
制订科学的观察计划是获取客观、科学的观察结论的核心环节。制订观察计划,可以先利用互联网等工具查询食用植物酵素的相关内容,对涉及的食用性植物酵素有个大致了解,并按照一定的逻辑顺序确定观察的内容顺序。

对大家不太熟悉的食用性植物酵素的观察,可以选择已有的研究文献作为观察工具,按照植物酵素的类型、主要成分及营养价值、可能存在的有害成分及预防措施的逻辑顺序建立观察食用性植物酵素的一般思路。

观察路径:互联网或图书馆→研究文献→建立描述。

＊＊＊＊＊＊＊＊＊＊＊＊＊＊＊＊＊＊＊＊＊＊＊＊＊＊＊＊＊＊＊＊＊＊＊

【信息检索】

1.植物酵素可以分为哪些类别? 分类依据是什么?

2.食用性植物酵素的主要成分有哪些? 有何营养价值?

3.自制食用性植物酵素时,可能产生哪些有害物质? 产生的原因是什么? 该如何进行预防?

＊＊＊＊＊＊＊＊＊＊＊＊＊＊＊＊＊＊＊＊＊＊＊＊＊＊＊＊＊＊＊＊＊＊＊

在市面销售的酵素,从用途上看,有农用酵素、饲用酵素、食用酵素、日化酵素、环保酵素等;从形态上看,有粉末状、胶囊形、膏体、液体;从酵素发酵所合用的原料上看,有单一酵素和复合酵素,单一酵素包括蔬菜酵素、谷物酵素、水果酵素、药食同源酵素等(图 7-3)。

谷物酵素

百果聚宝酵素

果蔬酵素粉

环保酵素

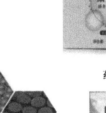

药食同源酵素

酵素洗衣粉

食用酵素片

植物酵素

图 7-3　酵素

食用酵素的成分比较复杂,它含有益生菌、氨基酸及多肽物质、糖类、有机酸、膳食纤维及多酚化合物等(图 7-4)。氨基酸和生物活性肽是构成动物营养所需蛋白质的基本物质。氨基酸的含量与其抗氧化性呈正相关,氨基酸含量越高,其抗氧化能力越强[1];各类食用酵素中存

① 程勇杰,陈小伟,张沙沙,等.柘树植物酵素中氨基酸分析及抗氧化性能研究[J].食品工业科技,2018,39(6):1-7,12.

在的 γ-氨基丁酸（GABA）具有抗氧化性,还具有降血压、抗疲劳和促进记忆力等①生理功能。活性肽具有抗高血压、抗氧化、抗肥胖、免疫调节、抗糖尿病、降胆固醇或抗癌等特性[7],如在发酵大豆中发现的血管紧张素 I 转化酶（ACE,一种重要的调节血压的生理酶）抑制肽②具有降血压和清除自由基等生理功能③。有机酸主要包括乳酸、乙酸、山梨酸等,它能够维持酸性,防止腐败微生物和致病菌的生长,从而提高产品的安全性能④,并赋予食用酵素独特的风味与口感⑤。如葡萄酵素制品中主要含酒石酸、乙酸、柠檬酸、丙酮酸、莽草酸和富马酸⑥;Bushera 酵素发酵产生的有机酸以乳酸为主,同时含有一定量的琥珀酸、丙酮酸、DL-焦谷氨酸、甲酸和柠檬酸⑦;百合酵素则以乳酸和醋酸为主,兼有草酸、L-酒石酸、L-苹果酸、莽草酸、柠檬酸及琥珀酸⑧。各种食用酵素的有机物都会影响酵素的抗氧化性。酵素中发现的 3 种经发酵生成的糖——β-D-吡喃果糖-（2→6）-D-吡喃葡萄糖、海带二糖和麦芽糖,具有较低的甜度和消化率⑨。酵素中存在抗坏血酸、生育酚、超氧化物歧化酶（SOD）、单没食子酸二葡萄糖、5-羟基阿魏酰己糖、二氢山奈酚己糖苷、山奈酚新橙皮苷、菊苣酸等多酚化合物具有抗氧化活性。

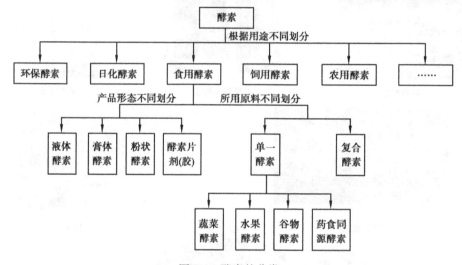

图 7-4　酵素的分类

①　GUO Y,CHEN H,SONG Y,et al. Effects of soaking and aeration treatment on γ-aminobutyric acid accumulation in germinated soybean(Glycine max L)[J]. European Food Research and Technology,2011,232(5):787-795.

②　KANCABAS A,SIBEL K. Angiotensin converting enzyme(ACE)-inhibitory activity of boza,a traditional fermented beverage [J]. Journal of the Science of Food and Agriculture,2012,93:641-645.

③　WANG Y,JI B,WU W,et al. Hepatoprotective effects of kombucha tea:identification of functional strains and quantification of functional components[J]. Journal of the Science of Food and Agriculture,2014,94(2):265-272.

④　ILENYS M. P　OREZ-D　OAZ,BREIDT F,et al. Fermented and Acidified Vegetables[M]. 4th ed. Washington DC:American Public Health Association,2015:521-532.

⑤　LIU S N,HAN Y,ZHOU Z J. Lactic acid bacteria in traditional fermented Chinese foods[J]. Food Research International,2011,44(3):643-651.

⑥　蒋增良,刘晓庆,王珍珍,等. 葡萄酵素有机酸分析及其体外抗氧化性能[J]. 中国食品学报,2017,17(5):255-262.

⑦　MUYANJA C,NARVHUS J A,LANGSRUD T,Organic acids and volatile organic compounds produced during traditional and starter culture fermentation of Bushera,a Ugandan fermented cereal beverage[J]. Food Biotechnology,2012,26(1):1-28.

⑧　方晟,陈犇,沙如意,等. 百合酵素自然发酵过程中有机酸及其体外抗氧化活性的变化[J]. 食品与发酵工业,2019,45(22):39-46.

⑨　OKADA H,FUKUSHI E,YAMAMORI A,et al. Structural analysis of a novel saccharide isolated from fermented beverage of plant extract[J]. Carbohydrate Research,2006,341(7):925-929.

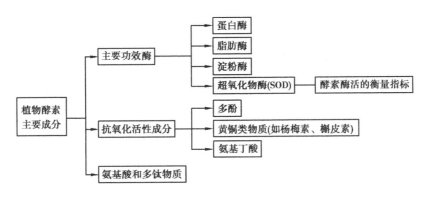

图 7-5　植物酵素的主要成分

由此可知,食用酵素的功能与其含有的成分存在密切联系。虽然不同的食用酵素成分不同,酵素的功能可能存在差异,但其都具有抗氧化活性、抑菌、降脂减肥、解酒护肝、改善肠道环境、提高人体的免疫能力等功能。可以把食用酵素称为营养解码器、健康调节器、新生工程师、能量源动力、毒素清道夫。这是食用酵素登上饮食"神坛"的缘故。

食用酵素的生理功能虽然比较强大,但并非像某些商家所说的那样神奇,能够"降脂减肥"。酵素就是人们所说的酶,而酶是一种蛋白质,进入消化道后会被消化掉,转化为氨基酸,根本不可能对脂肪的代谢起到促进作用,不可能起到减肥作用。自制酵素时,由于温度、时间、密闭条件等都未进行严格控制,因此在利用微生物进行自然发酵时不可避免地受到杂菌(即有害菌)污染和产生有害物质(如亚硝酸盐、甲醇、甲醛等),诱发人体肠道感染和出现急性中毒、发烧、腹痛等症状,危及人体健康。有关专家建议在家中最好不要自制酵素,需要食用酵素时尽可能购买大品牌大企业生产的酵素。

＊＊＊＊＊＊＊＊＊＊＊＊＊＊＊＊＊＊＊＊＊＊＊＊＊＊＊＊＊＊＊＊＊＊＊＊＊

【交流研讨】

了解酵素产品中的营养成分和制作酵素时可能产生的有害物质,以及对维护人体健康的积极意义。

＊＊＊＊＊＊＊＊＊＊＊＊＊＊＊＊＊＊＊＊＊＊＊＊＊＊＊＊＊＊＊＊＊＊＊＊＊

认识酵素的营养价值和发酵过程中可能出现的有害物质,可以为酵素发酵进行严格的条件控制以获取健康、安全的酵素食品提供实践基础。同时为酵素食品的未来推广、应用奠定基础。

＊＊＊＊＊＊＊＊＊＊＊＊＊＊＊＊＊＊＊＊＊＊＊＊＊＊＊＊＊＊＊＊＊＊＊＊＊

【总结提炼】

请概括认识食用酵素成分的一般思路,并指出确定认识思路中各个环节建立的理论依据或现实意义。

【迁移应用】

请利用认识食用酵素的一般思路去认识具体的水果酵素或果蔬酵素,并绘制相应的思维导图。

＊＊＊＊＊＊＊＊＊＊＊＊＊＊＊＊＊＊＊＊＊＊＊＊＊＊＊＊＊＊＊＊＊＊＊＊＊

任务2　探索家庭自制酵素的最佳加工工艺——以酿造苹果酵素为例

为了健康,人们开始利用食用真菌、新鲜果蔬、谷物或中草药等为原料在家中自制酵素,将酵素作为饮品成为了生活的一种常态。后来,人们发现家庭自制的酵素往往出现亚硝酸盐、甲醇等含量超标的问题,可能会危及人们的身体健康。如何才能制得安全、可靠的健康酵素呢?

* *

【交流研讨】

1. 通过上述材料分析,你认为家庭自制酵素需要解决的麻烦是什么? 属于何种类型的项目任务?

2. 请根据解决麻烦类问题的一般思路,初步进行任务规划,并填写表7-2。

表7-2

解决麻烦类问题的一般思路	第一步:定义麻烦	第二步:找到影响因素	第三步:达成目标

* *

食用酵素在自制过程中需要控制酵素中亚硝酸盐、甲醇、甲醛的含量,这是自制食用酵素需要解决的麻烦。在明确需要解决的麻烦之后,寻找这些麻烦的形成原因和影响因素,从中筛选出关键因素并加以优化,最终达成通过控制发酵工艺获得安全、健康的食用酵素这一目标。

* *

【方法导引】

寻找有害物质的形成原因时,应先根据核心元素找到核心元素在植物体内的存在形态,然后找到含有核心元素的物质间的相互转化关系,最后确定有害物质的形成机制或形成原因。

【信息检索】

请利用搜索引擎、数据库等,检索食用酵素产生有害物质的作用机理,并绘制思维导图。

* *

食用酵素中有害物质(如甲醇、亚硝酸盐、甲醛等)的产生与所选的原料(果蔬、谷物或中草药等)和微生物作用有着密切的联系。果蔬等植物从土壤中吸收硝态氮(NO_3^-)和铵态氮(NH_4^+),吸入的硝态氮在杂菌(即有害菌群)产生的硝酸还原酶作用下转化为亚硝酸盐(NO_2^-),亚硝酸盐又在亚硝酸还原酶的作用下转化为氨态氮(NH_3),氨(或铵)再与光合作用产生的糖类物质合成氨基酸,再经过多步反应,最终合成蛋白质。如果受到不利环境影响,氨态氮就会阻碍氨基酸、蛋白质的合成,造成植物体内亚硝酸盐累积。果蔬(或食用菌)表面带了一定量的乳酸菌,乳酸菌生长、繁殖过程产生的亚硝酸盐还原酶和乳酸,都对亚硝酸盐的降解起促进作用,如 $NO_2^- + CH_3CHOHCOOH(乳酸) \Longrightarrow HNO_2 + CH_3CHOHCOO^-$,$2HNO_2 \Longrightarrow NO_3^- +$

$NO+H_2O$。显然,酵素发酵过程中亚硝酸盐的含量变化取决于杂菌和乳酸菌两者的生长繁殖,谁占据主导地位。食用酵素中产生的甲醇、甲醛与发酵原料中所含有的果胶、甘氨酸以及果酸物质有关。果胶由内半乳糖醛酸和半乳糖醛酸甲酯组成,它主要存在于植物细胞壁和细胞的胞间层,主要成分为多缩半乳糖醛酸甲酯(图7-6)。酵素发酵过程中,在果胶甲酯酶的作用下,果胶质会发生水解生成半乳醛糖酸和甲醇、甘氨酸脱羧生成甲醛、果酸物质分解产生甲醇[1][2],甲醇又在甲醇脱氢酶的作用下转化为甲醛,甲醛通过甲醛脱氢酶的作用下转化为甲酸,甲酸在甲酸脱氢酶的作用下生成 CO_2 和水(图7-7)。酵母菌对果胶物质水解产生甲醇具有抑制作用,它的代谢产物之一是甲醛。

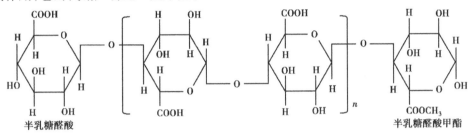

图7-6　果胶的结构简式

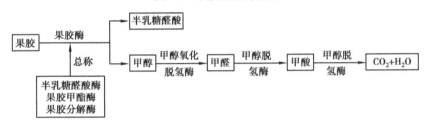

图7-7　果胶在发酵过程中发生的变化过程

由此可知,食用性植物酵素在发酵过程中产生的有害物质,与微生物的作用密切相关。

＊＊＊＊＊＊＊＊＊＊＊＊＊＊＊＊＊＊＊＊＊＊＊＊＊＊＊＊＊＊＊＊＊＊＊＊＊

【交流研讨】

如果要控制食用性酵素中的有害物质,应采取什么样的路径来实现?

＊＊＊＊＊＊＊＊＊＊＊＊＊＊＊＊＊＊＊＊＊＊＊＊＊＊＊＊＊＊＊＊＊＊＊＊＊

　　酵素中有害物质的形成,与发酵时原料中自带的微生物有着千丝万缕的关系。控制酵素中的有害物质含量时,可以从两个方面来着手解决:一是通过控制杂菌和乳酸菌的生长、繁殖,让杂菌成为劣势菌、乳酸菌成为优势菌,从而控制酵素中的亚硝酸盐含量;二是通过控制酵母菌生长、繁殖,使其成为优势菌种,最大限度地抑制发酵原料中果胶质的水解。

①　Lee E,Chen H,Hardman C,et al. Excessive S-adenosyl-L-methionine-dependent methylation increases levels of methanol, formaldehyde and formic acid in rat brain striatal homogenates:possible role in S-adenosyl-l-methionine -induced Parkinson disease-like disorders[J].Life Sci,2008,83(25-26):820-827.

②　Kourkoutas Y,Koutinas A A,Kanellaki M,et al. Continuous wine fermentation using a psychrophilic yeast immobilized on apple cuts at different temperatures[J].Food Microbiology,2002,19(2-3):127-134.

＊＊＊＊＊＊＊＊＊＊＊＊＊＊＊＊＊＊＊＊＊＊＊＊＊＊＊＊＊＊＊＊＊

【拓展视野】

图 7-8　微生物的分类及其生长繁殖的影响因素

＊＊＊＊＊＊＊＊＊＊＊＊＊＊＊＊＊＊＊＊＊＊＊＊＊＊＊＊＊＊＊＊＊

明确了控制酵素中亚硝酸盐、甲醇等物质含量的基本思路后,接下来,请结合这些物质的形成原理或形成机制,寻找控制亚硝酸盐、甲醇的影响因素。

＊＊＊＊＊＊＊＊＊＊＊＊＊＊＊＊＊＊＊＊＊＊＊＊＊＊＊＊＊＊＊＊＊

【方法导引】

寻找解决麻烦的影响因素应结合麻烦的形成机制或形成原理,可以从 3 个维度去寻找:一是基于反应物,从如何减少反应物用量的角度控制目标产物(即需要解决的麻烦物)的含量去寻找影响因素;二是基于反应条件和中间产物,从控制反应条件和中间产物的角度寻找合适的反应条件,从而找到影响因素;三是基于目标产物,从消除目标产物的角度寻找影响因素。然后在此基础上综合、权衡,筛选出关键因素。

【交流研讨】

利用互联网检索有关微生物生长、繁殖的条件或影响因素,并结合上述拓展视野针对下列问题展开小组讨论:

1.常用于发酵的微生物有哪些? 它们分别属于何种代谢类型的微生物? 外界条件是如何影响这些微生物的生长、繁殖的?

2.酵素发酵过程中涉及的微生物主要有哪些? 影响它们生长、繁殖的因素主要有哪些? 这些因素对涉及的微生物的生长繁殖,哪些是一致的? 哪些是不一致的? 哪些是截然相反的?

3.要想让杂菌成为劣势菌、乳酸菌和酵母菌成为优势菌,应采取何种措施? 说明你的理由。

＊＊＊＊＊＊＊＊＊＊＊＊＊＊＊＊＊＊＊＊＊＊＊＊＊＊＊＊＊＊＊＊＊

控制亚硝酸盐、甲醇等有害物质的含量,可结合其形成原理或形成机制从 3 个维度寻找影响这些有害物质含量的因素,为优化发酵条件作准备。

(1)从产生亚硝酸盐、甲醇的起始原料来看,可以选择硝酸盐含量低、果胶含量低的果蔬原料作为酵素发酵的原料。硝酸盐是水溶性物质,在酵素发酵前对果蔬进行清洗,能够在一定程度上降低果蔬中硝酸盐的含量。

(2)从控制反应条件的维度来看,亚硝酸盐和甲醇等有害物质的产生离不开微生物的作用,控制好微生物的生长、繁殖条件,使杂菌变成劣势菌、乳酸菌和酵母菌变成优势菌,是有效降低亚硝酸盐含量和甲醇含量的有效措施。使杂菌变成劣势菌的措施主要有:①清洗果蔬。去除附着在果蔬表面的杂菌,以减少果蔬自带的杂菌数量。②使用清洁的容器来自制酵素,避免酵素发酵过程感染杂菌。③密封发酵,使属于好氧菌的杂菌停止生长、繁殖,减少硝酸还原酶的生成,阻断硝酸盐向亚硝酸盐转化,从而降低亚硝酸盐含量。④控制好环境 pH 值。pH 值=5.0 是杂菌活性的动点,pH 值≤4.5 时能够很好地抑制杂菌生长、产生硝酸还原酶。⑤控制好环境温度。高温不利于杂菌生长。使乳酸菌、酵母菌成为优势菌的措施有:①接种乳酸菌、酵母菌。解决果蔬原料中自带乳酸菌、酵母菌数量较少的问题,使酵素发酵初期乳酸菌、酵母菌成为优势菌。②密封发酵。乳酸菌是厌氧菌,酵母菌是兼性厌氧菌,在密封发酵条件下能够使乳酸菌、酵母菌正常生长、繁殖。③控制环境 pH 值。乳酸菌是耐酸微生物,在酸性条件下均可生长,其中最适生长的 pH 值为 5.5 ~6;酵母菌生长的 pH 值为 3 ~8,最适生长的 pH 值为 5 ~6。④控制好环境温度。每一种微生物的生长、繁殖都有其最低、最适、最高温度。乳酸菌、酵母菌均属于体温型嗜温微生物,其中乳酸菌的生长温度为 10 ~45 ℃,最适温度为 30 ~37 ℃;酵母菌的生长温度为 0 ~47 ℃,最适温度为 20 ~35 ℃。⑤控制好糖度。糖类物质是微生物生长繁殖的重要能源物质和营养物质。在酵素发酵过程中加入适量的糖,能够促进微生物的生长、繁殖。原料中含糖量为 1.5% ~3% 时乳酸菌能够很好地生长。

(3)从消除目标产物的视角来看,亚硝酸盐具有氧化性,可加入具有还原性的物质来消除,如加入具有还原性的维生素 C 等。甲醇具有还原性,可被氧化性物质氧化,可加入氧化剂。

综上所述,控制酵素中亚硝酸盐、甲醇含量可采取的措施有密封发酵、清洗果蔬、接种乳酸菌和酵母菌、控制发酵温度在 30 ~35 ℃、初始 pH 值控制在 3 ~6、适当添加糖类物质等。

* *

【信息检索】

酵素中亚硝酸盐、甲醇等有害物质的产生除了与微生物生长的外界条件有关外,还与硝酸还原酶、果酯酶、甲醇脱氢酶等的反应活性有关。请利用互联网查询这些酶的活性影响因素及规律,并绘制思维导图。

* *

微生物适宜的生长条件与其所产生的酶的活性条件大体一致,如硝酸还原酶的活性最适条件与产生硝酸还原酶的杂菌生长的最适条件一致。温度和环境 pH 值是影响酶活力的主要因素。在 10 ~35 ℃时,果胶酶、甲醇脱氢酶等的活性随温度升高而增强,在 35 ℃时达到最佳;硝酸还原酶的最适温度为 25 ~35 ℃,30 ℃时最佳。从酶活力最适温度来看,温度控制条件可在 25 ~35 ℃,且发酵温度越低,越有利于控制酵素中亚硝酸盐和甲醇的量。硝酸还原酶的活性随 pH 值的增大呈现先增大后减小的趋势,pH 值为 7.5 或 7.6 时达到最佳,而果胶酶的最适 pH 值为 3 ~6。

结合微生物生长的适宜条件和酶的活性影响规律,酵素发酵需要控制的外界条件及其范围是可以确定的,其中,采用密封发酵(无氧环境)、用清水淋洗果蔬,在酵素发酵时无须进行优化。需要优化的条件主要是发酵温度、乳酸菌和酵母菌的接种量、初始 pH 值、糖的添加量等,它们需要控制的范围由前面的分析可以确定。

接下来,通过实验来完善对酵素发酵条件的优化。

✳✳

【材料分析】

材料1:某研究团队①以蓝莓果汁为原料,通过单因素试验探讨了微生物接种量、发酵温度、初始pH值、发酵时间等对酵母菌的蛋白酶活性和浓度、干酪乳杆菌浓度的影响。

(1)外界条件对酵母菌发酵的影响曲线如图7-9—图7-12所示。

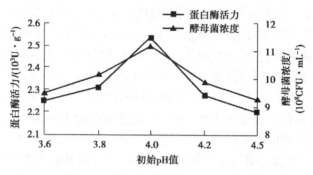

图7-9 初始pH值对酵母菌发酵的影响

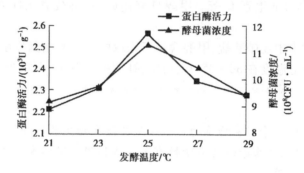

图7-10 发酵温度对酵母菌发酵的影响

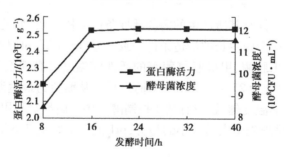

图7-11 发酵时间对酵母菌发酵的影响

(2)外界条件对干酪乳杆菌发酵的影响曲线如图7-13—图7-15所示。

材料2:某研究团队②以苹果皮渣为原料,基于单因素实验研究了苹果皮渣添加量、加糖量、初始pH值、发酵时间对酵素超氧化物歧化酶(SOD)活性和总酸含量的影响,得到如图7-

① 杨培青,李斌,颜廷才,等.蓝莓果渣酵素发酵工艺优化[J].食品科学,2016,37(23):205-210.

② 郭俊花,许先猛,马欣,等.利用苹果皮渣发酵制备天然酵素工艺优化及其对苹果品质的影响[J].江苏农业科学,2018,46(1):97-101.

16—7-19 所示的酵素中 SOD 活性和总酸含量的变化曲线。

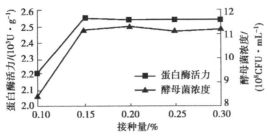

图 7-12　接种量对酵母菌发酵的影响

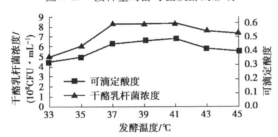

图 7-13　发酵温度对干酪乳杆菌发酵的影响

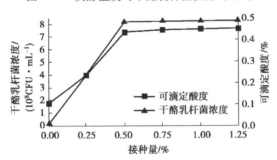

图 7-14　接种量对于干酪乳杆菌发酵的影响

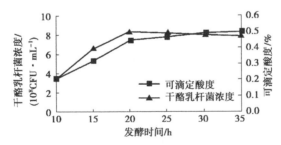

图 7-15　发酵时间对干酪乳杆菌发酵的影响

　　阅读上述两则材料,讨论下列问题:

　　1.外界条件对酵母菌发酵、干酪乳杆菌发酵以及酵素中 SOD 活性和总酸含量的影响有何规律? 指出各自发酵的适宜条件和最佳条件,并阐明作出判断的理由。

　　2.外界条件对酵母菌发酵、干酪乳杆菌发酵以及酵素中 SOD 活性和总酸含量的影响,哪些是一致的? 哪些是不一致的? 哪些是截然相反的?

　　3.应该如何优化外界条件,才能使酵母菌和干酪乳杆菌的发酵、酵素中 SOD 活性和总酸含量达到最佳状态?

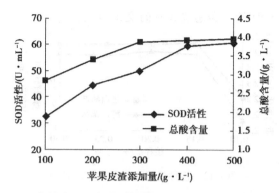

图 7-16　苹果皮渣添加量对酵素 SOD 活性和总酸含量的影响

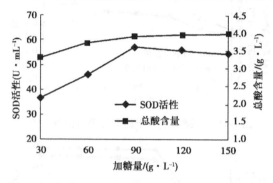

图 7-17　加糖量对酵素 SOD 活性和总酸含量的影响

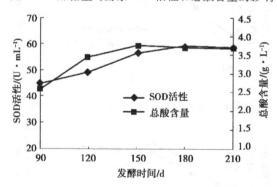

图 7-18　发酵时间对酵素 SOD 活性和总酸含量的影响

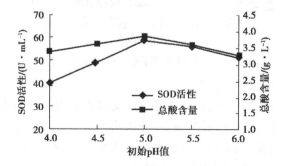

图 7-19　初始 pH 值对酵素 SOD 活性和总酸含量的影响

外界条件对酵母菌和干酪乳杆菌发酵、酵素中 SOD 活性和总酸含量的影响既有相似之处，又有不同之处。

从发酵温度来看，酵母菌和干酪乳杆菌的发酵速率均随温度的升高而呈现先加快后降低的趋势。酵母菌在 21 ℃时发酵速率较慢；升温至 25 ℃时，发酵速率随之加快，酵母菌中的酶活力和浓度达到最大值；超 25 ℃时，发酵速率明显下降，酵母菌的最佳发酵温度应控制在 25 ℃。干酪乳杆菌的浓度为 37 ~ 41 ℃，变化不大；超过 41 ℃后，发酵液中干酪乳杆菌浓度开始下降，干酪乳杆菌发酵的适宜温度为 37 ~ 41 ℃。

从发酵时间来看，随着发酵时间的延长，发酵液中酶活力和酵母菌浓度逐渐提高，16 h 后，增长速率放缓，将酵母菌发酵时间定为 16 ~ 24 h；干酪乳杆菌浓度呈现先增大后减小的趋势，在 20 h 达到最大值，将干酪乳杆菌发酵时间定为 20 h。从酵素中总酸含量和 SOD 活性达到最佳（或最大值），发酵 150 天是最佳发酵时间。

从接种量来看，酵母菌的接种量小于 0.15% 之前，随着接种量的增加，发酵液中的酵母菌浓度和酶活力随之增大，在 0.15% 达到最大值；超过 0.15% 后，酶活力和酵母菌浓度基本保持不变，考虑经济因素，将酵母菌的最适接种量定为 0.15%。干酪乳杆菌的接种量小于 0.5% 时，发酵液中干酪乳杆菌的浓度随着接种量的增加而增大；超过 0.5% 时，发酵液中干酪乳杆菌浓度基本保持不变，将干酪乳杆菌的最适宜接种量定为 0.5%。

从发酵的初始 pH 值来看，调节酵素发酵时的初始 pH 值到弱酸性，可以有效抑制有害菌群的生长、繁殖，还有利于抑制乙醇的产生，有利于耐酸性酶的产生与活力保持，从而为有益菌的大量生长、繁殖创造条件。初始 pH 值对酵素中总酸含量和 SOD 活性影响较大，pH 值为 5 时，两者达到最大值，从这个角度上讲，pH 值为 5 是酵素发酵的最佳选择。对于酵母菌发酵而言，随着 pH 值的升高，发酵速率逐渐加快，在 pH 值超过 4 后，酶活力和酵母菌浓度开始逐渐下降，pH 值为 4 是酵母菌发酵的最佳 pH 值。

从苹果渣皮添加量来看，苹果表皮含有大量的微生物攻群，可为酵素提供酵母菌、醋酸菌等必需的微生物。添加苹果渣皮，会增加发酵液中的益生菌，导致发酵液中 SOD 活性和总酸含量增加。当苹果渣皮增加到 300 g/L 时，SOD 活性和总酸含量达到最佳，再增加苹果渣皮，两者增加趋势缓慢。选择苹果渣皮添加量为 300 g/L。

从添加红糖量来看，红糖能够为发酵液中的益生菌提供充足的碳源，满足益生菌生长、繁殖的需要，并产生大量代谢产物。当红糖添加至 90 g/L 时，SOD 活性达到最大，再增加红糖量，总酸含量变化不大。将最佳红糖添加量确定为 90 g/L。

综上所述，苹果酵素发酵条件的优化可界定为：发酵时间 16 ~ 24 h、发酵温度 25 ~ 40 ℃、采用复合接种（0.15% 酵母菌 + 0.5% 干酪乳杆菌）或苹果渣皮添加量控制在 300 g/L 左右、初始 pH 值 4 ~ 5、红糖添加量控制在 90 g/L 左右。

* *

【实验探究】

实验目的：探究发酵温度、发酵时间、初始 pH 值、红糖添加量 4 个因素协同作用下对苹果酵素品质的影响。

提供的原料或试剂：苹果、红糖、酿酒酵母、干酪乳酸杆菌、蒸馏水、冰醋酸。

提供的仪器：恒温水浴加热装置、酵素发酵装置。

实验方案设计与实施：

第一步:设计正交实验的正交因素与水平(表7-3)。

表7-3 苹果酵素发酵的正交实验因素和水平表

水平	A 发酵温度/℃	B 发酵时间/d	C 初始 pH 值	D 红糖添加量/($g \cdot L^{-1}$)
1	30	22	4	80
2	35	24	4.5	90
3	40	26	5	100

第二步:设计正交实验 $L_9(3^4)$ 的实验组(表7-4)。

表7-4 苹果酵素发酵的正交实验及结果处理

实验序号	A	B	C	D	总酸含量/($g \cdot L^{-1}$)	SOD 活性/($U \cdot mL^{-1}$)
1	1	1	1	1		
2	1	2	2	2		
3	1	3	3	3		
4	2	1	3	2		
5	2	2	1	3		
6	2	3	2	1		
7	3	1	2	3		
8	3	2	3	1		
9	3	3	1	2		
亚硝酸盐	均值1					
	均值2					
	均值3					
	极值 R					
甲醇	均值1					
	均值2					
	均值3					
	极值 R					

第三步:分小组进行实验,制备苹果酵素,并测定苹果酵素的总酸含量和 SOD 活性。采取的工艺条件:对苹果事先进行淋洗并晾干、密封发酵、复合接种(0.15% 酵母菌+0.5% 干酪乳杆菌),发酵温度、发酵时间、红糖添加量、初始 pH 值按正交实验组指定条件进行控制。将测定结果填入表7-4 中。

第四步:对实验结果进行数据处理,处理结果记入表7-4 中。

问题与讨论:

1.根据表7-4的实验结果,你认为影响苹果酵素中总酸含量和 SOD 活性的主次因素是什么？

2.苹果酵素发酵的最佳实验条件组合是什么？对应的最佳发酵工艺条件是什么？

* *

研究数据表明,水果放入初始 pH 值为 4、含复合接种(0.15% 酵母菌+0.5% 干酪乳杆菌)、红糖添加量为 90 g/L 的发酵液中,在 30 ℃ 条件下密封发酵 24 h,获得的水果酵素品质较佳。

* *

【总结提炼】

请总结根据自制食用酵素的操作过程,提炼控制酵素发酵过程产生有害物质含量的一般思路和方法。

【迁移应用】

请结合控制酵素发酵过程有害物质含量的一般方法,在家自制柑橘酵素。

【拓展视野】

利用酵素自制咸鸭蛋

咸鸭蛋因其壳呈青色、外观圆润光滑而俗称"青果"。它具有滋阴养肾、清肺降火、补铁钙之功效而受到人们的青睐。如何制得油色鲜艳、黏稠度高、风味独特的咸鸭蛋呢？利用食用酵素来淹制即可达到目的。具体腌制方法如下:①选择大小均匀的新鲜鸭蛋,用食用酵素洗净备用。②向食用酵素水中加入一定量的食盐、红泥(或黄泥、稻草灰),混合均匀,制成泥浆或灰浆。③用制好的泥浆或灰浆包裹用酵素水洗净的鸭蛋,码入小口大肚陶瓷坛(或瓮)内,并用红泥(或黄泥、稻草灰)塞满瓮口,密封放置40天左右即可食用。

* *

项目学习评价

【成果交流】

以枸杞、水蜜桃、荔枝、石榴、葡萄为原料,自制枸杞混合水果酵素,其他原料任选。

【活动评价】

1.通过交流研讨、信息检索、总结提炼等栏目,引导学生主动思考、提炼有用信息并积极解决问题;诊断学生的信息获取、资料整理、问题解决等方面的能力。

2.通过方法导引栏目,以诊断学生运用科学的思维方法去解决实际问题的能力,包括运用方法导引进行任务规划的理解力和执行力等。

3.通过实验探究栏目,探究不同条件对苹果酵素品质的影响,以诊断学生动手实验能力、数据处理与分析能力、筛选关键变量并获取有用信息的能力。

【自我评价】

本项目通过设计自制酵素指南的学习,重点发展学生"模型认知与证据推理""科学探究与创新意识"等方面的核心素养。评价要点见表7-5。

表 7-5　"设计酵素发酵指南"项目重点发展的核心素养及学业要求

	发展的核心素养	学业要求
模型认知与证据推理	能基于描述现象类问题解决的一般思路对酵素的认识进行任务规划；能基于解决麻烦类问题解决的一般思路对控制酵素发酵过程中有害物质进行任务规划；能基于实验寻找实验证据,得出结论。	能基于酵素发酵过程产生有害物质的原因,找到影响有害物质形成的影响因素,预测解决问题的措施,并通过正交实验寻找酵素发酵的最佳工艺；能基于描述现象类问题解决思路和解决麻烦类问题解决思路,针对酿造酵素进行任务规划,并根据规划展开项目学习,最终达成目标
科学探究与创新意识	能基于解决麻烦的需要进行正交实验设计,收集证据,分析证据、得出结论	

项目 **8**

自制一款速溶咖啡

项目学习目标

1.通过速溶咖啡粉制备过程中对咖啡豆成分及其性质的探讨,体会物质的结构决定性质的思想,在起始物质向目标物质的提取过程中了解常见分离方法在物质提取中的应用。

2.通过速溶咖啡制作过程中配方的设计,了解固体饮料的主要成分,以及常见添加剂的种类和作用。

3.通过单因素实验数据获取优化速溶咖啡配方的思路,通过数据分析和优化统整了解对饮料的感官品质进行衡量的思路,学会用控制变量的思维设计实验,同时培养信息分析、处理的能力。

4.通过正交实验研究不同因素对速溶咖啡品质的影响,了解正交实验的设计思路,并通过对正交实验结果分析,寻找影响因素的主次因素和获取速溶咖啡制作的最佳工艺,培养探究精神和问题解决的能力。

项目导引

市面上出现的各种饮料中,除了液体饮料,固体饮料也是非常受人欢迎的一种产品。固体饮料是通过固定主料如糖、乳或乳制品、蛋或蛋制品、果汁或食用植物提取物,辅以添加适量辅料或食品添加剂制备的含水率低于5%的固态制品,外观呈粉末状、颗粒状或块状。固体饮料主要分蛋白型固体饮料、普通型固体饮料和焙烤型固体饮料(速溶咖啡)3类。常见的固体饮料有速溶咖啡、酸梅粉、速溶茶粉等。与液体饮料相比,固体饮料具有风味独特、营养丰富、包装简易、食用方便、便于运输等诸多优点,这是固

图 8-1　速溶咖啡粉

体饮料受到人们青睐的原因。随着生活节奏的加快,越来越多的超负荷学习或工作的人们为

了提高效率,习惯性饮用固体饮料,尤其是速溶咖啡(图 8-1)。据调查,速溶咖啡在饮料市场上占有重要份额。

备受人们青睐的速溶咖啡是怎样调制出来的? 如何调制才能达到理想的效果? 本项目通过研制一款速溶咖啡,通过设计速溶咖啡配方、优化配方、动手制作速咖啡等三个任务活动,让你充分体验速咖啡的研制过程和如何达到咖啡饮料的最佳效果。

任务 1 初步设计速溶咖啡的配方

市面上销售的各种品牌的速溶咖啡,其口感和风味略有不同,但其使用的主要原料和加工原理大致相同。研究速溶咖啡的配方和调制过程所呈现的共性,对速溶咖啡进行产品设计具有重要的借鉴价值。本任务通过对速溶咖啡的原料获取和使用的食品添加剂进行优选等活动,初步认识固体饮料的配方。

* *

【交流研讨】

1. 如果你需要调配一款提神醒脑的速溶咖啡,在制备速溶咖啡之前,你需要解决的麻烦是什么? 解决这类问题的任务类型属于何种?

2. 请按照解决产品设计类问题的一般思路,对自制提神醒脑速溶咖啡进行初步的任务规划,并将规划要点填写在表 8-1 中。

【方法导引】

表 8-1 解决产品设计类问题的一般思路

解决产品设计类问题的一般思路	第 一 步:明确目标	第 二 步:概念设计	第三步:精细、具体设计	第四步:优化、权衡统整	第五步:循环、反复设计	第六步:反思提炼问题解决的关键策略
任务规划要点						

* *

要制备速溶咖啡,首先要明确提神醒脑速溶咖啡的原料获取方式及其原料配方,这是制备速溶咖啡前需要解决的问题。在明确了产品设计的目标之后,围绕产品设计目标进行概念设计和具体设计,并根据设计过程中遇到的问题进行逐渐优化,最终达成目标。

* *

【调查分析】

请到附近的超市进行调查,了解提神醒脑速溶咖啡的原料及配方,并在调查的基础上制订自己研制速溶咖啡的配方。

【成果展示】

在小组内展示自己设计的提神醒脑速溶咖啡配方,阐明设计的理由或依据,并展开互评,完善设计方案。

* *

纵观市场上销售的各种速溶咖啡,其原料配方大同小异。其基本的原料配方均包括基粉——咖啡粉、植脂粉、甜味剂(如白砂糖、甜菊糖等)、增稠剂(如羧甲基纤维素钠 CMC 等)、食用香料、奶香粉、食用盐等。接下来,探讨速溶咖啡粉的制作。

活动 1　制备速溶咖啡粉

* *
【资料卡片】

图 8-2　咖啡和速溶咖啡的问世

* *

人们从常青植物上生长的干果(俗称:咖啡豆)中提取咖啡,经历了漫长的过程。古人是如何从阿拉比卡生豆中获取咖啡的呢? 接下来,循着化学家的足迹探索咖啡的提取过程。

* *
【交流研讨】

1. 如果你是一名咖啡爱好者,希望能够从阿拉比卡生豆中提取咖啡碱。在提取咖啡前,你需要解决的困难是什么? 解决这类困难所面临的任务类型属于哪种?

2. 请根据分离提纯类问题解决的一般思路,对咖啡提取进行初步的规划,请将规划要点填写在表 8-2 中。

【方法导引】
解决分离提纯类问题的一般思路

表 8-2　解决分离提纯类问题的一般思路

解决分离提纯类问题的一般思路	第一步:明确分离体系及分离目标	第二步:寻找分离体系各组分的性质差异	第三步:寻找相变转化途径	第四步:选择合适的分离方法	第五步:达成目标
任务规划要点					

* *

从阿拉比卡生豆中提取咖啡碱制成咖啡粉,首先要解决的问题是确定阿拉比卡生豆的组成成分及其性质,其次根据组成成分的性质差异,将需要的咖啡碱和不需要的成分转化为不能完全自动混合的两种状态,最后选择合适的分离提取方法进行物质的分离。由此可知,从阿拉比卡生豆中提取咖啡碱是制取咖啡粉的分离目标。在明确了分离目标后,围绕这一目标建立分离任务并最终达成目标。

* *

【信息检索】

请借助互联网和图书馆,查阅有关文献检索咖啡生豆的组成成分、各组分的结构简式,理化性质等,并围绕咖啡生豆绘制相关的思维导图。

【交流研讨】

咖啡生豆的组成成分有哪些? 它们在咖啡生豆中的占比如何?

* *

咖啡生豆的组成成分较多(图 8-3),包括植物膳食纤维(占 35% ~45%),蔗糖(阿拉比卡种中含量 10%,卡内弗拉种中含量 3% ~7%),蛋白质(12% 左右),脂肪(阿拉比卡种中含量 20%,卡内弗拉种中含量不足 10%),咖啡因(一般为 0.9% ~1.4%,少数超过 3%),氨基酸(主要是天门冬氨酸和谷氨酸,占 1% ~2%),绿原酸(阿拉比卡种中含量 5% ~8%,卡内弗拉种中含量 7% ~11%),柠檬酸、苹果酸、奎尼酸、磷酸等。可见,咖啡因的含量在咖啡生豆中的占比较少。

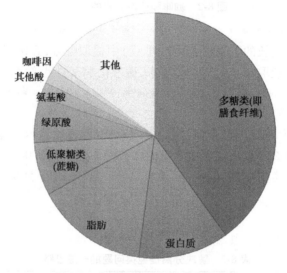

图 8-3　咖啡生豆的主要成分分布图

* *

【方法导引】

预测有机物的性质应依据其含有的官能团。关于溶解性的预测,当有机物中含有能够与水形成氢键的官能团时,如—NH_2、—OH、—COOH、—CHO 等,有机物一般易溶于水;当含有与水形成氢键的官能团数目较多时,其溶解性会进一步增大。不溶于水的有机物一般都易溶于有机溶剂。关于有机反应产物的预测,首先应判断含有的官能团并找准断键部位,然后根据电负性确定略带正电和略带负电的原子或原子团,再根据"正接负、负接正"的反应规律确定反应产物,判断反应类型。

* *

在明确了分离体系的组成成分和需要实现的分离目标后,接下来需要探讨分离体系中各组分之间的性质差异。

* *

【交流研讨】

咖啡生豆中的主要成分各有哪些重要的理化性质？举例说明。

* *

咖啡生豆中的膳食纤维、脂肪、蛋白质是难溶于水的；而氨基酸、蔗糖、绿原酸、咖啡因、柠檬酸、苹果酸、奎尼酸、磷酸等都是可溶或易溶于水的，只是它们在水中的溶解度存在较大的差异。蛋白质的热稳定性较差，在加热条件下容易发生变性，变性的蛋白质更难溶于水。

绿原酸是由奎尼酸与咖啡酸合成的缩酚酸，其半水合物常温下为针状晶体，升温至110 ℃时变成无水化合物。它在水中的溶解度随温度的升高而增大，在室温下的溶解度为4.2 g/100 gH$_2$O，易溶于有机溶剂乙醇、丙酮，而微溶于乙酸乙酯（图8-4、图8-5）。

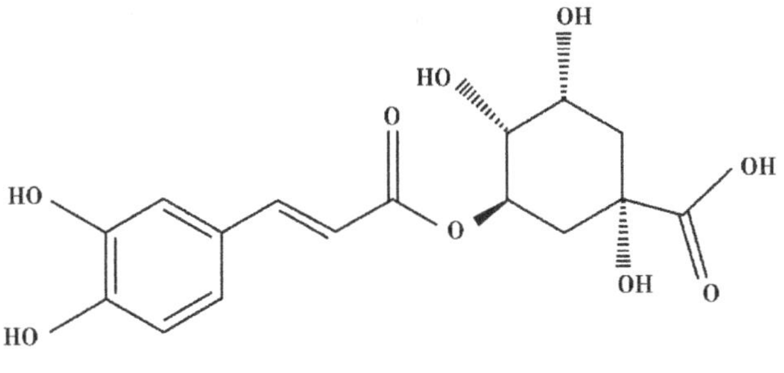

图 8-4   绿原酸的结构示意图 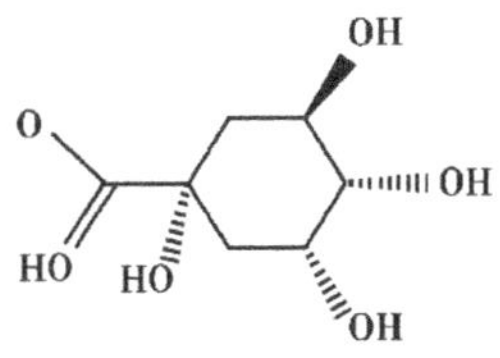   图 8-5   奎尼酸

咖啡因在水或有机溶剂中的溶解度均随温度的升高而增大。在水溶液中，咖啡因的溶解度在室温下约为 2.2 g/100 gH$_2$O，80 ℃ 时约为18.2 g/100 gH$_2$O，100 ℃ 时约为 66.7 g/100 gH$_2$O，酒精溶液中，咖啡因在室温下的溶解度为 1.5 g/100 mLC$_2$H$_5$OH，60 ℃ 时为 4.5 g100mLC$_2$H$_5$OH。可见，咖啡因在水中的溶解性比在乙醇中大。此外，咖啡因在 178 ℃ 时容易升华（图8-6）。

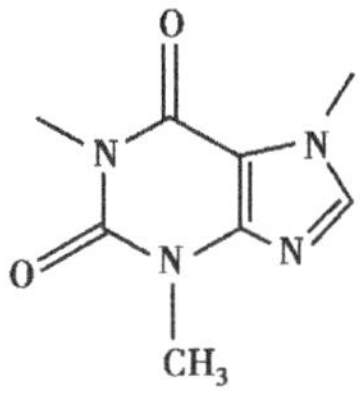

图 8-6   咖啡因

需要指出的是，纤维素、脂肪、蛋白质、低聚糖（蔗糖）都能够在一定的条件下发生水解。纤维素需要在纤维素酶的作用下才能水解生成葡萄糖；脂肪在酸性条件下可水解生成脂肪酸和甘油，在碱性条件或有脂肪酶的作用下水解更为彻底且水解速率显著加快；蛋白质则在蛋白酶作用下水解生成易溶于水的氨基酸。在加热条件下，不仅咖啡生豆中的脂肪在酸性条件下可以发生水解，而且会生成一些具有特殊香味的物质，如酮类、醛类、酯类、酚类、吡嗪类、噻唑类、吡咯类、噻吩类、吡啶类、烃类、内酯类、酚类、醇类、酸类、呋喃和吡喃类化合物[①]。

* *

【交流研讨】

1.混合体系中不同的物质该如何分开？

2.哪些类型的物质"不能自动混合"？

3.咖啡生豆中的咖啡因应转化为什么相？实现这种相变的具体路径是什么？

* *

---

① 孙振春.咖啡香气消褪机制及控制[D]无锡：江南大学,2020.

混合体系分离的基本思路是将混合体系中需要的成分和其他成分转化为不能自动混合的状态。这种"不能自动混合"的状态主要包括气相—液相、气相—固相、液相—固相、水—油等。咖啡生豆各成分之间所处的状态均属于固相，这是它们能够共同存在于一体的原因。要将咖啡生豆中的咖啡因提取出来，只需将咖啡生豆中含有成分转化为不同的"相"就可以将物质分离开来。

咖啡生豆中的咖啡因与其他成分应分别转化为何种"相"态才能达到要求呢？可以从它们的理化性质入手。由于在咖啡生豆中只有咖啡因具有易升华性质，因此，可通过加热升华的方式将咖啡因转化为"气相"，而其他成分依然保持"固相"，则可形成"气—固"两种不能完全自动混合的状态；也可以根据咖啡因的水溶性，将咖啡因、氨基酸、绿原酸、蔗糖等可溶于水的物质转化为"液相"，难溶于水的多糖（即膳食纤维）、蛋白质等保持原有的"固相"，形成"液—固"两种不能完全自动混合状态。考虑操作的方便性、安全性，将咖啡生豆中的各种成分转化为"液相—固相"作为首选。

* *

【交流研讨】

咖啡因等成分主要存在咖啡生豆的细胞中，直接用水浸泡咖啡生豆，咖啡因很难突破细胞的细胞壁被浸取出来，即使能够被浸取出来，其含量也相当低。请问：应采取什么措施才能使咖啡生豆中的咖啡因能够被浸取出来？谈谈你的看法。

* *

从咖啡生豆中提取咖啡因，关键在于破坏咖啡生豆中细胞的细胞壁，使咖啡因等物质能够与水充分接触。要实现这一目标，就需要将咖啡生豆进行粉碎，以破坏其组织细胞壁。为了获取超细的咖啡粉以增大与水的接触面积，可先将咖啡生豆置于真空度为 150 ~ 200 Pa、温度为 200 ~ 220 ℃ 的烘培机中烘焙 20 min 左右，取出自然冷却后再用磨豆机研磨，得到的粉料再用振动式低温超微粉碎机在 -10 ℃ ±2 ℃ 条件下粉碎 20 ~ 30 min 即可[①]（注：对实验条件相对较差的学校，可以使用可调节颗粒孔径大小的粉碎机进行粉碎）。用水浸泡咖啡粉时可按料水 1：10 ~ 15 的比例加水，将水温度控制在 50 ~ 60 ℃，以提高浸取效率。

* *

【交流研讨】

用蒸馏水浸泡咖啡粉可以将咖啡中的主要成分转化为"液相-固相"这一不能自动混合的状态。要将含有咖啡因的"相"分离出来，应采取什么样的分离方法？其分离原理是什么？

* *

对固相与液相形成的不能自动混合的分离体系，可采用过滤的方式进行分离。分离时，液相中各成分的粒子直径比滤纸的孔径小，能通过滤纸；而固相中各成分的粒子直径比滤纸的孔径大，不能通过滤纸。

* *

【交流研讨】

1. 怎样才能将溶解在水中的咖啡粉与水分离开？

2. 要将液相中的咖啡粉转化为何种相才能与水构成"不能自动混合"的状态？

———————————

① 陈芳. 一种提神醒脑速溶咖啡及其制备方法：中国，CN105961755A[P].

3. 咖啡粉实现"相变"的基本途径有哪些?

＊＊＊＊＊＊＊＊＊＊＊＊＊＊＊＊＊＊＊＊＊＊＊＊＊＊＊＊＊＊＊＊＊＊

　　从液相中分离出咖啡粉的基本思路是将咖啡粉和水转化为不能自动混合的状态。达成这一目标,有两种路径:一是将溶解在水中的咖啡粉转化为固相,水转化为气相,即形成"气相—固相"状态;二是将溶解在水中的咖啡粉转化为液相,水保持气相,即形成"固相—液相"状态。要实现第一种转化路径,不仅可以通过蒸发、结晶、过滤、干燥的方式获取咖啡粉,而且还可以通过真空减压缩、冷却干燥的方式获得咖啡粉。对第二种转化路径,可采用蒸馏的方式来完成,将水蒸馏掉绝大部分后,将剩余的液体冷却、干燥即可得到咖啡粉。

＊＊＊＊＊＊＊＊＊＊＊＊＊＊＊＊＊＊＊＊＊＊＊＊＊＊＊＊＊＊＊＊＊＊

【动手实验】

利用咖啡生豆自主设计方案制作咖啡粉

提供的原料:阿拉比卡生豆、蒸馏水。

提供的设备或仪器:烘焙机、磨豆机、振动式低温超微粉碎机、烧杯、过滤装置、蒸馏装置、离心机等。

＊＊＊＊＊＊＊＊＊＊＊＊＊＊＊＊＊＊＊＊＊＊＊＊＊＊＊＊＊＊＊＊＊＊

　　根据上述探讨活动,能够正确处理物质间分离与提纯问题。接下来,对分离类问题解决的关键策略进行总结。

＊＊＊＊＊＊＊＊＊＊＊＊＊＊＊＊＊＊＊＊＊＊＊＊＊＊＊＊＊＊＊＊＊＊

【总结概括】

请结合从咖啡生豆中提取咖啡因的操作过程,总结物质分离类任务问题解决的关键策略。

＊＊＊＊＊＊＊＊＊＊＊＊＊＊＊＊＊＊＊＊＊＊＊＊＊＊＊＊＊＊＊＊＊＊

　　通过物质分离提取物质中某一组分的关键在于将分离体系中需要的组分与其他组分分别转化为不能自动混合的状态,可以是"固相—液相""固相—气相""气相—液相""水—油"等,再根据两种相的存在形态,选择恰当的分离方法和分离设备(或仪器),就可以达成分离、提取物质的目的。

＊＊＊＊＊＊＊＊＊＊＊＊＊＊＊＊＊＊＊＊＊＊＊＊＊＊＊＊＊＊＊＊＊＊

【迁移应用】

解决请结合物质分离类问题的一般思路和关键策略,从大豆中提取大豆蛋白制取豆浆。

＊＊＊＊＊＊＊＊＊＊＊＊＊＊＊＊＊＊＊＊＊＊＊＊＊＊＊＊＊＊＊＊＊＊

　　制得的咖啡粉,添加其他辅助原料就可调制速溶咖啡了。

＊＊＊＊＊＊＊＊＊＊＊＊＊＊＊＊＊＊＊＊＊＊＊＊＊＊＊＊＊＊＊＊＊＊

【拓展视野】

图 8-7　咖啡因的功与过　　　　图 8-8　几种速溶咖啡的生产原料配方比较

＊＊＊＊＊＊＊＊＊＊＊＊＊＊＊＊＊＊＊＊＊＊＊＊＊＊＊＊＊＊＊＊＊＊

活动 2　自制速溶咖啡固体饮料

要调配优质的速溶咖啡,首先要有一个基本的原料配方。这个配方的获取通过来自实验研究的结果。接下来,设计速溶咖啡的配方。

＊＊

【调查分析】

到附近的超市去调查速溶咖啡的品种、主要成分及其功能。归纳速溶咖啡配方的基本原料及其所起的作用,填写在表8-3中,并在此基础上绘制思维导图。

表8-3　速溶咖啡配料

成分	常见物质	主要作用
植脂末		
甜味剂		
酸度调节剂		
乳化剂		
稳定剂		
抗结剂		

【交流研讨】

1.展示调查结果,并在组内交流调查情况。

2.速溶咖啡配方中的原料,哪些是相同的? 哪些是不同的?

＊＊

速溶咖啡的主要原料通常由4个部分构成,即咖啡粉(由咖啡豆和咖啡果皮中提取)、植脂末(或脱脂奶粉)、甜味剂(海藻糖、红糖等)、功能性营养物质;辅料包括增稠剂(如羧甲基纤维素钠、安赛蜜等)、食用盐、食用香精等。不同品牌的速溶咖啡,各种主料的添加量大致相同,辅料添加量有所不同。

＊＊

【拓展视野】

营养成分表

项目	每份(15 g)	营养素参考值
能量	284 kJ	3%
蛋白质	0.5 g	4%
脂肪	23 g	4%
——反脂肪		
碳水化合物	11.2 g	4%
钠	90 mg	5%

配料:植脂粉(葡萄糖浆、氢化植物油、研磨咖啡、酪蛋白酸钠、磷酸氢二钾、磷酸钙、柠檬酸钠、单双甘油脂肪酸酯、双乙酰酒石酸酯单双甘油酯、食用盐、食用香精)、白砂糖、速溶咖啡、麦芽糊精、食品添加剂(羧甲基纤维素钠、硫酸氢钠、安赛蜜)、食用盐、食用香精。

致敏物提示:含有乳制品,可能含有麦麸质的谷物。

本产品速溶咖啡使用罗布斯塔咖啡豆制成,速溶咖啡添加量不低于11.5%,研磨咖啡添加量不低于12%。

图8-9　某速溶咖啡(1+2)原味说明书

＊＊

接下来,结合市场调查得到的速溶咖啡的原料配方构成,动手制作速溶咖啡固体饮料。(注意:借鉴市面上销售的速溶咖啡配方,自制咖啡粉的添加量不得少于 12%。)

＊＊＊＊＊＊＊＊＊＊＊＊＊＊＊＊＊＊＊＊＊＊＊＊＊＊＊＊＊＊＊＊＊＊＊

【动手实验】

根据如图 8-10—图 8-13 所示提供的原料,选择合适的原料配制速溶咖啡固体饮料。用温开水冲兑,品尝自己调配的速溶咖啡饮料,并记录下各种原料的用量,填写在表 8-4 中。

提供的原料:自制咖啡粉、奶香粉(太古牌植脂粉、脱脂奶粉)、甜味剂(海藻糖、白砂糖)、稳定剂(羧甲基纤维素钠 CMC)、食用香精、食用盐等。

图 8-10　植脂末

图 8-11　脱脂奶粉

图 8-12　海藻糖

薄荷香精20 mL

香橙香精20 mL

菠萝香精20 mL

柠檬香精20 mL

水蜜桃香精20 mL

葡萄香精20 mL

图 8-13　常用的 6 中香型香精

表 8-4　自配速溶咖啡的配方

原料	自制的咖啡粉添加量/g	奶香粉添加量/g		甜味剂添加量/g		稳定剂(羧甲基纤维素钠)/g	食用香精添加量/g	食盐用量/g
		植脂粉	脱脂奶粉	海藻糖	白砂糖			
配方一								
配方二								
……								

【交流研讨】

1. 在小组内相互对调配的速溶咖啡进行评价,比比看,谁调配的速溶咖啡风味较好。

2. 与市售的常见咖啡相比,自己配制的速溶咖啡存在哪些不足?

＊＊＊＊＊＊＊＊＊＊＊＊＊＊＊＊＊＊＊＊＊＊＊＊＊＊＊＊＊＊＊＊＊＊＊

自制的速溶咖啡与市面上销售的速溶咖啡相比，主要存在的问题归纳起来有以下几点：①速溶咖啡味不协调，包括苦味、甜味不协调或咖啡味、奶香味不协调。这是自制咖啡粉、植脂粉、脱脂奶粉以及甜味剂比例不当造成的。②色泽不均匀，各种组分未能混合均匀。③冲兑时速溶咖啡出现结团或结块，杯底出现了沉淀物。这与咖啡配制时选择的增稠剂或稳定剂的种类和添加量有关。要想达到较佳的口感，必须对速溶咖啡的配方进行优化。

* *

【拓展视野】

固体饮料优化的原则和步骤

优化的原则：①固体饮料的风味要突出底料原有的风味和口感。②要保证固体饮料合适的酸、甜度。③先主料后辅料原则。先对原料中的主料（即基料）配比及其添加量进行优化，再对辅料添加量进行优化。④各种配料的风味要协调。⑤要充分考虑消费者的需求。

优化的步骤：①对主料添加量进行优化，如果主料有多种，应先确定各主料之间的复配比例，再确定复配后的添加量，以保证饮料能够维持主料原有的风味和各主料风味间的协调。②优化固体饮料的口感和风味（如酸味、甜味、奶香味、果香味等），以优质辅料为基准，优化辅料添加量。③利用增稠剂、乳化剂优化固体饮料的稳定性。④利用抗氧化剂防止饮料发生褐变。第④步可置于第②步之前。

* *

活动3　初步设计速溶咖啡的配方

* *

【交流研讨】

1. 根据拓展视野，谈谈你设计的速溶咖啡的配方。说出你的设想和设计依据。

2. 请查阅《食品安全国家标准—食品添加剂使用标准》（GB 2760—2014），在配制速溶咖啡固体饮料时应如何使用食品添加剂？

* *

根据自制速溶咖啡固体饮料存在的问题，从以下几个方面对配方进行优化：①优化咖啡粉添加量，保持速溶咖啡纯正的咖啡原味。②优化奶香剂添加量，确保速溶咖啡饮料的奶香味与咖啡原味协调。③优选合适的甜味剂及添加量，使速溶咖啡的甜、苦味搭配适宜。④优选合适的稳定剂，确保速溶咖啡调配时不沉淀、不结块。经过上述优化处理，最终使所配速溶咖啡饮用时具有香甜味美、口感醇厚、提神醒脑、无残渣等优点。

基于上述优化思路，初步确定速溶咖啡饮料的配方方案，即自制咖啡粉（结合雀巢咖啡配方说明）添加量不少于12%，奶香粉含量不低于20%，甜味剂（海藻糖、白砂糖）根据需要确定，稳定剂（羧甲基纤维纳 CMC 等）添加量控制在 0.7% ~1%，食用香精控制在 0.5% ~0.8%（根据果香型固体饮料中稳定剂、酸味剂、食用香精的一般添加量确定），食用盐少量。

* *

【拓展视野】

速溶咖啡的感官评价

根据《绿色食品　高级大豆烹调油》标准(NY/T 287—1995)制订速溶咖啡的评价标准，评价指标、标准、权重、等级详见表8-5。

表 8-5　速溶咖啡的感官评价(总分 100 分)①

评价指标	评价标准	权重(即分值)	等级
色泽 (10分)	色泽均匀一致,棕咖啡色与白色相杂,溶解后呈乳咖啡色	8~10	优
	颜色深浅不一,溶解后颜色较白或较深	5~7	良
	颜色异常,深暗,呈铁黑色,溶解后呈乳白色或深棕色	0~4	差
滋味 (40分)	甜味、苦味适中,醇和、鲜爽纯正的咖啡风味	25~40	优
	偏甜或偏苦,咖啡特有的风味较淡	15~24	良
	甜苦严重偏离,有焦糊味	0~14	差
香味 (20分)	香味协调,有淡淡咖啡味与奶香味	14~20	优
	咖啡味或奶香味过浓	7~13	良
	气味不协调或无香味	0~6	差
组织状态 (30分)	均匀颗粒状,无结团,无炭化发黑,无杂质,溶解完全,没有渣滓和悬浮物	20~30	优
	颗粒较大或较小,溶解不完全,有少许悬浮物	10~20	良
	结团或结块,有杂质,溶解后杯底有沉淀物	0~9	差

* *

任务 2　优化速溶咖啡的配方设计

速溶咖啡固体饮料的品质高低与各种配料的比例搭配是否合理有着密切的联系。要获得速溶咖啡的最佳品质,就必须对配方中的主要原料(咖啡粉)添加量、奶香粉(植脂末或脱脂奶粉)的添加量以及甜味剂、稳定剂(乳化剂、增稠剂)的品种选择和添加量等要素进行优化,并在此基础上探索各个要素之间协同作用对速溶咖啡固体饮料感官品质的影响。接下来,对如何优化速溶咖啡饮料配方进行探讨。

* *

【交流研讨】

1. 你在进行速溶咖啡固体饮料配方优化过程中遇到的困难是什么?

2. 你的速溶咖啡固体饮料配方优化的设计方案是什么?请在小组内交流并展示。

* *

---

① 杨阳,陈雷,王万东,等. 果味速溶咖啡的研制[J]. 饮料工业,2012,15(12):19-22.

要对速溶咖啡的配方进行优化,首先应知道整个配方所用的原料,如果味速溶咖啡的原料就包括咖啡粉、植脂末(或植脂粉)、果味粉、白砂糖(甜味剂)、食用香精等。其次应明确各类成分添加量的一般范围,添加量的范围参考市场上销售的同类产品的配方设计或综合不同产品配方设计确定添加量的范围。在对产品进行配方优化时,可采用单因素实验与正交实验相结合的方式进行探索。

设计的速溶咖啡原料配方,既要考虑自配速溶咖啡固体饮料时获得的经验数据,又要借鉴世界知名速溶咖啡固体饮料品牌配方的经验。接下来,在已有经验的基础上对速溶咖啡饮料配方的各个组成部分展开优化。

活动1 优化自制咖啡粉添加量保障速溶咖啡饮料的咖啡味

* *
【实验探究】

取一定质量的咖啡粉、植脂末32 g、白砂糖46 g、羧甲基纤维钠1 g、食用香精0.5 g、麦芽糊精若干克,混合后配制成100 g速溶咖啡。取一定量配制好的速溶咖啡,用95 ℃的热水冲调(料水比1∶15),冷却至室温后,品尝其味道。品尝结果填入表8-6中。

表8-6 不同自制咖啡粉添加量对速溶咖啡感官品质的影响

实验编号	1	2	3	4	5
自制咖啡粉添加质量/g	11.5	12.0	12.5	13.0	13.5
麦芽糊精添加质量/g	8.9	8.4	7.9	7.4	6.9
配制的速溶咖啡味道					

问题与讨论:

1. 自制咖啡粉的添加量对速溶咖啡的口感有何影响?

2. 要使速溶咖啡的口感达到最佳状态,自制咖啡粉的最佳添加量是多少?

* *

在其他条件相同的情况下,随着咖啡粉添加量的增加,速溶咖啡的咖啡味越重,苦味也越来越重,当咖啡粉添加量为13%时,速溶咖啡的咖啡味和苦味都比较适中,风味相对较佳。

活动2 优化奶味剂及其添加量,改善速溶咖啡固体饮料的奶香味

奶味剂主要用于调节饮料的奶香味。目前,用于咖啡业的奶味剂主要有两种:植脂末(也可称为植脂粉、咖啡伴侣)和脱脂奶粉。在速溶咖啡中添加何种奶味剂效果最佳呢?

* *
【实验探究】

实验目的:对比添加植脂末、脱脂奶粉对速溶咖啡饮料口感的影响。

操作步骤:取自制咖啡粉13 g、植脂末或脱脂奶粉30 g、白砂糖46 g、羧甲基纤维钠1 g、食用香精0.5 g、麦芽糊精9.5 g,混合后配制成100 g速溶咖啡。取一定量配制好的速溶咖啡固体饮料,用95 ℃的热水冲调(料水比1∶15),冷却至室温后,品尝其味道。品尝结果填入表8-7中。

表8-7   不同奶香粉添加量对速溶咖啡饮料感官品质的影响

第一组实验	植脂末量/g	麦芽糊精添加量/g	配制的速溶咖啡味道
	30	9.5	
第二组实验	脱脂奶粉添加量/g	麦芽糊精添加量/g	配制的速溶咖啡味道
	30	9.5	

问题与讨论:

分别使用植脂末和脱脂奶粉作奶味剂,在配制的速溶咖啡饮料的口感是否一致? 咖啡饮料口感最佳?

* *

事实上,使用植脂末、脱脂奶粉调配速溶咖啡,对速溶咖啡饮料的感官品质几乎没有影响。这是为什么有的品牌使用植脂末,有的使用脱脂奶粉的原因。

接下来,以市面上销售的速溶咖啡中最常用的奶味剂——植脂末为例,探究不同奶味剂添加量对速溶咖啡饮料感官品质的影响。

* *

【实验探究】

实验目的:探究不同植脂末添加量对速溶咖啡饮料感官品质的影响

操作步骤:取自制咖啡粉13 g、一定质量的植脂粉和麦芽糊精(表8-6)、白砂糖46 g、羧甲基纤维钠1 g、食用香精0.5 g,混合调配成100 g的速溶咖啡饮料。取10 g速溶咖啡,用95 ℃的热水冲调(料水比1∶15),对速溶咖啡饮料进行定性感官评价。评价结果填入表8-8中。

表8-8   植脂末添加量对速溶咖啡口感的影响

实验编号	1	2	3	4
植脂末添加量/g	29.2	30.8	32.3	33.8
麦芽糊精添加量/g	10.3	8.7	7.2	5.7
配制的速溶咖啡味道				

问题与讨论:

1. 植脂末的添加量对速溶咖啡的口感有何影响?

2. 要使速溶咖啡的口感达到最佳状态,植脂末的最佳添加量是多少?

* *

在其他条件相同的情况下,随着植脂末添别量的增加,速溶咖啡的奶香味越来越重,口感变得越来越细腻爽滑。但是,植脂末添加量太大,会造成速溶咖啡的奶香味过重,影响速溶咖啡的口感。当植脂末的添加量为32.3%时,速溶咖啡奶香味适中,口感细腻爽滑。

活动3   筛选与优化甜味剂,改善速溶咖啡饮料的甜苦味

甜味剂是食品添加剂中的一种,生活中常见的单糖(如葡萄糖、果糖等)和低聚糖(蔗糖、麦芽糖等)都可以作饮料的甜味剂使用。除此之外,三氯蔗糖、甜菊糖苷、麦芽糊精、山梨糖醇等也是饮料中的常用甜味剂。含有蔗糖甜味剂的饮料适宜糖尿病人饮用,有的生产厂家开始使用甜度更高的非营养性甜味剂——三氯蔗糖来代替蔗糖或其他的甜味剂或复配甜味剂。使用三氯蔗糖作甜味剂的饮料,可以满足常规人群、肥胖症、糖尿病人对饮料的需求。

* *

【材料分析】

某研究团队[①]对三氯蔗糖在咖啡饮料中的应用展开研究,利用表8-9所示的三氯蔗糖与葡萄糖的复配实验研究三氯蔗糖复配对速溶咖啡饮料感官品质的影响,结果见表8-9。

表8-9　三氯蔗糖与葡萄糖复配实验方案及感官评价结果

编号	三氯蔗糖/g	葡萄糖/g	$\dfrac{m(三氯蔗糖)}{m(葡萄糖)}$/%	麦芽糊精/g	山梨糖醇/g	二氧化硅 g	感官评价
1	0.04	6	0.67	5	0.1	0.05	入口甜度不够,且入口后有很浓苦味
2	0.06	6	1.00	5	0.1	0.05	入口甜度不够,且入口后有很浓苦味
3	0.06	8	0.75	5	0.1	0.05	入口甜度不够,且入口后稍带甜味
4	0.08	8	1.00	5	0.1	0.05	入口甜度适宜,但入口后带有苦味
5	0.08	10	0.80	5	0.1	0.05	入口甜度适宜,且余味绵长
6	0.08	12	0.67	5	0.1	0.05	入口甜度适宜,但入口后过甜
7	0.10	8	1.25	5	0.1	0.05	入口太甜,但入口后味道还好
8	0.10	10	1.00	5	0.1	0.05	入口太甜,且入口后过甜
9	0.12	8	1.50	5	0.1	0.05	入口太甜,但入口后味道还好
10	0.12	10	1.20	5	0.1	0.05	入口太甜,且入口后过甜

【交流研讨】

1. 根据表8-9中呈现的数据,你能从中得出什么结论?

2. 三氯蔗糖与葡萄糖的最佳配比是多少?

* *

事实表明,三氯蔗糖与葡萄糖的质量配比越大,溶液的甜味越甜,但是质量配比太大或太小,其口感都会受到影响。实验事实表明,当$\dfrac{m(三氯蔗糖)}{m(葡萄糖)}=0.80\%$时,甜度适中。三氯蔗糖与其他甜味剂(如果糖、麦芽糖、蔗糖、乳糖、木糖醇等)进行复配时也能产生很好的复配效果。

有了三氯蔗糖与葡萄糖的最佳复配比例后,就可以研究三氯蔗糖复配甜味剂添加量对速溶咖啡感官品质的影响了。

---

① 余飞,陈云霞.三氯蔗糖在咖啡饮料中的应用研究[J].山东食品发酵,2012(4):4.

✱✱✱

【实验探究】

探究三氯蔗糖复配甜味剂添加量对速溶咖啡感官品质的影响

取一定质量的三氯蔗糖复配甜味剂(表8-10)、自制咖啡粉10 g、植脂粉35 g,于250 mL咖啡玻璃杯中,用95 ℃的热水补足100 g,搅拌、混匀。对咖啡饮料的甜度、苦味、奶香味的和谐性、协调性进行评价。

表8-10 不同三氯蔗糖复配甜味剂对速溶咖啡饮料品质的影响及感官评价[6]

实验组	三氯蔗糖复配甜味剂添加量/g	自制咖啡粉添加量/g	植脂末添加量/g	感官评价
1	14	13	32.3	
2	15	13	32.3	
3	16	13	32.3	
4	17	13	32.3	
5	18	13	32.3	

【交流研讨】

1. 三氯蔗糖复配甜味剂添加量对速溶咖啡的感官品质有何影响?

2. 使速溶咖啡饮料的甜味、苦味、奶香味达到协调时,三氯蔗糖复配甜味剂的最佳添加量是多少? 判断的理由是什么?

✱✱✱

在其他条件相同的情况下,三氯蔗糖复配甜味剂添加量对速溶咖啡饮料的味道影响较大。如果三氯蔗糖复配甜味剂添加量太少,则速溶咖啡饮料的甜味不够;如果加得太多,则会与咖啡的苦味、植脂末的奶香味不和谐、不协调,不是奶香味偏重,就是咖啡味不足。添加适宜的三氯蔗糖复配甜味剂,是速溶咖啡饮料获得较高品质评价的保证。从实验结果的评价上看,添加15 g三氯蔗糖复配甜味剂最佳。

活动4 筛选合适的稳定剂改善速溶咖啡饮料的稳定性

食品中使用的稳定剂包括两个组分:一是乳化剂,乳化剂的作用是使饮料中的油状物均匀分散在水溶液中,避免出现油水分层现象。常用于咖啡行业的乳化剂主要有瓜尔胶、卡拉胶、单甘脂、SSL、三聚甘油脂、DATEM、蔗糖脂、酪酸钠①。二是增稠剂,增稠剂是一种改善食品黏稠度,保持流态食品,胶冻食品色、香、味和稳定性,改善食品物理性状的大分子物质②,它易溶于水。常用的食品增稠剂主要有明胶、酪蛋白酸钠、阿拉伯胶、罗望子多糖胶、田菁胶、琼脂、海藻酸钠、卡拉胶、果胶、黄原胶、β-环状糊精、羧甲基纤维素钠(CMC-Na)、淀粉磷酸酯钠(磷酸淀粉钠)、羧甲基淀粉钠、羟丙基淀粉和藻酸丙二醇酯(PGA),这些物质在食品行业中充当胶凝剂、增稠剂、成膜剂、持水剂、悬浮剂、乳化剂、泡沫稳定剂、润滑剂、晶体阻隔剂等,改

---

① 楼盛明.不同乳化剂对咖啡乳饮料稳定性的影响[J].食品工业,2020,41(4):151-153.
② 邓代君.不同增稠剂对咖啡乳饮料的稳定性影响分析[J].现代食品,2017(13):4-6.

善食品组织状态或物理性质①。在上述食品增稠剂中,在咖啡行业应用较多的主要有卡拉胶、黄原胶、瓜尔胶、变性淀粉、微晶纤维素、羧甲基纤维素钠等。由此可知,有的物质既可以看作增稠剂,也可以看作乳化剂。面对众多的乳化剂、增稠剂,该如何选择才能使调配的速溶咖啡具有很好的稳定性呢?

接下来,分别从乳化剂、增稠剂两个角度介绍乳化剂、增稠剂的筛选及其配方优化。

* *

【拓展视野】

图 8-14　固体饮料稳定性测定的方法

* *

活动 4-1　筛选乳化剂及其配方优化

* *

【实验探究】

探究不同乳化剂对速溶咖啡饮料的影响

先取咖啡粉 13 g、植脂末 32.3 g、三氯蔗糖复配甜味 15 g、食用香精 0.5 g 一定质量的单一乳化剂,于 250 mL 咖啡杯中(表 8-11),再加入 95 ℃ 的热水补足 100 g,搅拌混匀。冷却至室温后,取出 1 mL 调配的咖啡饮料,将其稀释 80 倍后用分光光度计在 540 nm 波长下测定其吸光度。然后将样品用离心机充分离心后,在相同条件下再测溶液的吸光度,并计算出所配咖啡饮料的稳定系数 R 值。

表 8-11　单一乳化剂的添加量(%)

样品号	1	2	3	4
单甘酯	0.05	0.10	0.15	0.20
蔗糖酯	0.01	0.02	0.03	0.04
三聚甘油酯	0.01	0.02	0.03	0.04
SSL	0.01	0.02	0.03	0.04
DATEM	0.01	0.02	0.03	0.04
酪蛋白酸钠	0.01	0.02	0.03	0.04

---

① 王会,陆建良.近红外光谱法快速测定含乳饮料中增稠剂含量[J].食品研究与开发,2016,37(24):132-134.

【交流研讨】

1. 乳化剂的添加量与速溶咖啡饮料的稳定性之间有何变化关系?

2. 速溶咖啡的稳定性达到最佳时,各种乳化剂的最适宜添加量分别是多少? 判断依据是什么?

* *

不同乳化剂对咖啡饮料的稳定性影响规律有所不同,大致可以划分为 4 种类型:第一类是咖啡饮料的稳定性随乳化剂添加量的增加呈现先增加后降低的变化趋势,如单甘油酯(图 8-15)。单甘油酯添加量在 0.1% 时达到最大值,0.15% 时急剧下降,说明其添加量可控制在 0.1% ~ 0.15%。第二类是咖啡稳定性随乳化剂添加量的增加呈现不规则的变化,如蔗糖酯。蔗糖酯添加量为 0.02% ~ 0.04% 时,咖啡饮料的稳定性(R 值)有所下降,但在 0.03% 后变化不大,这说明添加适量的蔗糖酯对咖啡饮料的稳定性有所改善,其添加量在 0.02% 左右(图 8-16)。第三类是咖啡饮料的稳定性随乳化剂添加量的增加呈现不断增大或先增大后减小的变化趋势,但变化很小或无实质性影响,如 DATEM、三聚甘油酯等。根据图 8-15 中的信息,DATEM、三聚甘油酯的最佳乳化效果添加量分别为 0.04% 、0.02%,即此时的咖啡饮料稳定性最好。第四类是咖啡饮料的稳定性随乳化剂含量的增加呈现不断增大的趋势,且变化趋势明显,如 SSL、酪蛋白酸钠。根据图 8-15 中的信息,咖啡饮料稳定性达到最佳时,两者的添加量均为 0.04%。

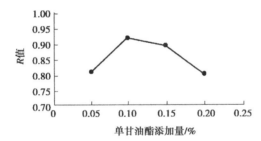

图 8-15　单甘油酯添加量对咖啡饮料稳定性的影响

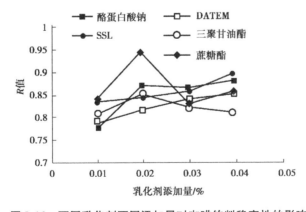

图 8-16　不同乳化剂不同添加量对咖啡饮料稳定性的影响

* *

【方法导引】

从不同的稳定剂中寻找最佳稳定剂的最佳添加量时,通常可以先通过设计正交实验寻找各稳定剂对饮料稳定性影响的主次因素,再找到最佳的实验组合,就可以确定最优的稳定剂及其添加量。

* *

单变量实验获得的结果并不能反映某一种乳化剂是否适合作为调配速溶咖啡饮料的最佳试剂或用于复配乳化剂,它只能确定某一乳化剂用于速溶咖啡饮料调配时最适宜的添加量。要从众多的乳化剂中选择适宜的可用于乳化剂复配的乳化剂及其最佳添加量,还需要通过正交实验探究各种乳化剂添加量协同作用对调配的速溶咖啡饮料稳定性的影响和找到影响因素的主次顺序才能判断。

* *

【实验探究】

实验目的:探究单甘油酯添加量、蔗糖酯添加量、三聚甘油酯添加量、SSL添加量、DATEM添加量、酪蛋白酸钠添加量6个因素协同作用对调配的速溶咖啡饮料稳定性的影响。

提供的原料:自制咖啡粉、植脂末、三氯蔗糖复配甜味剂、单甘酯、蔗糖酯、三聚甘油酯、SSL、DATEM、酪蛋白酸钠、95 ℃的热水。

提供的仪器或设备:250 mL咖啡杯、分光光度计、汤匙。

实验方案及其实施:

第一步:设计咖啡饮料乳化方案的正交因素与水平(表8-12)。

表8-12　影响咖啡饮料乳化效果的正交因素与水平

水平	因素					
	(A)单甘酯/%	(B)蔗糖酯/%	(C)三聚甘油酯/%	(D)SSL/%	(E)DATEM/%	(F)酪蛋白酸钠/%
1	0.1	0.02	0	0	0	0
2	0.15	0.04	0.04	0.04	0.04	0.04

第二步:设计影响咖啡饮料乳化效果的 $L_8(2^7)$ 正交实验组(表8-13)。

表8-13　影响咖啡饮料乳化效果的 $L_8(2^7)$ 正交实验及其结果处理

编号	A	B	C	D	E	F	稳定系数R	评分
1	1	1	1	1	1	1		22
2	1	1	1	2	2	2		23
3	1	2	2	1	1	2		10
4	1	2	2	2	2	1		27
5	2	1	2	1	2	2		18.5
6	2	1	2	2	1	1		30
7	2	2	1	1	2	1		28
8	2	2	1	2	1	2		29
均值1								

编号	A	B	C	D	E	F	稳定系数 R	评分
均值 2								
极值 R								

第三步：分小组按表 8-13 中的要求控制条件进行实验。实验步骤：取自制咖啡粉 13 g、植脂末 32.3 g、三氯蔗糖复配甜味剂 15 g、食用香精 0.5 g 和一定质量的乳化剂（具体质量按表 8-13 中各实验组的控制条件进行确定），倒入 250 mL 咖啡杯，加入 95 ℃ 的热水，使咖啡饮料的质量达到 100 g。冷却到室温后，取出 1 mL 稀释 80 倍，用分光光度计测其吸光度。将稀释后的溶液置于离心机上离心 5 min，在相同条件下再测其吸光度，求算稳定系数 R。同时，利用浮油目测法进行评分。所有测量结果记录在表 8-13 中。

第四步：对实验评分结果进行数据处理，将处理结果填写在表 8-13 中。

【交流研讨】

1. 在单甘油酯添加量、蔗糖酯添加量、三聚甘油酯添加量、SSL 添加量、EDTEM 添加量、酪蛋白酸钠添加量 6 个因素中，影响速溶咖啡稳定性的主次因素顺序是什么？判断的依据是什么？

2. 使速溶咖啡稳定性最佳的实验组合是什么？由此确定的最佳乳化剂及其添加量分别是多少？

＊＊＊＊＊＊＊＊＊＊＊＊＊＊＊＊＊＊＊＊＊＊＊＊＊＊＊＊＊＊＊＊＊＊＊

大量的科学实验研究表明，单甘油酯、蔗糖酯、三聚甘油酯、SSL、EDTEM 等稳定剂的添加量对咖啡稳定性的影响各有不同，其主次顺序为：单甘油酯＞蔗糖酯，SSL＞酪蛋白酸钠＞EDTEM＞三聚甘油酯。其中，单甘油酯、SSL、三聚甘油酯、酪蛋白酸钠等稳定剂对咖啡饮料的稳定性影响比较显著，但单甘油酯、SSL 对提高饮料的稳定性起正面的积极影响；三聚甘油酯、酪蛋白酸钠两种物质，不添加比添加时对饮料稳定性的影响更大。综合权衡，利用单甘油酯和 SSL 复配，是改善咖啡饮料稳定性的最佳选择。复配后的最佳实验组合为 A_2D_2，即单甘油酯 0.15%、SSL 0.04%。

活动 4-2　筛选增稠剂及配方优化

不同的增稠剂对饮料的稳定性影响不同。选择饮料行业中常用的 4 种增稠剂：羧甲基纤维素钠（CMC）、结冷胶、果胶、海藻酸丙二醇酯（PGA），作为速溶咖啡固体饮料增稠剂的考查对象，并通过正交实验 $L_9(3^4)$ 测定咖啡饮料的离心沉淀率，确定速溶咖啡饮料最佳的复配增稠剂及其用量。

＊＊＊＊＊＊＊＊＊＊＊＊＊＊＊＊＊＊＊＊＊＊＊＊＊＊＊＊＊＊＊＊＊＊＊

【实验探究】

实验目的：探究 CMC 添加量、结冷胶添加量、果胶添加量、PGA 添加量 4 个因素协同作用对速溶咖啡固体饮料稳定性的影响。

提供的原料：自制咖啡粉、植脂末、三氯蔗糖复配甜味剂、CMC、结冷胶、果胶、PGA、食用香精。

提供的仪器:分析天平、离心机、离心试管、150 mL 咖啡杯。

实验方案及其实施:

第一步:设计增稠剂配方对速溶咖啡固体饮料稳定性影响的正交因素与水平(表8-14)。

表8-14 增稠剂配方正交因素与水平

水平	因素浓度/%			
	(A)CMC添加量	(B)结冷胶添加量	(C)果胶添加量	(D)PGA添加量
1	0.3	0.025	0.10	0.01
2	0.4	0.030	0.12	0.02
3	0.5	0.035	0.14	0.03

第二步:设计增稠剂配方影响速溶咖啡固体饮料稳定性的 $L_9(3^4)$ 正交实验组(表8-15)。

表8-15 增稠剂配方稳定性优化的正交实验表及数据处理

编号	A	B	C	D	速溶咖啡饮料的沉淀率/%
1	1	1	1	1	1.2
2	1	2	2	2	1.0
3	1	3	3	3	0.8
4	2	1	2	3	0.4
5	2	2	3	1	0.3
6	2	3	1	2	0.2
7	3	1	3	2	0.7
8	3	2	1	3	0.6
9	3	3	2	1	0.5
均值1	1.000	0.767	0.667	0.667	
均值2	0.300	0.633	0.633	0.633	
均值3	0.600	0.500	0.600	0.600	
极值R	0.700	0.267	0.067	0.067	

第三步:分小组按表8-15中的实验控制条件进行速溶咖啡固体饮料的调配,并测定固体饮料的离心沉淀率。操作过程如下:称取自制咖啡粉13 g、植脂末32.3 g、三氯蔗糖复配甜味剂15 g、食用香精0.5 g,倒入250 mL咖啡杯中;按表8-15中的用量标准加入各种增稠剂;再加入95 ℃的热水,将咖啡饮料调配至100 g;待饮料冷却后,测定其离心沉淀率,将测定结果记录在表8-15中。

第四步:进行数据处理,处理结果记录在表8-15中。

【交流研讨】

1. 在CMC添加量、结冷胶添加量、果胶添加量、PGA添加量4个因素中,对调配的速溶咖啡固体饮料的稳定性影响的主次顺序是什么?判断的依据是什么?

2.调配的速溶咖啡固体饮料稳定性达到最佳时,最佳的实验组合是什么? 由此推知,要用于复配增稠剂的品种及其用量分别是什么?

* *

实验研究表明,影响速溶咖啡稳定性的主次因素为 CMC 添加量>结冷胶添加量>果胶添加量=PGA 添加量。在复配饮料增稠剂时,可选用 CMC 和结冷胶。根据均值和极值 R,可知最佳实验组合为 A_2B_3,即 CMC 的添加量为 0.4%、结冷胶的添加量为 0.035%。

根据前面的实验探究,找到复配乳化剂和复配增稠剂的试剂和相应的添加量。如果将复配的乳化剂和复配的增稠剂同时作用于速溶咖啡饮料,对饮料的稳定性可能会出现新的变化。为此,需要进一步探究复配乳化剂和复配增稠剂等因素协同作用对咖啡饮料的影响。

* *

【实验探究】

实验目的:探究复配乳化剂和复配增稠剂等因素协同作用对咖啡饮料的影响(明确目标)。

提供的原料:自制咖啡粉、植脂末、三氯蔗糖复配甜味剂、CMC、结冷胶、单甘酯、SSL、食用香精。

提供的仪器:分析天平、离心机、离心试管、150 mL 咖啡杯。

实验方案及其实施:

第一步:设计稳定剂配方对速溶咖啡固体饮料稳定性影响的正交因素与水平(表8-16)。

表8-16 稳定剂配方的正交因素与水平

水平	因素浓度/%			
	(A)单甘酯添加量	(B)SSL 添加量	(C)CMC 添加量	(D)结冷胶添加量
1	0.12	0.04	0.35	0.025
2	0.14	0.05	0.40	0.035
3	0.16	0.06	0.45	0.045

第二步:设计稳定剂配方影响速溶咖啡固体饮料稳定性的 $L_9(3^4)$ 正交实验组(表8-17)。

表8-17 稳定剂配方稳定性优化的 $L_9(3^4)$ 正交实验表及数据处理

编号	A	B	C	D	速溶咖啡饮料的沉淀率/%
1	1	1	1	1	
2	1	2	2	2	
3	1	3	3	3	
4	2	1	2	3	
5	2	2	3	1	
6	2	3	1	2	
7	3	1	3	2	
8	3	2	1	3	

续表

编号	A	B	C	D	速溶咖啡饮料的沉淀率/%
9	3	3	2	1	
均值 1					
均值 2					
均值 3					
极值 R					

第三步:分小组按表 8-17 中的实验控制条件进行速溶咖啡固体饮料的调配,并测定固体饮料的离心沉淀率。操作过程如下:称取自制咖啡粉 13 g、植脂末 32.3 g、三氯蔗糖复配甜味剂 15 g、食用香精 0.5 g,倒入 250 mL 咖啡杯中;按表 8-17 中的用量标准加入各种稳定剂;再加入 95 ℃的热水,将咖啡饮料调配至 100 g;待饮料冷却后,测定其离心沉淀率,将测定结果记录在表 8-17 中。

第四步:进行数据处理,处理结果记录在表 8-17 中。

【交流研讨】

1. 在单甘油酯添加量、SSL 添加量、CMC 添加量、结冷胶添加量 4 个因素中,对调配的速溶咖啡固体饮料的稳定性影响的主次顺序是什么? 判断的依据是什么?

2. 调配的速溶咖啡固体饮料稳定性达到最佳时,最佳的实验组合是什么? 由此推知,用于复配增稠剂的品种及其用量分别是什么?

＊＊＊＊＊＊＊＊＊＊＊＊＊＊＊＊＊＊＊＊＊＊＊＊＊＊＊＊＊＊＊＊＊＊＊＊＊

根据实验结果和表 8-17 中极值 R 的大小,可以确定影响速溶咖啡固体饮料稳定的主次因素顺序为单甘酯添加量>CMC 添加量>SSL 添加量>结冷胶添加量。从速溶咖啡固体饮料的离心沉淀率来看,咖啡饮料稳定性最佳的实验组合是 $A_1B_2C_2D_2$(比较均值找最大的实验水平来确定),由此确定的最佳稳定性配方是单甘酯添加量为 0.14%、SSL 添加量为 0.04%、CMC 添加量为 0.4%、结冷胶添加量为 0.035%。

活动 5　探索速溶咖啡各配料添加量对速溶咖啡口感的协同影响

＊＊＊＊＊＊＊＊＊＊＊＊＊＊＊＊＊＊＊＊＊＊＊＊＊＊＊＊＊＊＊＊＊＊＊＊＊

【实验探究】

实验目的:探究咖啡粉、植脂末、三氯蔗糖复配甜味剂等物质的添加量对速溶咖啡口感的协同影响

提供的原料:自制咖啡粉、植脂末、三氯蔗糖复配甜味剂($\frac{m(三氯蔗糖)}{m(葡萄糖)}=0.8\%$)、单甘酯、SSL、CMC、结冷胶、食用香精、食用盐。

提供的器皿或仪器:分析天平、咖啡杯、咖啡调配装置。

实验方案及其实施:

第一步:设计饮料配方设计对速溶咖啡口感的正交因素与水平(表 8-18)。

表 8-18　配方设计对速溶咖啡口感的影响因素与水平设计

水平	因素浓度/%		
	(A)速溶咖啡粉添加量	(B)植脂末添加量	(C)三氯蔗糖复配甜味剂添加量
1	12.5	31	14.5
2	13	32.3	15
3	13.5	33.6	15.5

第二步:设计影响速溶咖啡口感的正交实验组(见表 8-19)。

表 8-19　影响速溶咖啡口感的正交实验组及其数据处理

实验组	A	B	C	感官评分
1	1	1	1	
2	1	2	2	
3	1	3	3	
4	2	1	2	
5	2	2	3	
6	2	3	1	
7	3	1	3	
8	3	2	1	
9	3	3	2	
均值 1				
均值 2				
均值 3				
极值 R				

第三步:分小组按表 8-19 中的实验控制条件进行速溶咖啡固体饮料的调配,并测定固体饮料的离心沉淀率。操作过程如下:称取一定量的自制咖啡粉、植脂末、三氯蔗糖复配甜味剂以及单甘酯 0.05 g、SSL 0.14 g、CMC 0.40 g、结冷胶 0.035 g、食用香精 0.5 g、食盐 0.360 g,倒入 250 mL 咖啡杯中;按表 8-19 中的用量标准加入各种稳定剂;再加入 95 ℃的热水,将咖啡饮料调配至 100 g。品尝饮料并对其进行感官评分,评分结果记录在表 8-19 中。

第四步:对实验数据进行处理,并将处理结果填入表 8-19 中。

【交流研讨】

1.速溶咖啡粉添加量、植脂末添加量、三氯蔗糖复配甜味剂添加量 3 个因素中,对速溶咖啡感官品质影响的主次顺序是什么?判断的依据是什么?

2.速溶咖啡感官品质达到最佳时的实验组合是什么?由此得到的最佳配方是什么?

＊＊

根据极值数值的大小,可以确定影响速溶咖啡感官评分的主次因素依次为速溶咖啡粉>

三氯蔗糖复配甜味剂>植脂末。感官评分最高的实验组合为 $A_2B_3C_3$, 即速溶咖啡感官品质最佳的配方为咖啡粉添加量为 13% , 植脂末添加量为 32.3% , 三氯蔗糖复配甜味剂添加量为 15% 。由此可确定速溶咖啡固体饮料的配方如下(按 100 g 计):自制速溶咖啡粉 13 g、植脂末 32.3 g、三氯蔗糖 0.12 g、葡萄糖 14.88 g、单甘油酯 0.05 g、SSL 0.14 g、CMC 0.4 g、结冷胶 0.035 g、食用香精 0.5 g、食用盐 0.36 g。

* *

【总结概括】

请结合速溶咖啡固体饮料的优化过程,总结产品优化设计类问题解决的关键策略。

* *

对产品配方进行优化,首先应知道产品配方原料,然后分别对基料和添加剂的选择和配比进行探究。探究过程中,先根据单因素实验确定选择出原料的最佳种类和含量,再通过正交实验确定具有协同作用的物质最优配比,提前了解各类成分添加量的一般范围对整个优化过程具有一定的指导作用。

* *

【迁移应用】

请结合解决产品设计类问题的一般思路和关键策略,对果味速溶咖啡的配方进行优化。请绘制出果味速溶咖啡的流程图。

已知果味速溶咖啡的配料有脱脂奶粉、白砂糖、果味粉(香芋粉、玫瑰粉、椰香粉)。

* *

任务 3 动手调配速溶咖啡

有了饮料配制的配方就可以生产产品并将产品向适宜人群进行销售,以获得经济效益。本任务通过动手调配速溶咖啡固体饮料并对产品进行包装设计两个活动,让学生了解咖啡饮料的感官评价指标以及如何通过包装设计推销自己的产品,培养学生动手动脑的能力。

活动 1 动手调配速溶咖啡并进行评价

* *

【交流研讨】

在获得速溶咖啡固体饮料的配方前提下,要制作速溶咖啡,你将面临的问题是什么?

* *

在获得速溶固体饮料配方后,调配速溶咖啡需要知道速溶咖啡的调配方法和基本步骤,并设计出反映速溶咖啡固体饮料特色的包装设计,这是动手调配速溶咖啡固体饮料需要解决的问题。明确速溶咖啡配制的基本步骤和包装设计的相关要求后,就可以动手调配速溶咖啡了。

* *

【拓展视野】

工业上生产速溶咖啡的操作要点

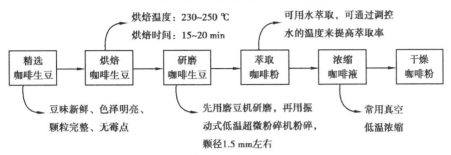

图8-17　工业上生产速溶咖啡的操控要点

****

通过前面的学习已知,自制速溶咖啡固体饮料的配方如下:自制速溶咖啡粉 13 g、植脂末 32.3 g、三氯蔗糖 0.12 g、葡萄糖 14.88 g、单甘油酯 0.05 g、SSL 0.14 g、CMC 0.4 g、结冷胶 0.035 g、食用香精 0.5 g、食用盐 0.36 g。如何根据这个配方制备固体饮料呢?

****

【交流研讨】

根据已有常识,结合你的思考,设计速溶咖啡固体饮料的调配方案,在小组内进行交流,并说出方案中每一步操作的理由。

****

饮料调配的步骤与注意事项:

①精选咖啡生豆,去除破碎的个体及杂质。

②将精选的咖啡生豆在烤箱中以 230~250 ℃ 的温度烘烤 15~20 min。

③将烘焙自然冷却后的咖啡豆放在研磨设备中进行研磨。

④将得到的咖啡粉与水按照 1∶10~1∶15 的质量比例混合,然后加热到 50~60 ℃,持续 10~15 min 后过滤。

⑤过滤后得到的液体先进行真空低温浓缩,再将浓缩后的咖啡液经过喷洒干燥或冷冻干燥得到速溶咖啡粉。

⑥将自制速溶咖啡粉 13 g、植脂末 32.3 g、三氯蔗糖 0.12 g、葡萄糖 14.88 g、单甘油酯 0.05 g、SSL 0.14 g、CMC 0.4 g、结冷胶 0.035 g、食用香精 0.5 g、食用盐 0.360 g 混合,充分搅拌后进行包装。

****

【交流研讨】

对调配好的速溶咖啡固体饮料应如何进行质量评价? 评价依据是什么?

****

根据《云南省食品安全地方标准　速溶咖啡》(DBS 53/021—2014),速溶咖啡固体饮料质量评价标准体系包括感官指标、理化指标、污染物限量、真菌毒素限量、微生物限量、食品添加剂、生产安全等,其中感官评价指标要求见表8-20。

表 8-20　速溶咖啡的感官要求

项目	要求			检验方法
	喷雾干燥速溶咖啡	凝聚速溶咖啡	冷冻干燥速溶咖啡	
色泽	褐色至棕褐色,色泽均匀一致	褐色至深棕色,色泽均匀一致	黄色至棕黄色,色泽均匀一致	把样品置于洁净的白瓷盘中,置于自然光线下,目视、鼻闻、溶解后口尝。
外观形态	细小颗粒状,无杂质,无粘结现象	呈聚焦状颗粒,无杂质,无粘结现象	细小不规则块状,无杂质,无粘结现象	
气味和滋味	溶解后具有纯正咖啡的芳香及苦味,无异味			

＊ ＊

【动手实验】

按下列配方配制速溶咖啡固体饮料,并进行感官评价。

自制速溶咖啡粉 13 g、植脂末 32.3 g、三氯蔗糖 0.12 g、葡萄糖 14.88 g、单甘油酯 0.05 g、SSL 0.14 g、CMC 0.4 g、结冷胶 0.035 g、食用香精 0.5 g、食用盐 0.36 g。

＊ ＊

按配方配制的速溶咖啡固体饮料具有以下特点:①产品颜色纯正,色泽均匀;②咖啡特有的芳香味、苦味与奶香味、甜味协调一致;③饮用时口感醇厚;④产品溶解时稳定性好,无结块,无沉积。

在完成速溶咖啡固体饮料的研制后,需要对产品进行必要的包装和采取合适的保存方法。接下来,探讨速溶咖啡的包装方法。

活动 2　设计速溶咖啡的包装

＊ ＊

【交流研讨】

产品的核心卖点是什么? 怎样用图案来表示?

＊ ＊

产品的卖点就是产品与其他产品相比较的差异性价值,这种差异性来自两个方面:一是固体饮料本身;二是产品的包装设计。不同品牌的咖啡饮料有其与众不同的卖点,如“口味香浓”“品质纯正”“口味正宗浓厚”“品质高尚”“随行的咖啡馆”……咖啡的卖点要与产品本身的品质相符,还要以一种独特的方式——包装设计展示给消费者,让消费者一见到该商品就能产生消费的欲望,促使其购买该产品。

对自制的速溶咖啡饮料必须有自己的卖点,如何将卖点以独特的方式呈现? 那就需要做好产品的包装设计——器皿的创意设计和标签的创意设计。

＊ ＊

【交流研讨】

在进行器皿设计与标签图案设计时,应遵循什么样的设计原则?

＊ ＊

固体饮料的包装设计,从材料选择上来看,要根据产品的特性选择合适的材料来保护产品,包括考虑食品的特性(是否含维生素、糖或油脂),对水蒸气、氧气、光照的隔绝以及保质期。在考虑材料时,还可以根据所需要的效果选择哑光或高光质感。

从器皿设计上来看,一方面要考虑包装的封口,固体饮料一般是热封,需要考虑封口抗粉状污染的性能;另一方面从体验出发,包装应该具有方便携带、易撕性的特点。

从图案设计上来看,产品包装是产品信息的载体,除对产品成分、性能等方面进行说明外,还应具有美观性和创新性,能够抓住消费者的眼球。

此外,要综合对包装的成本、绿色无毒等方面进行考虑。

* *

【动手设计】

请根据你的想法和包装设计要求,给速溶咖啡固体饮料进行包装设计,绘制设计图,并说明设计理由。

速溶咖啡固体饮料的包装设计图:

设计要点说明:

包装设计的材质选用及理由:

【交流展示】

小组展示产品的包装设计,互相评价方案的优点和特点。

* *

速溶咖啡固体饮料的包装设计是否科学、合理,其评价的原则就是饮料包装设计的基本原则,即功能性、环保性、安全性和审美性。其中功能性主要体现保护饮料防变质、便于运输与储藏、识别与促进产品销售等。

* *

【交流研讨】

在产品包装设计中应该如何将产品卖点与产品目标相匹配?

* *

产品的包装设计,除保护和运输等功能外,还应该具有美观性和营销的作用,包装设计应该体现产品的特性和卖点,这会直接影响消费者的购买欲望。

为了将产品的卖点与包装设计相融合,可以从以下几个方面进行考虑:包装应凸显产品的销售主张,宣传语要明确传递出产品的理念,如所面对的消费群体、特殊功能;图案与产品内涵相对应,能够让消费者知道可以从产品体验过程中收获何种期待;平衡而诚实,避免华而不实,尽可能正确、真实地表达产品等。

* *

【交流研讨】

请围绕包装材料、容器、图案、宣传语等进行深入研讨,确定各项内容设计的要求和标准。

* *

通过以上分析,速溶咖啡包装设计的评价标准可以从使用性、美观性、经济性、环保性、安全性、社会性、文化性 7 个方面进行考虑。①

表 8-21　速溶咖啡包装设计要求及评分标准

项目	要素	评分	综合
使用性(30 分)	易于操作(10 分)		
	保护产品(10 分)		
	便于携带(10 分)		
美观性(20 分)	视觉愉悦(5 分)		
	造型优美(5 分)		
	独特新颖(5 分)		
	符合流行趋势(5 分)		
经济性(10 分)	包装成本(5 分)		
	工艺难度(5 分)		
环保性(10 分)	回收与再利用(3 分)		
安全性(20 分)	材料安全(8 分)		
	生产安全(6 分)		
	性能规格明确(6 分)		
社会性(5 分)	身份地位(2 分)		
	设计道德(3 分)		
文化性(5 分)	品牌文化(3 分)		
	地方文化(2 分)		
总计			

* *

【动手设计】

以小组为单位,根据设计要求对事先设计好的产品包装进行再优化。

【交流展示】

小组展示优化后的产品包装设计。

* *

形成完整的咖啡饮料包装设计后,就可以印刷了。

* *

【总结概括】

请总结速溶咖啡固体饮料包装设计的关键策略。

* *

---

① 何冰清.关于建立饮料包装设计评价模式的研究[D].重庆:西南大学,2018.

设计一款饮料的包装,首先必须对该饮料产品的核心卖点作评价,然后将产品的核心卖点与产品的器皿与标签设计进行有机融合,使设计充满趣味性、情感化、创新性、个性化等特色。这就是设计产品包装的关键策略。

* *

【迁移应用】

请结合产品包装设计的一般思路和关键策略,自主设计苹果汁饮料的包装。

* *

项目学习评价

【成果交流】

1. 梳理制作速溶咖啡的基本流程和相应的工艺控制要点。

2. 在实验室与小组成员合力制作出本小组的速溶咖啡产品,制作并冲泡好后与同学进行分享,看看哪组配制的速溶咖啡最好喝。

【活动评价】

1. 通过交流研讨、信息检索、材料分析等栏目,诊断学生信息获取、分析、整理、筛选关键信息的能力。

2. 通过方法导引、资料卡片等栏目,引导学生建立解决产品设计类问题的基本思路,同时考查学生运用方法导引、资料卡片所涉及的方法论进行问题解决的能力。

3. 通过实验探究栏目,考查学生的实验设计能力和数据分析能力。

4. 通过总结提炼栏目,诊断学生对问题解决过程关键策略的提炼能力。

【自我评价】

本项目通过对制作速溶咖啡的探讨,重点发展学生"模型认知与证据推理""科学探究与创新意识"等方面的核心素养。请依据表8-22检查对本项目的学习情况。

表8-22 "自制一款速溶咖啡"项目重点发展的核心素养及学业要求

核心素养发展重点		学业要求
模型认知与证据推理	能基于产品设计类问题解决的一般思路对研制速溶咖啡进行任务规划; 能基于感官评价标准对速溶咖啡进行评价; 能基于产品包装设计标准自主设计简单的速溶咖啡包装。	能基于物质分离的基本原理,正确制备速溶咖啡粉; 能基于产品设计类问题解决的一般思路,对研制速溶咖啡进行任务;
科学探究与创新意识	能从提供的图表中分析影响速溶咖啡品质的因素及其变化规律,获取最佳实验条件;能以单因素实验为基础,通过正交实验探索不同因素协同作用对速溶咖啡品质的影响,从而获得相应的最佳配方	能够基于正交实验优化速溶咖啡的配方

项目 **9**
设计家庭去污安全操作指南

项目学习目标

1.通过寻找污渍产生的原因,分析污渍的成分及理化性质,从而让学生根据物质的性质推断去除厨房油污和衣物污渍的方法,让学生初步提炼出认识物质的方法,能够从宏观上认识物质,从微观上理解其组成、结构和性质的联系。

2.通过调配厨房油污清洗剂和衣物洗涤剂的实践活动,让学生知道查阅资料、调查研究、收集证据的重要性,学生初步学会收集、整理资料,能够从资料卡片中提取有用信息。

3.通过正交实验研究不同表面活性剂对清洁剂去污力的影响,让学生懂得如何设计正交实验,如何控制变量,学会分析实验数据,找到影响因素的主次关系,从而获取洗涤剂的最佳配方。学生认识到正交实验是科学研究的重要方法,培养学生良好的科研能力。

项目导引

人们喜欢餐桌上美味的菜肴,但餐后一桌油腻腻的碗碟、厨房里的油烟机、瓷砖灶台等待清洁物品,看着让人头疼。一身漂亮的衣服让人心情愉悦,但意外沾上油质、果汁、墨水,清洗起来可能很麻烦。生活中我们每天都可能要清洗各种各样的污渍,各种污渍的处理方式不尽相同。清洁剂如果使用不当,就有可能达不到去污效果。正确选择和使用清洁剂,去污效果会事半功倍。

本项目从厨房、衣物污渍的主要成分分析,寻找去除污渍的方法,着力于培养学生运用科学的方法去解决生活中遇到的问题,树立绿色安全健康的生活观。

任务1　调配厨房油污洗涤剂

民以食为天,我们每天都要摄入营养物质,蛋白质、糖类、油脂、维生素、水和无机盐是人体所需的六大营养物质。在烹调食物时人们讲究合理搭配,健康饮食。健康的生活方式除了吃得健康,餐后清洁餐具、去除厨房的油污同样重要。厨房是油烟重灾区,锅碗瓢盆上的油污会严重影响人们的用餐安全和身体健康。清洁餐具和厨房油污对改善人们的生活质量具有极其重要的作用。

本任务通过揭秘厨房油污的去除方法和调配一款厨房洗涤剂等,让学生初步认识厨房油污去除的原理和去污剂的选择依据,学会根据所选用的去污试剂调配厨房洗涤剂,从而掌握解决描述现象类问题的一般思路和解决产品设计类问题的一般思路,培养学生的动手能力和解决问题的能力。

活动1　揭秘厨房油污的去污方法

* *

【交流研讨】

1.在清洗餐具之前,你将面临的问题是什么? 解决该类问题的任务类型属于何种?

2.请利用解决描述现象类问题的一般思路对厨房油污清洗进行初步的任务规划,将规划要点填写在表9-1中。

【方法导引】

表9-1　解决描述现象类问题的一般思路

解决描述现象类问题的一般思路	第一步:明确目的,确定观察对象	第二步:制订观察计划	第三步:按照一定顺序观察	第四步:形成描述
任务规划要点				

* *

在清除油污之前,必须弄清楚厨房油污的种类、性质、消除方法、预防措施等,这是日常清洗厨房之前需要解决的问题。观察对象是厨房中的油污,在明确观察对象之后,接下来围绕观察对象制订观察计划。

* *

【动手操作】

请围绕厨房油污的清洗制订合理的观察计划。观察计划的要点规划见表9-2。

表9-2　厨房油污清洗的观察计划

观察目的	
观察地点	

续表

观察方式	
观察使用的工具	
观察的途径	
需要建立观察的要点	

【成果展示】

在小组内展示制订的观察计划,并进行互评。

* *

如何清理厨房油污,通常的解决办法是先弄清楚厨房油污的主要成分及其危害,再根据主要成分的理化性质寻找清除污物的方法或措施,最后建立描述。对厨房油污清洗需要建立的观察点应包括油污的种类、成分及其危害、油污的理化性质、油污清除的方法或措施。建立观察时使用的工具是互联网信息、图书资料等,观察的途径是查阅资料—整理资料—形成要点—得出结论。

在制订观察计划的基础上确定观察点的观察顺序,并实施观察。

* *

【交流研讨】

厨房油污清洗具有多个观察点,应按什么样的顺序进行观察? 观察点的顺序关系是时间关系、空间关系,还是逻辑关系?

* *

厨房清洗油污时所建立的观察点顺序是油污的成分及理化性质、危害、消除方法或措施,这一观察顺序按照认识物质的逻辑关系建立。接下来,按照观察顺序对各个观察点进行观察。

* *

【调查与分析】

请借助互联网查询厨房油污产生的原因、成分及理化性质、危害及消除方法,绘制思维导图,并在小组内交流。

【交流研讨】

1. 厨房油污产生的原因是什么?

2. 厨房油污的主要成分有哪些? 各有何危害?

3. 结合油污主要成分的理化性质,应选用什么样的方法或措施来消除?

* *

烹饪方式和传统生活习惯等原因,使厨房成为家庭油污污染的重灾区。油污分布在器皿表面、墙面瓷砖、油烟机、换气扇、灶具或灶台等。根据油污的形成情况,油污的形成主要有以下几种情况:①尘埃及其他沉积物。主要是由粉尘或细小颗粒(如细纤维)经物质吸附或沉降到器皿表面形成油污。②油性聚合物。食用油中的一些不饱和油脂在汽化时发生聚合,在固体表面形成一薄层致密且结合力很强的油污。③烹饪过程形成的油烟。食用油在高温条件下汽化或碳化,通过冷凝而形成的附着在固体表面的油状物或通过物理或化学的作用固定在固体表面形成油污。④器具本身产生的固体污染物。这类污染物主要是由金属锈蚀或者油漆老化等原因形成的脱落物附着在油垢等污垢上形成。[①]

* *

【方法导引】

根据有机物的结构推测化学性质时,应从官能团的视角来认识。例如,含有碳碳双键、碳碳三键、醛基等官能团的物质可以发生氧化、加成、加聚;含有酯基、肽键、卤素原子等官能团的物质可以在特定条件下发生水解等。

* *

从油污的形成来看,油污的主要成分应包括食用植物油、油脂聚合物、甘油、粉尘(或细小颗粒物)、器皿锈蚀物等。不同成分的物质,其理化性质不同。

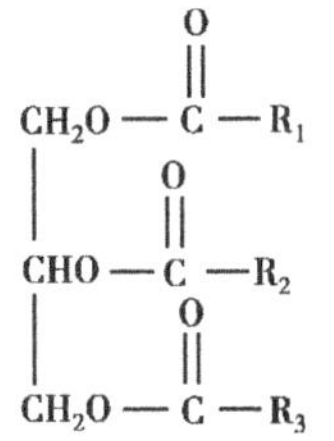

食用油脂(图9-1)是厨房油污最主要的成分之一。食用油的烃基部分(R_1、R_2、R_3)往往含有不饱和的官能团碳碳双键($\diagdown\!\!=\!\!\diagup$),这既是食用油呈液态的原因,也是食用油高温加热时部分油脂发生加聚反应而形成聚合物的根源所在。食用油难溶于水,可溶于乙醚、石油醚、二硫化碳、$CHCl_3$等有机溶剂,易溶于热酒精,密度比水小,黏度较大,具有油腻感,没有固定的熔沸点[②]。油脂中含有酯基,在较高压力、温度、催化作用下水解生成甘油和脂肪酸(或脂肪酸钠),生成的甘油是一种易溶于水的具有甜味的黏稠状液体。使用酸、碱、脂肪酶及金属氧化物可加快油脂的水解。

图9-1 油脂的结构

油脂聚合物是一种比食用植物油更难清洗的高聚污染物,其结构远比单体食用油复杂。油脂聚合物中只含有酯基官能团,在特定条件下可以发生水解,产生甘油和聚酸。

固体污染物可以用钢丝球擦洗的方式去污染。

如果上述油污不及时清洗掉,不但会污染环境,还会影响人体健康。

* *

【方法导引】

有害物质的消除,可以从物质的理化性质入手进行推断。根据有害物质的物理性质,可以选择适当的溶剂进行溶解消除;根据有害物质的化学性质,可以通过添加特定的物质,在特定的条件下,使其转化为无害物质而除去。

* *

根据植物油、油脂聚合物等理化性质,消除油污的主要方法有:①利用有机溶剂除油渍[1]。根据油污难溶于水,可溶或易溶于有机溶剂的特性,利用有机溶剂溶解植物油或通过润湿、渗透、溶解、乳化等过程,清洁油污中的油脂聚合物[③]。这种方法存在有机溶剂毒性大、刺激性强、较为危险的弊端。②利用碱性试剂或脂肪酶清洗油污。油污中的植物油及油脂聚合物的结构中均含有酯基,能够在酸、碱、酶、金属氧化物作催化剂的条件下快速水解。使用碱性试剂或脂肪酶都可以使油污发生水解。在碱性条件下,油污中的植物油发生皂化反应生

---

① 李国祥,王正德,郑永智,等. 厨房油污的形成及其清洗[J]. 内蒙古石油化工,2004(4):23-24.

② 赵娜. 表面活性剂对饲用油乳化效果及肉鸡生长的影响[D]. 杭州:浙江工商大学,2011.

③ 李晓如,刘凯,张剑,等. 脂肪酶在厨房油污硬表面洗涤中的研究[J]. 中国洗涤用品工业,2020(2):35-42.

成高级脂肪酸钠和甘油而除去;油污中的油脂聚合物产生溶胀作用,使油垢与固体表面的结合力和污垢的致密性下降,这对去除油脂聚合物非常有利。但此法使用的试剂碱性过强,可能会对皮肤、墙面的瓷砖、厨房内的器物等造成伤害或损坏。使用脂肪酶来清除油污,会使植物油的水解反应速度明显加快,而且去污染效果好,对人体不会造成伤害。③采用表面活性剂去除油污。表面活性剂能够通过湿润、渗透、增溶、乳化等作用使油污从固体表面脱落而分离[1],达到去除油污的目的。对那些附着在墙体表面或器皿表面的固形物,只需要利用钢丝球轻轻擦洗即可。

* *

【拓展视野】

图9-2　表面活性剂　　　　　　　图9-3　助洗剂

* *

综上所述,为了消除油污,可以配制以表面活性剂为主体,添加脂肪酶、适量碱性较弱的制剂、适量有机溶剂的洗涤剂。

* *

【交流与研讨】

在清洗厨房油污时了解油污的成分、性质及其去污方法或措施有何意义?

* *

通过对油污成分、性质及其去污方法的观察,可以得出如下结论:

①难溶于水的油污,可以选用有机溶剂去除。

②含有酯基官能团的有机物,可以通过碱性水解的方式加以去除,也可以通过加酶制剂的方式去除。

③对有机物形成的油污,可以选择含有亲水基和亲油基的表面活性剂去除。

至于选择什么方法去除油污,必须根据油污成分的性质来决定,即结构决定性质、性质决定污渍清除方法。

* *

【总结归纳】

请概括消除油污的共性操作,提炼油污去除的一般思路。

* *

厨房油污去除的一般思路或流程如图9-4所示。

【迁移应用】

请利用去除厨房油污的一般思路去解决餐具油污的清洗,并对所选清洗剂的依据或原理进行必要的解释。

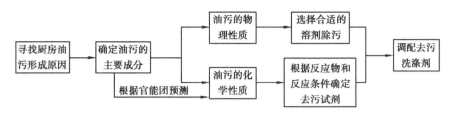

图9-4 去除厨房油污的一般思路或流程

活动2 调配厨房油污清洗剂

根据活动1可知去除油污可以选择的溶剂和试剂,接下来,进行厨房油污清洗剂的调配。

* *

【交流研讨】

1.要调配厨房油污清洗剂,你将面临的困难是什么?解决该类问题的任务类型属于何种?

2.请利用产品设计类问题解决的一般思路,对调配厨房油污清洗剂进行初步的任务规划,将规划要点填写在表9-3中。

【方法导引】

表9.3 产品设计类问题解决的一般思路

产品设计类问题解决的一般思路	第一步:明确目标。	第二步:目标拆解,要素分析	第三步:概念设计	第四步:精细、具体设计	第五步:权衡、优化统整	第六步:循环、重复设计	第七步:反思提炼问题解决的关键策略
任务规划要点							

* *

要调配厨房油污清洗剂,需要知道油污清洗剂的原料配方和相应的添加量。只有这样,调配出来的清洗剂才安全、高效。前面的活动已经明确去除油污所需的试剂,接下来,利用这些试剂调配厨房油污清洗剂。

* *

【交流研讨】

1.请结合如图9-5所示某厨房油污清洗剂包装设计中的图文设计,归纳调配厨房油污清洗剂需要的原料。

2.厨房油污清洗剂中的增效剂、金属保护剂、乳化剂各有什么功能?常用的增效剂、金属保护剂、乳化剂分别是什么?(提示:可借助互联网、图书馆或资料室、走访行业专家进行解决)

* *

厨房油污清洗剂的主要成分包括表面活性剂、脂肪酶、乳化剂、增效剂、金属保护剂(即稳定剂)、碱性助剂、助洗剂等。乳化剂在洗涤剂配方中主要起到促进高沸点醚(有机溶剂)分散于水中形成微乳液,并促使洗涤剂溶液对水的湿润,以及脱除的污垢分散乳化。碱性助剂主要在于促进油污发生皂化反应,并使不饱和油脂聚合物形成的树脂状物质产生溶胀作用,以便去除污垢。金属保护剂是为了保护洗涤剂中的金属离子,如 Ca^{2+}、Mg^{2+} 等,常使用的金属离子保护剂主要是 EDTA,它能与清洗液中的金属离子发生螯合反应形成络合物,以保障表面活性剂成分,尤其是阴离子表面活性剂清洗性能的发挥,同时能起到碱性缓冲的作用。助洗剂能够与表面活性剂协同作用而增强去污力,常用的助洗剂有三乙醇胺、苯并三唑等。其中,三乙醇胺既可以提供缓蚀作用,又可以调节洗涤液碱性及表面活性剂性能,还可以增强乳液型清洗剂的稳定性和促进微乳液形成;苯并三唑是一种金属离子型缓蚀剂,不仅可以在金属表面形成致密的沉积膜,还可以防止金属被腐蚀。

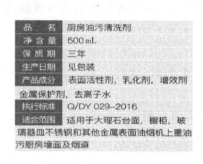

品　　名	厨房油污清洗剂
净含量	500 mL
保质期	三年
生产日期	见包装
产品成分	表面活性剂,乳化剂,增效剂 金属保护剂,去离子水
执行标准	Q/DY 029-2016
适合范围	适用于大理石台面,橱柜,玻璃器皿不锈钢和其他金属表面油烟机上重油污厨房墙面及烟道

图 9-5　某厨房油污清洗剂的标签设计

* *

【动手实验】

请利用下列试剂配制厨房油污清洗剂溶液,并用配制的油污清洗剂清洗瓷砖上的油污。

提供的试剂如下:

表面活性剂:烷基苯磺酸钠(LAS)、脂肪醇酰胺(洗涤剂6501)。

洗涤助剂:三乙醇胺(碱性助剂)、优宝嘉脂肪酶。

有机溶剂:丙二醇丁醚。

图 9-6　某油污清洗剂

【交流研讨】

1. 将实验结果记录在表 9-1 中,并对清洗效果进行自我评价,同时在小组内进行交流。

表 9-1　自配厨房油污清洗剂的效果评价

实验组	表面活性剂	碱性助剂	酶制剂	有机溶剂	所配清洗剂的性状	清洗油污的能力
1	LAS 加入量_____g	Na_2CO_3 溶液加入量_____mL	脂肪酶加入量_____g	丙二醇丁醚加入_____mL		
2	LAS 加入量_____g	三乙醇胺加入量_____mL	脂肪酶加入量_____g	丙二醇丁醚加入_____mL		

实验组	表面活性剂	碱性助剂	酶制剂	有机溶剂	所配清洗剂的性状	清洗油污的能力
3	洗涤剂 6501 加入量_____g	Na$_2$CO$_3$ 溶液加入量_____mL	脂肪酶加入量_____g	丙二醇丁醚加入_____mL		
4	洗涤剂 6501 加入量_____g	三乙醇胺溶液加入量_____mL	脂肪酶加入量_____g	丙二醇丁醚加入_____mL		

2. 根据实验组评价的结果,你能从中得出什么结论?

3. 与市面上销售的油污清洗剂去油污进行对比,有何差异?

* *

表面活性剂使用的种类不同、用量不同,配制的厨房油污清洗剂的去污力不同。脂肪酶的用量不同,配制的厨房油污清洗剂的去污力也不同。添加的碱性物质种类不同,用量不同,所配制的厨房油污清洗剂的去污力也不同。总体上讲,用三醇胺的效果比使用 Na$_2$CO$_3$ 溶液的效果好。表面活性剂的种类和用量、碱性物质的种类和用量、脂肪酶的用量、丙二醇丁醚的用量等都会影响所配厨房油污清洗剂的去污效果。

* *

【拓展视野】

洗涤液去污力的测定方法

称取 100 mL 洁净的干烧杯的质量 m_0 g(精确到 0.000 1 g),在烧杯底添抹油垢(油垢质量控制在 0.25 g 以内),置于 200 ℃电热鼓风干燥箱中干燥 10 min,取出,冷却至室温,称量烧杯和污垢的质量 m_1 g。称取事先配制好的油污清洗剂 8 g,使油垢在清洗液中浸泡 10 min,调节振荡箱温度为 30 ℃、转速为 150 r·min,将烧杯置于振荡箱中振荡 10 min。取出,倒掉清洗液,再加入蒸馏水 100 mL,振荡 30 s。取出烧杯,倒掉蒸馏水,将烧杯置于 120 ℃恒温干燥箱中干燥 40 min,冷却至室温后称量烧杯的质量为 m_2 g(精确到 0.000 1 g)[①]。按下式计算去污力 f,即 $f = \dfrac{m_{1(烧杯+油垢)} - m_{2(去油垢烧杯)}}{m_{1(烧杯+油垢)} - m_{0(烧杯)}} \times 100\%$。

* *

自制的厨房油污清洗剂与市售洗涤剂相比,自制的油污清洗剂容易分层且去污效果明显较差。

* *

【交流研讨】

如果对厨房油污清洗剂的配方进行优化,应从哪几个方面着手?

* *

要使配得的厨房油污清洗剂高效、安全,应从以下几个方面着手进行——优化:①筛选出去油污效果较好的几种表面活性剂进行复配,并确定最佳的复配比例和用量;②优化酶制剂

---

① [ ]李晓如,刘凯,张剑,等.脂肪酶在厨房油污硬表面洗涤中的研究[J].中国洗涤用品工业,2020(2):35-42.

添加量;③优化有机碱——三乙醇胺添加量;④优化有机溶剂——丙二醇丁醚添加量。在上述单因素实验的基础上进行正交实验,从而获得厨房油污清洗剂的最佳配方。接下来,对厨房油污清洗剂进行逐步优化。

活动 2-1 筛选表面活性剂并确定复配比例和用量

＊＊＊＊＊＊＊＊＊＊＊＊＊＊＊＊＊＊＊＊＊＊＊＊＊＊＊＊＊＊＊＊＊＊＊＊＊

【动手实验】

请利用下列常用的表面活性剂分别配制成 4% 的表面活性剂溶液,分别测定事先准备好的含污垢质量大致相当的 9 个 100 mL 烧杯。按照图片资料测定清洗剂去污力的方法测定 9 种表面活性剂的去污力。

提供的表面活性剂:①α-烯基磺酸钠(AOS);②烷基糖苷(APG);③月桂醇聚醚硫酸酯钠(SLES);④脂肪醇聚氧乙烯醚(AEO-9);⑤直链烷基苯磺酸钠(LAS);⑥脂肪酸甲酯磺酸盐(MES);⑦脂肪酸甲酯乙氧基磺酸盐(FMES);⑧聚氧乙烯脂肪酸甲酯(FMEE);⑨椰子酸二乙醇胺缩合物(洗涤剂 6501)。

提供的仪器:AR224CN 型电子天平、ZQLY-180S 型振动培养箱、CJJ-931 型磁力加热搅拌器、DHG-9140 型电热鼓风干燥箱。

【交流研讨】

根据实验测定结果,你认为选择怎样的表面活性剂作为油污清洗剂比较适宜?

＊＊＊＊＊＊＊＊＊＊＊＊＊＊＊＊＊＊＊＊＊＊＊＊＊＊＊＊＊＊＊＊＊＊＊＊＊

实验研究表明,在相同条件下,质量分数同为 4% 的表面活性剂 LAS、6501、AOS、AEO-9 与 FMEE、FMES、AES、MES 相比,去污力前者好于后者[①],尤其是 LAS、6501 的去污力分别达到 88.36%、99.1%(图9-7)。适宜作油污清洗剂的是 LAS 和 6501 两种表面活性剂。

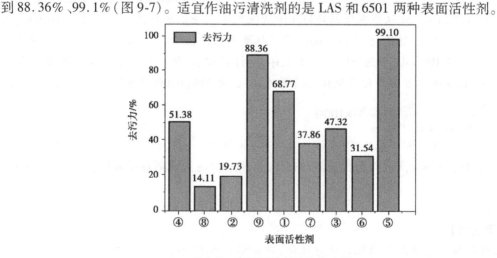

图 9-7 表面活性剂的去污力值

---

① 李晓如,刘凯,张剑,等.脂肪酶在厨房油污硬表面洗涤中的研究[J].中国洗涤用品工业,2020(02):35-42.

活动 2-2　探究脂肪酶、LAS、6501 添加量对油污去除效果的影响

* *

【实验探究】

探究不同质量分数的脂肪酶、LAS、6501 对油污去除能力的影响(具体设计)

配制质量分数分别为 0.5%、1%、1.5%、2%、4% 的脂肪酶,以及 LAS、6501 溶液,按照上述测定去污力的方法测定溶液的去污力值。

【交流研讨】

1.绘制去污力随表面活性剂质量分数增加的变化曲线,推测去污力与表面活性剂浓度之间的变化规律,并阐明理由。

2.油污清洗液达到最佳去污力时,脂肪酶、LAS、6501 三种物质的最佳浓度分别是多少?

* *

在相同实验条件下,脂肪酶、LAS、洗涤剂 6501 三种物质的去污力与其质量分数均呈正相关,即质量分数越大,去污力越强(图9-8)。对于脂肪酶而言,其质量分数低于 2% 时,去污力随质量分数增大而迅速提升,但高于 2% 时,去污力增加幅度很小,几乎不变。脂肪酶的最佳质量浓度为 2% 。对于 LAS、洗涤剂 6501 而言,质量分数低于 4% 时,其去污力随质量分数的增加而增强,但增速逐渐变慢;质量分数为 4% ~8% 时,去污力变化比较平缓。综合考虑经济成本和实效,LAS 和 6501 的质量分数应控制在 4% 以内为宜。

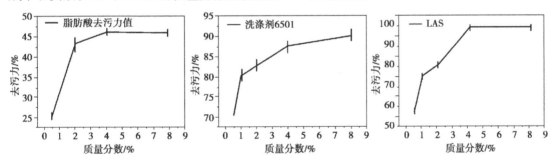

图9-8　脂肪酶、LAS、6501 不同质量分数的去污力变化情况

活动 2-3　探究脂肪酶、表面活性剂、丙二醇丁醚、三乙醇胺等因素协同作用对油污清洗液去污力的影响

* *

【实验探究】

实验目的:探究脂肪酶添加量、LAS 添加量、洗涤剂 6501 添加量、丙二醇丁醚添加量、三乙醇胺添加量等因素协同作用对油污去除能力的影响。

提供的试剂:脂肪酶、LAS 表面活性剂、6501 表面活性剂、丙二醇丁醚、三乙醇胺、去离子水。

提供的器材:100 mL 烧杯、玻璃棒、AR224CN 型电子天平、ZQLY-180S 型振动培养箱、CJJ-931 型磁力加热搅拌器、DHG-9140 型电热鼓风干燥箱。

实验方案及实施:

第一步:设计影响油污清洗剂去污力的因素与水平(表9-5)。

表9-2 影响油污清洗剂去污力的因素水平表

水平	因素				
	(A)LAS/%	(B)洗涤剂6501/%	(C)脂肪酶/%	(4)丙二醇丁醚/%	(E)三乙醇胺/%
1	3.0	3.0	2.0	1.0	0.5
2	3.5	3.5	2.5	1.5	1.0
3	4.0	4.0	3.0	2.0	1.5
4	4.5	4.5	3.5	2.5	2.5

第二步：设计影响油污清洗剂去污力的 $L_{16}(4^5)$ 正交实验组（表9-6）。

表9-6 影响油污清洗剂去污力的 $L_{16}(4^5)$ 正交实验组设计及结果处理

实验组	因素					去污力/%
	A	B	C	D	E	
1	1	1	1	1	1	
2	1	2	3	4	2	
3	1	3	4	2	3	
4	1	4	2	3	4	
5	2	1	4	3	2	
6	2	2	2	2	1	
7	2	3	1	4	4	
8	2	4	3	1	3	
9	3	1	2	4	3	
10	3	2	4	1	4	
11	3	3	3	3	1	
12	3	4	1	2	2	
13	4	1	3	2	4	
14	4	2	1	3	3	
15	4	3	2	1	2	
16	4	4	4	4	1	
均值1						
均值2						
均值3						
均值4						
极值R						

第三步:分小组进行实验。具体操作如下:将脂肪酶、LAS 表面活性剂、6501 表面活性剂、丙二醇丁醚、三乙醇胺按表9-6 中的实验条件控制要求,配制成 100 g 清洗液。然后测定每组实验配制的厨房油污清洗液的去污力。并将测定结果记录在表9-6 中。

第四步:对实验数据进行处理,并将处理结果填写在表9-6 中。

【交流研讨】

1. 脂肪酶、LAS 表面活性剂、6501 表面活性剂、丙二醇丁醚、三乙醇胺 5 种物质的添加量对厨房油污清洗液的去污力影响的主次顺序是什么? 阐明理由。

2. 厨房油污清洗液的最佳配方实验组合是什么? 由此得到的最佳实验配方是什么?

* *

大量的实验研究表明,对油污的去污力影响的主要因素是醇醚(如丙二醇丁醚),这类物质往往对油性污垢具有良好的溶解和膨胀功能,能够降低油垢和固体表面的结合力。将醇醚加入表面活性剂中,能够有效提高清洁剂的去污力。通过正交实验获得的最佳实验配方为 $A_3B_3C_1D_4E_1$,即丙二醇丁醚 2.5%、洗涤剂 6501 表面活性剂 4%、LAS 表面活性剂 4%、脂肪酶 2%、三乙醇胺 0.5%。

* *

【拓展视野】

油污清洗剂磨蚀性测试方法

分别测试不锈钢试片和铝试片的腐蚀量。将不锈钢试片和铝试片洗净后在 40 ℃±2 ℃ 的烘箱中烘干并称其质量 m_1。然后将试片放入装有油污清洗剂原液的烧杯中,置于 25 ℃± 2 ℃ 的恒温箱中烘烤 30 min 后取出,干燥,冷却后称其质量为 m_2。试片腐蚀量为腐蚀前后的质量差 m_1-m_2[①]。

* *

活动2-4　动手调配厨房油污清洗剂并判断是否达标

* *

【交流研讨】

配制的厨房油污清洗剂是否达到质量标准? 判断的依据是什么?

* *

根据国家标准《厨房油污清洁剂》(GB/T 35833—2018)的要求,厨房油污清洗剂的质量标准可以从感官指标和理化指标两个维度进行评判。感官指标要求:从外观上看"液体产品应均匀、不分层,无悬浮物或沉淀(加入均匀悬浮颗粒组分除外)""浆状产品应为均匀膏体、无结块、无明显离析现象(加入均匀悬浮颗粒组分除外)""粉末状产品应松散、无结块"[②]。从稳定性上看,液体或浆状产品应具备下列特征:"样品在−5 ℃±2 ℃ 的冰箱中放置 24 h,取出后冷却至室温时不分层、不结晶、不沉淀、不变色,透明而不浑浊""浆状产品无晶体析出和无明显离析""样品置于 40 ℃±2 ℃ 的保温箱中放置 24 h 后取出,冷却至室温,液体产品透明而不浑浊、不分层、不变色,浆状产品无明显离析"。理化指标要求:"总活性含量不低于 1%;碱度(以 Na_2O 计)不高于 3%;在 5 ℃、1% 水溶液中 pH 值 ≤11.8;腐蚀量(LY_{12} 硬铝)≤100 mg;

---

① 江丽,王小淳,张蕾.水基油烟机重油垢清洗剂配方设计[J].日用化学品科学,2011,34(8):27-30+37.

② 姚晨之.GB/T 35833—2018《厨房油污清洁剂》[J].标准生活,2018(9):46-51.

总 P_2O_5 含量≤1.1%;去污力暂不作要求。"

可见,判断调配的厨房油污清洗液是否符合质量标准,不仅要看感官指标是否达标,而且要看是否满足理化指标要求。

在明确厨房油污清洁剂评价的指标体系后,接下来就可以动手调配厨房油污清洗液并对其展开评价。

＊＊＊＊＊＊＊＊＊＊＊＊＊＊＊＊＊＊＊＊＊＊＊＊＊＊＊＊＊＊＊＊＊＊＊＊

【动手实验】

按照配方要求:三乙醇胺1%、丙二醇丁醚2.5%、脂肪酶2%、6501 2.5%、AOS 3%,调配厨房油污清洗液,测定清洗液的去污力、腐蚀性等(表9-7),并与市售的油污去污剂对比(图9-9、图9-10),判断是否符合质量要求。

表9-9　自制厨房油污清洗剂与市售油污洗涤剂的质量对比

比较项目	自制厨房油污清洗剂	油污净	蓝月亮油污克星
去污力/%			
腐蚀量(LY12 硬铝)/mg			
稳定性		透明均匀、不分层	透明均匀、不分层

图9-9　油污克星

图9-10　油污净

＊＊＊＊＊＊＊＊＊＊＊＊＊＊＊＊＊＊＊＊＊＊＊＊＊＊＊＊＊＊＊＊＊＊＊＊

自制的厨房油污清洗剂的去污力,明显优于市面销售的油污净和油污克星的去污力。对比国家标准《织物复合用干法聚氨酯薄膜》(QB/ T4346—2012),其原液 pH 值小于市售的这两款,其腐蚀性远小于国标 100 mg,能够有效防止对人体的伤害,符合现代生活对厨房油污洗涤产品的要求。

＊＊＊＊＊＊＊＊＊＊＊＊＊＊＊＊＊＊＊＊＊＊＊＊＊＊＊＊＊＊＊＊＊＊＊＊

【总结提炼】

请提炼厨房油污清洗剂调配的关键策略,并以流程图的形式加以呈现。

＊＊＊＊＊＊＊＊＊＊＊＊＊＊＊＊＊＊＊＊＊＊＊＊＊＊＊＊＊＊＊＊＊＊＊＊

通过前面一系列的探究活动,可知调配厨房油污清洗剂的关键策略在于根据油污清洗剂的配方确定其组成成分类别,然后采取分类优化获取最佳工艺,最后通过正交实验获取不同类别物质协同作用下最佳调配工艺。研究过程可用如图9-11 所示的流程来表示。

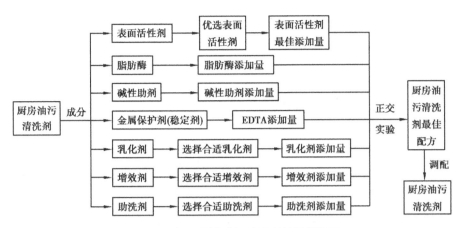

图 9-11　调配厨房油污清洗剂的思维流程

根据上述关键环节的探索,获得的产品质量明显优于市场产品质量。

* *

【迁移应用】

请根据如图 9-11 所示的厨房油污清洗剂的调配思维策略,参考市面上销售的餐具清洗液配方,自选表面活性剂、洗涤助剂、香精等原料调配一款餐具清洗液,要求清洗液对人体健康无影响,但能快速去除餐具上残留的污物。

* *

清洁厨房中的污垢,除使用厨房清洗液清洗外,还可以搭配使用米汤、面汤、淘米水、丝瓜瓤等清除厨房中不同部位、不同类型的污垢。

* *

【拓展视野】

图 9-12　去除油污小妙招

* *

任务 2　科学去除衣物上的污渍

干净整洁的衣着让人赏心悦目,人们会想方设法把衣物上的污渍清洗干净,因此,衣物清洁剂成为人们生活中不可或缺的日用品。人体要分泌汗液,在工作和生活中,衣服上有可能沾上茶渍、奶渍、油渍等。这些物质不仅影响衣物的美观,还影响人们的心情。

本任务通过认识衣物污渍的种类和消除衣物污渍等活动,让学生掌握解决麻烦类问题解决的一般思路,培养学生的动手能力和问题解决能力。

* *

【交流研讨】

1.在对衣服上的污渍进行清洗时,你需要解决的问题是什么?解决这类问题的任务类型是什么?

2.根据解决麻烦类问题解决的一般思路,对衣物污渍的清洗进行初步的任务规划,将规划要点填写在表9-8。

【方法导引】

表9-8　解决麻烦类问题的一般思路

解决麻烦类问题的一般思路	第一步:定义麻烦	第二步:找形成原因或影响因素	第三步:达成目标
任务规划要点			

* *

衣物上的污渍不仅会影响衣服的外观品质,还会带来异味,影响人际交往和心情。这是需要解决的麻烦。在明确需要解决的麻烦之后,接下来对需要解决的麻烦进行拆解,寻找相应的形成原因、影响因素,并通过筛选关键变量、控制关键变量,探索关键变量协同作用去除污渍的最佳效果,从而达成解决麻烦这一目标。

活动1　探寻衣物污渍的成因

* *

【调查与归纳】

借助互联网了解衣物上的污渍及其主要成分、分布特点,进行合理归类,并绘制衣物污渍的思维导图。

【成果展示】

展开衣物污渍思维导图,在小组内进行互评,并完善衣物污渍思维导图。

* *

衣物污渍是指人们穿着衣物过程中进行各类活动产生的改变衣物面料原有的色泽、颜色的污染物。根据污渍的来源,可将污渍分为源于人体产生的污渍和源于外界环境的污渍,其中人体产生的污渍包括通过皮肤分泌产生的油渍、汗渍、新陈代谢死亡的细胞(皮屑)等,源于外界环境的污渍往往是人们进食不慎、工作或生活时不小心等原因所沾染的食物污渍、笔迹、果蔬汁、尘土等。根据污渍的形态分为干性污渍、湿性污渍、硬性污渍和色性污渍,其中,湿性污渍一般含有油脂、淀粉、糖类、蛋白质、浓缩的水果汁等,或是某些食品污渍、化妆品污渍等[1];色性污渍通常是由各种染料、颜料或动物性、植物性天然色素所致,由菜肴汤汁、食品、饮料、化妆品等污渍形成,或是洗涤不当衣物掉色造成的颜色沾染污渍,如果汁掉落在衣物上形成的污渍就属于色性污渍。根据污渍的基本属性分为固体颗粒污渍、油性污渍和水性污渍。根据污渍的性质不同可分为油脂类污渍、蛋白类污渍、单宁类污渍、墨水类污渍、尘埃等。衣物上的污渍在衣物不同部位,其含量会有所不同,见表9-9。

---

① 彭思嘉.棉质服装污渍的洗涤研究[D].西安:西安工程大学,2017.

表9-9　污染种类-污渍部位的占比①(％)

污渍种类	领部	袖口	肘部	腋下	背部	前胸	前摆	前身里摆
油渍	20.3	33.9	3.9	4.4	2.3	22.1	10.9	2.1
灰渍	15.8	26.9	13.5	0.3	9.0	15.0	13.7	5.8
汗渍	30.3	8.2	4.4	28.0	21.9	4.4	1.5	1.3
皮脂	24.0	17.4	11.7	12.3	17.7	7.2	3.0	6.6
泥渍	4.6	27.9	7.7	1.5	7.7	13.0	30.0	7.4

＊＊＊＊＊＊＊＊＊＊＊＊＊＊＊＊＊＊＊＊＊＊＊＊＊＊＊＊＊＊＊＊＊＊＊＊＊＊

【交流研讨】

　　衣服中油类脂、蛋白类、糖类、单宁类、墨水类、尘埃类污渍产生的原因及其主要成分分别有哪些? 每一类物质的结构各有何特点? 将相关知识点填写在表9-10中。

表9-10　不同类别的有机物的结构特点及性质

污渍类型	结构特点	水溶性	化学性质

＊＊＊＊＊＊＊＊＊＊＊＊＊＊＊＊＊＊＊＊＊＊＊＊＊＊＊＊＊＊＊＊＊＊＊＊＊＊

　　衣服上污渍的形成途径大体上有3种途径:第一种途径是通过皮肤分泌和排泄产生的污物形成的污渍。这种污渍有3种来源:一是来自小汗腺分泌的汗液,其主要成分有水、$NaCl$、乳酸、尿素等,二是来自顶泌汗腺分泌产生的无味液体,这种液体经细菌酵解后产生臭味物质,有些人会分泌一些有色物质(可呈黄、绿、红或黑色),使局部皮肤或衣服被染色;三是皮脂腺分泌的皮脂,其主要成分包含角鲨烯、蜡脂、甘油三酯、胆固醇酯等。第二种途径是直接或间接接触生活环境中的物质而造成的衣物污渍,包括血渍、果蔬汁、饮料汁、酒渍、饭菜渍、墨汁、泥浆等。第三种途径是来自空气中的粉尘。这3种途径产生的污渍,归纳起来可概括为油脂类、糖类、蛋白类、醇类、多酚类、无机盐类、维生素类等。这些污渍从溶解性的角度来看,有的物质易溶于水,有的物质难溶于水;从组成成分的分子结构来看,有的物质结构复杂,有的结构比较简单。

＊＊＊＊＊＊＊＊＊＊＊＊＊＊＊＊＊＊＊＊＊＊＊＊＊＊＊＊＊＊＊＊＊＊＊＊＊＊

【方法导引】

　　根据物质结构寻找影响去除污渍清洗的因素时,可从两个方面进行思考:一是观察物质的结构中是否含有能够与H_2O形成氢键的官能团。如果存在,即有可能因形成氢键而易溶于水,这样的污渍可采用水洗。二是根据物质中的官能团推测官能团的性质,通过控制反应物或反应条件去寻找影响污渍清除的因素。

＊＊＊＊＊＊＊＊＊＊＊＊＊＊＊＊＊＊＊＊＊＊＊＊＊＊＊＊＊＊＊＊＊＊＊＊＊＊

　　在知道了衣物污渍的形成原因和污渍类型之后,就可以找到相应污渍的去除方法。

---

①　彭思嘉,蒋晓文.服装污渍的种类及分布状况[J].国际纺织导报,2016,44(9):64-68.

活动 2　科学选择衣物污渍去除的方法

* *

【交流研讨】

1. 衣物上的污渍应该选择什么样的试剂洗涤？说明你的理由。

2. 如果要选择洗涤剂洗涤衣物上的污渍，那么洗涤剂中至少含有哪些成分？阐述你的理由。

* *

衣服表面的污渍种类不同，所含物质的结构、官能团的种类不同，污渍的性质也会有所差异。其中氨基酸类污渍、醇类污渍、多酚类污渍、维生素类污渍（图 9-13）等绝大部分物质都含有能够与水形成氢键的官能团（如—NH$_2$、—OH、—CHO、—COOH 等），与水易形成氢键，这些物质一般都可以溶于水，而且所含—NH$_2$、—OH 等官能团的数目越多，与水形成的氢键数目越多，其在水中的溶解度越大。上述有机物污渍在水中的溶解性与其分子结构的复杂程度有关，分子结构越复杂，相对分子质量越大，在水中的溶解度会随之减小。对油脂类污渍、蛋白质类污渍可分为两大类别：一类是难溶于水而易溶于有机溶剂的污渍，这类有机物污渍可使用有机溶剂洗涤，如酒精；另一类是既不溶于水也不溶于有机溶剂的污渍，这类污渍可使用表面活性剂清洗。洗涤衣物上的污渍，应根据污渍所含成分的溶解性选择溶剂。

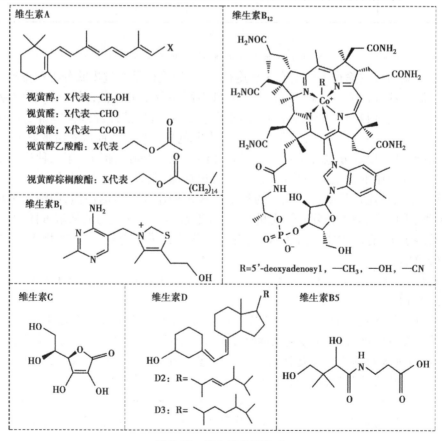

图 9-13　维生素的结构式

含有酚羟基的多酚类污渍(如茶水中的茶多酚、葡萄汁中的葡萄多酚)和酚类污渍(如苋科的叶子花、马齿苋科的花瓣、仙人掌科的仙人掌果实、商陆科的商陆浆果、鸡冠花等中的甜菜红素,其结构如图9-14所示)以及含有羧基的污渍(如血渍中的血红素,如图9-15所示),它们都具有酸性,可选用碱性试剂去污。常见的碱性试剂有NaOH溶液、Na_2CO_3溶液等。

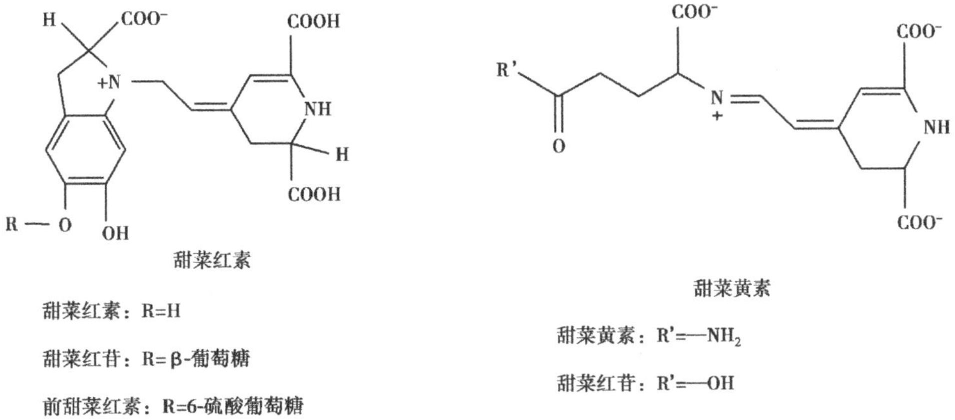

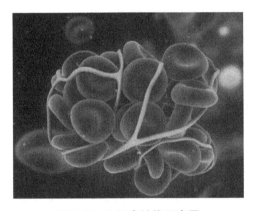

甜菜红素：R=H

甜菜红苷：R=β-葡萄糖

前甜菜红素：R=6-硫酸葡萄糖

甜菜黄素：R'=—NH₂

甜菜红苷：R'=—OH

图9-14 火龙果汁中甜菜红素类物质的结构

图9-15 血红素结构示意图

含有酯基的油脂类污渍和含肽键的蛋白类污渍,具有易水解的性质。在酸、碱、酶(脂肪酶或蛋白酶)、金属氧化物作催化剂的条件下,水解生成易溶于水的物质的速率会大幅度提高。为了使污渍水解彻底,常选用碱、酶作此类污渍的除污试剂,其中酶对油脂或蛋白类污渍的去除速率明显高于碱。需要注意的是,使用碱性试剂的碱性不能太强,否则在清洗衣物的过程中容易损坏衣物或损伤皮肤。选用的碱性试剂应以碳酸盐溶液或有机碱为宜。

＊＊＊＊＊＊＊＊＊＊＊＊＊＊＊＊＊＊＊＊＊＊＊＊＊＊＊＊＊＊＊＊＊＊＊＊＊＊＊

【动手实验】

自选下列试剂清洗有污渍的小手帕。比较使用不同试剂去除小手帕污渍的效果(表9-11)。

提供的试剂:K_2CO_3溶液、十二烷基苯磺酸钠(LAS)、优宝嘉脂肪酶、肥皂(有效成分硬脂酸钠,化学式$C_{17}H_{35}COONa$)。

表9-11　不同物质对小手帕上的污渍去除效果对比（表格不足可添加）

洗涤效果　时间 洗涤剂	10 min 以内	1 h 左右	3 h 左右
Na_2CO_3			
肥皂			
优宝嘉脂肪酶			
LAS			
LAS+Na_2CO_3			
LAS+优宝嘉脂肪酶			

* *

衣服上污渍的成分并非单一的，往往同时含有多种成分。去除衣物上的污渍时，所选用的洗涤剂应包括多种成分，如表面活性剂、碱性助剂、酶制剂、水、有机溶剂等。

活动3　寻找影响衣物污渍去除效果的因素

* *

【交流研讨】

用洗涤剂洗衣服时，有哪些因素会影响洗涤剂的去污力？影响规律如何？（提示：请借助互联网检索相关信息，或到图书馆查询相关资料，或走访洗涤剂行业专家协助解决）

* *

洗涤剂去污效果既与洗涤剂本身有关也与洗涤的环境条件有关。

影响洗涤效果的环境因素主要包括洗涤剂用量、洗涤温度、洗涤时间、洗涤强度等。①洗涤剂用量。在洗涤衣服时，应根据衣物上污渍量的多少合理添加洗涤剂，洗涤剂用量如果太少，则不易将衣服洗净；如果洗涤剂用量过多，不但会增加环境对洗涤剂的处理负荷，还会造成资源浪费，增大洗涤成本。②洗涤温度。洗涤液中含有的脂肪酶或蛋白酶的活性与温度有密切的关系。通常情况下，洗涤剂中的酶活性在40 ℃左右最佳，在该温度下，能够促使衣物上的油脂类污渍或蛋白质类污渍发生最大程度的水解，有利于去除污渍。同时，适当升高洗涤液的温度，还能加速污渍和织物纤维的膨胀，降低污渍与纤维间的结合力，使污渍在机械作用下更易从衣物上脱离而被除去[①]。总体上讲，在一定温度范围内，洗涤剂的洗涤效果会随温度的升高而加强；当温度升高到一定程度时会导致蛋白质类污渍变性或血渍凝固，反而使洗涤效果变差。③洗涤时间。去除衣物污渍的过程是一个复杂的物理、化学变化过程。污渍的去除是需要时间的。时间过短，污渍去除不彻底；时间过长，可能会造成资源浪费、衣物磨损，还会增加被洗脱的污渍再沉积到衣物上的风险。④洗涤强度。虽然增加洗涤的强度可以提升衣物污渍的去除效率，但洗涤强度过大可能导致衣物损坏。

---

① 张仁里.影响工业与公共设施(I & I)洗衣的洗涤因素及洗涤程序[J].中国洗涤用品工业,2005(6):59-63.

活动4　探索调配衣服洗涤剂的最佳工艺条件

活动4-1　优选和复配洗涤剂中的表面活性剂

* *

【走访调查】

走访居住地附近的超市和洗涤剂生产行业专业人员,了解洗涤剂中常用表面活性剂及其配方用量。

* *

为了提高洗涤剂中表面活性剂的去污力,现选择市售洗衣液中常用的表面活性剂进行优配。常用的洗衣表面活性剂主要有脂肪醇聚氧乙烯醚硫酸钠(AES)、脂肪醇聚氧乙烯醚(AEO-9)、十二烷基苯磺酸钠(LAS)、脂肪酸二乙醇酰胺(6501)[①]。

* *

【动手实验】

优选最佳表面活性剂

配制 AES、AEO-9、LAS、6501 这4种质量分数均为4%的洗涤液,用于清洗事先准备好的沾有油渍的布条进行清洗,分别测定其白度值以判断其去污效果,将实验结果填入表9-12 中。

表9-12　4种常用表面活性剂的去污力对比

表面活性剂	AES	AEO-9	LAS	6501
白度值				

* *

AES、AEO-9、LAS、6501 这4种表面活性剂的性能各有不同。其中,LAS 是这4种表面活性剂中去污力最强,也是洗涤行业使用最多的表面活性剂,具有较好的稳定性和较强的润湿、起泡和净洗性能,但有较强的刺激性,手洗衣物体验感差。AEO-9 是一种非离子表面活性剂,具有良好的耐酸碱、耐高温、耐硬水和去污力,并且温和、对环境友好。AES 具有良好的水溶性和较好的去污力,易溶于冷水、热水。6501 相对于其他3种表面活性剂,去污力相对较差。为了增强洗涤效果,衣物洗涤剂常常选用两种或两种以上的表面活性剂进行复配。根据已有洗涤剂的配方经验,表面活性剂的添加总量一般控制在20%～30%。

参照表9-13 中的表面活性剂复配方案考查性价比较好的表面活性剂进行复配,以确定其最佳复配工艺。

表9-13　表面活性剂复配配方实验参考方案

原料	LAS(100%)	AES(折100%)	AEO-9	聚乙醇	香精	水
质量分数/%	20.0	5.0	3.0	3.0	0.3	至100%

---

① 陈小燕.实际污渍洗涤的洗衣液配方研究[J].中国洗涤用品工业,2017(6):29-33.

＊＊＊＊＊＊＊＊＊＊＊＊＊＊＊＊＊＊＊＊＊＊＊＊＊＊＊＊＊＊＊＊＊＊＊＊＊＊

【动手实验】

选择性价比较好的表面活性剂

按表9-14中的配方配制洗涤液,分别测定其白度值,并筛选出性价比较好的表面活性剂。

表9-14　表面活性剂复配配方表

原料	LAS(100%) 添加量/%	AES(折100%) 添加量/%	AEO-9添 加量/%	6501添 加量/%	聚乙醇 添加量/%	香精添 加量/%	水添加量 /%
配方1	20.0	5.0	1~5	0	3.0	0.3	至100
配方2	20.0	5.0	0	1~5	3.0	0.3	至100

【交流研讨】

1.绘制白度值随表面活性剂AEO-9、6501添加量的变化曲线。结合变化曲线说明哪一种表面活性剂的去污效果性价比最高。

2.最终确定参与复配的表面活性剂有哪些?

＊＊＊＊＊＊＊＊＊＊＊＊＊＊＊＊＊＊＊＊＊＊＊＊＊＊＊＊＊＊＊＊＊＊＊＊＊＊

实验表明,AEO-9、6501这2种表面活性剂添加量对衣服去污力的影响程度不同,但变化趋势大体相似,白度值均随表面活性剂用量的增加呈现先增大后减小的变化趋势,但AEO-9的去污力显著高于6501,AEO-9添加量为2~3 g时白度值提升速度较快(图9-16)。应选择LAS、AES、AEO-9这3种表面活性剂进行复配。

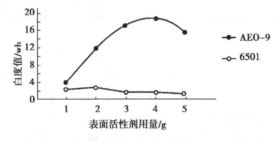

图9-16　不同用量不同种类表面活性剂的去污力

接下来,使用LAS、AES、AEO-9进行复配,研究其去污力,寻找最佳用量。

＊＊＊＊＊＊＊＊＊＊＊＊＊＊＊＊＊＊＊＊＊＊＊＊＊＊＊＊＊＊＊＊＊＊＊＊＊＊

【动手实验】

探究表面活性剂LAS、AES添加比例对洗涤剂去污力的影响

按表9-15中的配方配制洗涤液,分别测定其白度值,并筛选出性价比较好的表面活性剂。

表9-15　探究LAS与AES复配比例对去污力的影响

实验组	1	2	3	4	5
LAS/g	17	13	9	8	2
AES/g	5	9	13	14	20

续表

实验组	1	2	3	4	5
AEO-9/g	3	3	3	3	3
聚乙二醇/g	3	3	3	3	3
香精/g	0.3	0.3	0.3	0.3	0.3
水/g	70.7	70.7	70.7	70.7	70.7
白度值/%	8.84	14.68	16.60	18.48	18.52

【交流研讨】

1. 表面活性剂 LAS、AES 的最佳配比是多少?

2. 最终确定参与复配的表面活性剂有哪些?

* *

根据白度值可知,表面活性剂 LAS、AES 的最佳用量比 $m(LAS) : m(AES) = 8\ g : 14\ g = 4 : 7$ 时,污布的白度值较高,去污力最强(图9-17)。第4组和第5组的去污力区分度很小。考虑 LAS 价格远低于 AES,加之增加 AES 的量、减少 LAS 的量时去污力增加很小,取 $m(LAS) = 8\ g$,$m(AES) = 14\ g$,即洗涤剂中 LAS 质量分数为 8%、AES 质量分数为 14%。

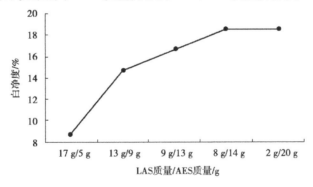

图 9-17 不同 LAS、AES 复配对洗涤剂去污力的影响

接下来,固定 LAS、AES 的配比,探究 AEO-9 添加量对污布去污力的影响。

* *

【动手实验】

探究表面活性剂 AEO-9 添加量对洗涤剂去污力的影响

固定 LAS、AES 的配比,并按最佳质量比添加,改变 AEO-9 表面活性剂的质量,按表9-16中的配方要求配制洗涤液,分别测定其白度值。

表 9-16 探究 AEO-9 添加量对洗涤剂去污力的影响

实验组	1	2	3	4	5
LAS/g	8	8	8	8	8
AES/g	14	14	14	14	14
AEO-9/g	1	2	3	4	5
聚乙二醇/g	3	3	3	3	3
香精/g	0.3	0.3	0.3	0.3	0.3
水/g	70.7	70.7	70.7	70.7	70.7
白净度/%	18.31	18.71	19.22	19.26	19.19

【交流研讨】

洗涤剂中表面活性剂 AEO-9 的最佳质量分数的是多少？为什么？

* *

根据实验研究表明，AEO-9 的质量为 1 ~ 3 g 时，对洗涤剂去污力的影响较大，并随 AEO-9 添加量的增加，白度值迅速增加，去污力迅速增强；质量为 3 ~ 5 g 时，随 AEO-9 添加量的增加，污布的白度值变化很小，甚至出现下降，去污力并不显著（图 9-18）。综合考虑各方因素，最终选定 AEO-9 的质量为 3 g，即质量分数为 3% 。

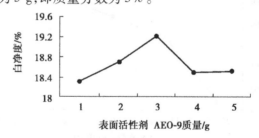

图 9-18 AEO-9 添加质量对洗涤剂去污力的影响

综上所述，复配 LAS、AES、AEO-9 在洗涤剂中的质量分数分别为 8%、14%、3% 。

* *

【拓展视野】

利用智能式数字白度计（WSB-3A 型）测定污布的白度值

用白度计测定污布条正反两面的折射值，取其平均值作为测定结果，并按下列公式计算污布的洗净率（%），即

$$洗净率（\%）=\frac{R_w（洗涤后污布的反射率）-R_s（洗涤前污布的反射率）}{R_0（标准棉白布污染前的反射率）-R_s（洗涤前污布的反射率）}\times 100\%$$

* *

活动4-2　探究洗涤助剂对洗涤剂去污力的影响

* *

【信息检索】

1. 借助互联网检索洗涤剂中常用的洗涤助剂及其特点,并绘制思维导图。

2. 到附近的超市调查市面上销售的各种洗衣液,了解常见的洗涤助剂及其配方特点。

* *

常见的洗涤助剂有柠檬酸、EDTA-2Na、聚乙二醇、聚乙烯醇、三乙醇胺、乙醇等。洗涤助剂在洗涤剂配方中,其质量分数一般为2%~3%。不同的洗涤助剂具有不同的性能或特点。

①柠檬酸:一种有机酸,由粮食通过微生物发酵产生。柠檬酸与无机酸相比,酸性较弱,对设备的腐蚀性较小,其作为洗涤助剂最突出的特点是安全可靠。在洗涤剂中加入柠檬酸及其衍生物可以大大提高洗涤剂的去污力。

②乙二胺四乙酸二钠(EDTA-2Na):一种强螯合剂,在洗衣液中加入乙二胺四乙酸二钠能大大增强对油性、蛋白类污渍的清洁效果。

③聚乙二醇:聚乙二醇是一种高分子聚合物,无毒、无刺激性,具有良好的水溶性,在水溶液中不以离子状态存在,稳定性较高,不易受强电解质和酸碱的影响,能够与其他表面活性剂相溶[①]。

④聚乙烯醇(PVA):一种带羟基的高分子聚合物,在分子侧链上含有大量羟基,具有良好的水溶性、成膜性和乳化性。作为表面活性剂,用聚乙烯醇合成聚乙烯醇改性荧光增白剂(PVA-FBs),使荧光增白剂中的荧光活性组分与聚乙烯醇高分子链以共价键相连,其稳定性和耐光性都可以得到改善[②]。

⑤三乙醇胺:一种有机化合物,易溶于水、乙醇、丙酮等溶剂,是一种良好的助磨剂。应用于洗发剂作乳化剂、增湿剂,在洗衣液中加入三乙醇胺,能够增强去污力。

* *

【动手实验】

测定不同洗涤助剂的去污力

用蒸馏水配制质量分数均为3%的柠檬酸、EDTA-2Na、聚乙二醇、聚乙烯醇的溶液,分别测定洗涤助剂的去污力,以判定洗涤助剂的去污效果。测定结果填入表9-17中。

表9-17　4种常用表面活性剂的去污力对比

表面活性剂	柠檬酸	EDTA-2Na	聚乙二醇	聚乙烯醇
白度值				

* *

对洗衣液去污体系的白度值增加量由高到低的顺序依次为EDTA-2Na、柠檬酸或聚乙烯醇、聚乙二醇。在复配洗涤助剂时,可以选择去污力较强的EDTA-2Na和聚乙烯醇,或EDTA-

① 周丽霞,魏以和,王钰赛,等.聚乙二醇对十二胺泡沫稳定性的影响[J].化工矿物与加工,201948(4):14.

② 曹成波,于学丽,王振芳,等.聚合型荧光增白剂[J].化工学报,2005(3):375-381.

2Na 和柠檬酸作为配方助剂。接下来,以 EDTA-2Na 和聚乙烯醇为例复配洗涤助剂。

* *

【动手实验】

探究 EDTA-2Na、聚乙烯醇的复配比例对洗涤剂去污力的影响

将洗涤助剂的总量控制在 4% ~ 6% ,改变 EDTA-2Na、聚乙烯醇两者的质量添加量。按照表9-18 中的配方要求配置相应的洗涤液,然后测定洗涤液的去污力以确定最佳的复配比。测定结果填入表9-18 中。

表9-18　探究 EDTA-2Na、聚乙烯醇的复配比例对洗涤剂去污力的影响

实验组	1	2	3	4
LAS/g	8	8	8	8
AES/g	14	14	14	14
AEO-9/g	3	3	3	3
EDTA/g	2	2	3	3
聚乙烯醇/g	2	3	2	3
香精/g	0.3	0.3	0.3	0.3
水/g	67.7	66.7	66.7	65.7
白净度/%				

【交流研讨】

洗涤剂中洗涤助剂 EDTA-2Na、聚乙烯醇的最佳配比是多少？为什么？

* *

实验研究表明,在其他条件相同的情况下,当 m(EDTA-2Na)= 2 g、m(聚乙烯醇)= 3 g 时的去污力,与 m(EDTA-2Na)= 3 g、m(聚乙烯醇)= 3 g 时的去污力,几乎一致;与其他情况相比,都有显著提高(图9-19)。从性价比考虑,最终确定洗涤助剂的配比为 m(EDTA-2Na)= 2 g、m(聚乙烯醇)= 3 g。

根据前面的一系列实验探究活动,最终确定了衣物洗涤液的最佳配方:①表面活性剂:LAS 8%、AES 17%、AEO-9 3% ;②洗涤助剂:EDTA-2Na 2%、聚乙烯醇3% ;③其他成分:香精0.3%。

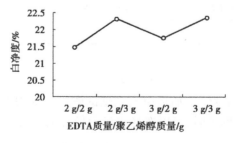

图9-19　不同洗涤助剂配比对洗涤剂去污力的影响

活动4-3 探索衣物洗涤剂的最佳配方

* *

【实验探究】

实验目的:探究 LAS、AES、AEO-9、EDTA-2Na、聚乙烯醇等因素协同作用对衣物洗涤剂去污力的影响。

提供的试剂:LAS、AES、AEO-9、EDTA-2Na、聚乙烯醇、香精、去离子水。

提供的器材:棉质服装污染布、智能式数字白度计(WSB-3A 型)、全自动变频智能家用洗衣机。

实验方案及其实施:

第一步:设计影响自配洗涤剂去污力的因素与水平(表9-19)。

表9-19 影响自配洗涤剂去污力的因素及水平

水平	因素				
	(A)LAS/%	(B)AES/%	(C)AEO-9/%	(D)EDTA/%	(E)聚乙烯醇/%
1	5	13.5	3	1	2
2	6	14	4	1.5	2.5
3	7	14.5	5	2	3
4	8	15	6	2.5	3.5

第二步:设计影响自配洗涤剂去污力研究的 $L_{16}(4^5)$ 正交实验组(表9-20)。

表9-20 影响自配洗涤剂去污力的正交实验 $L_{16}(4^5)$ 设计及其结果处理

实验组	因素					白度值/%
	A	B	C	D	E	
1	1	1	1	1	1	
2	1	2	3	4	2	
3	1	3	4	2	3	
4	1	4	2	3	4	
5	2	1	4	3	2	
6	2	2	2	2	1	
7	2	3	1	4	4	
8	2	4	3	1	3	
9	3	1	2	4	3	
10	3	2	4	1	4	
11	3	3	3	3	1	
12	3	4	1	2	2	

续表

实验组	因素					白度值/%
	A	B	C	D	E	
13	4	1	3	2	4	
14	4	2	1	3	3	
15	4	3	2	1	2	
16	4	4	4	4	1	
均值1						
均值2						
均值3						
均值4						
极值 R						

第三步：分小组进行实验。操作过程：按照实验组用量要求调配衣物洗涤剂，香精质量分数控制在0.3%。用智能数字白度计测定棉质污染布的白度值（或洗净率）。将测定结果记录在表9-20中。

第四步：处理实验数据。处理结果填写在表9-16中相应的空白处。

【交流研讨】

1. 在LAS、AES、AEO-9、EDTA-2Na、聚乙烯醇5个因素中，对衣物污布洗净率影响的主次因素是什么？判断的依据是什么？

2. 自配洗涤剂的最佳配方实验组合是什么？由此确定的最佳配方条件是什么？

＊＊

通过实验研究发现，当自配洗涤剂采用以下配方时可使洗涤剂的白度值达到最佳状态：十二烷基苯磺酸钠（LAS）5%、脂肪醇聚氧乙烯醚硫酸钠（AES）14.5%、脂肪醇聚氧乙烯醚（AEO-9）3%、聚乙烯醇3%、EDTA 2%、香精0.3%。

活动5 探索利用自配衣物洗涤剂去除污渍最佳效果的洗涤条件

洗涤剂能否发挥最佳的去污力，与洗涤剂用量、洗涤强度、洗涤温度和洗涤时间有关。接下来，通过正交实验探索洗涤剂用量、洗涤强度、洗涤温度、洗涤时间4个因素协同作用对洗涤剂去污力的协同影响。

＊＊

【实验探究】

实验目的：探究洗涤剂用量、洗涤强度、洗涤温度、洗涤时间4个因素协同作用对洗涤剂去污力的影响。

提供的洗涤剂：新配洗涤剂。

提供的器材：棉质服装污染布、智能式数字白度计（WSB-3A型）、全自动变频智能家用洗衣机。

实施方案与实施：

第一步：设计影响去除衣物污渍效果的因素与水平（表9-21）。

表9-21　影响去除污渍效果的因素与水平设计

因素	洗涤剂用量（A）/mL	洗涤强度（B）/（r·min^{-1}）	洗涤温度（C）/℃	洗涤时间（D）/min	洗涤剂种类（E）
水平1	10	20	10	10	
水平2	20	33	20	15	
水平3	30	47	30	20	
水平4	40	60	40	25	

第二步：设计影响去除衣物污渍效果的 $L_{16}(4^4)$ 正交实验组（表9-22）。

表9-22　影响衣物去污力的 $L_{16}(4^4)$ 正交实验组及其结果处理

实验组	因素					白度值/%
	A	B	C	D	E	
1	1	1	1	1	1	
2	1	2	3	4	2	
3	1	3	4	2	3	
4	1	4	2	3	4	
5	2	1	4	3	2	
6	2	2	2	2	1	
7	2	3	1	4	4	
8	2	4	3	1	3	
9	3	1	2	4	3	
10	3	2	4	1	4	
11	3	3	3	3	1	
12	3	4	1	2	2	
13	4	1	3	2	4	
14	4	2	1	3	3	
15	4	3	2	1	2	
16	4	4	4	4	1	

续表

实验组	因素					白度值/%
	A	B	C	D	E	
均值 1						
均值 2						
均值 3						
均值 4						
极值 R						

第三步：分小组进行实验。按表 9-22 中的实验条件控制要求和配方标准配制衣服洗涤剂，并测定去污力。将测定结果填写在表 9-22 中。

第四步：对实验数据进行处理，处理结果记录在表 9-22 中。

【交流与研讨】

1. 在洗涤剂用量、洗涤强度、洗涤温度、洗涤时间 4 个影响因素中，对污布白净度影响的主次顺序是什么？判断的依据何在？

2. 去除衣物污渍的最佳实验条件组合是什么？实现衣物污渍去除效果最佳的工艺条件是什么？

＊＊＊＊＊＊＊＊＊＊＊＊＊＊＊＊＊＊＊＊＊＊＊＊＊＊＊＊＊＊＊＊＊＊＊＊＊＊

科学研究表明，影响棉质衣物污渍洗净效果的主次因素顺序为洗涤温度（C）>洗涤强度（B）>洗涤时间（D）>洗涤剂用量（A）>洗涤剂种类（E）。最优的实验组合为 $A_4B_3C_4D_4E$，即洗涤衣物的最佳洗涤条件为在 40 ℃条件下洗涤 25 min、洗涤强度为 47 r/min、洗涤剂用量为 40 mL。

＊＊＊＊＊＊＊＊＊＊＊＊＊＊＊＊＊＊＊＊＊＊＊＊＊＊＊＊＊＊＊＊＊＊＊＊＊＊

【总结提炼】

请提炼研制优质衣物洗涤剂的关键策略，并以流程图的形式加以呈现。

＊＊＊＊＊＊＊＊＊＊＊＊＊＊＊＊＊＊＊＊＊＊＊＊＊＊＊＊＊＊＊＊＊＊＊＊＊＊

通过前面一系列的探究活动，可知调配优质衣物洗涤剂的关键策略在于根据洗衣液的配方确定其组成成分类别，选择合适的表面活性剂、洗涤助剂以及其他添加剂，然后采取分类优化获取最佳工艺，最后通过正交实验获取不同因素协同作用下的最佳调配工艺。

＊＊＊＊＊＊＊＊＊＊＊＊＊＊＊＊＊＊＊＊＊＊＊＊＊＊＊＊＊＊＊＊＊＊＊＊＊＊

【迁移应用】

请利用棉质衣物污渍洗涤剂调配的思维策略，自选表面活性剂和洗涤助剂调配一款去除其他非棉质面料污渍的洗涤剂，并确定其最佳的洗涤条件。

＊＊＊＊＊＊＊＊＊＊＊＊＊＊＊＊＊＊＊＊＊＊＊＊＊＊＊＊＊＊＊＊＊＊＊＊＊＊

项目学习评价

【成果交流】

1. 梳理去除厨房油污、衣物污渍的基本思路,以流程图或者思维导图的形式呈现。

2. 根据提炼的流程,上网查阅资料,自选原料调配餐具洗涤剂和非棉质衣物的洗涤剂,将成品展示出来,看谁调配的产品去污效果更好。

【活动评价】

1. 通过交流研讨、调查与分析、拓展视野、拓展视野、资料拓展、总结提炼等栏目,引导学生积极思考、主动获取信息、提炼核心知识或关键信息,加深对知识的理解,从而诊断学生的信息获取与处理、核心观念提炼、问题解决等多方面的能力。

2. 通过方法导引栏目,引导学生建立描述现象类和产品设计类问题解决的一般思路,同时诊断学生的模型认知能力与模型思维能力。

3. 通过动手操作、实验探究栏目,考查学生分析问题、实验设计的能力和数据分析能力。

【自我评价】

本项目通过设计家庭去污安全操作指南项目活动,重点发展学生"模型认知与证据推理""科学探究与创新意识"等方面的核心素养。评价要点见表9-23。

表9-23 "设计家庭去污安全操作指南"项目重点发展的核心素养及学业要求

	发展的核心素养	学业要求
模型认知与证据推理	能基于描述现象类和产品设计类问题解决的一般思路,分别对认识油污洗涤剂、调配厨房油污清洗剂进行任务规划; 能基于解决麻烦类问题解决的一般思路对去除衣物污渍进行任务规划	能基于领域类(包括描述现象类、产品设计类、解决麻烦类等)问题解决的一般思路,对生活中遇到的实际问题进行任务规划,并通过动手实验或正交实验,寻找关键证据、分析证据、得出结论
科学探究与创新意识	能基于影响洗涤剂去污效果和衣物洗涤剂调配效果的影响因素,设计正交实验,寻找解决问题的关键证据,得出结论	

项目 **10**

科学使用含氯消毒剂

项目学习目标

1. 基于核心元素价态推断物质的氧化性和还原性,运用氧化还原理论和离子反应理论选择合适的试剂进行实验设计和实验探究活动,形成探究物质性质的一般思路,培养学生科学探究的能力与创新意识。

2. 基于认识物质性质的两大视角——核心元素价态观和物质类别观,解决现实生活中遇到的化学问题。了解生活中常见的含氯消毒剂,并正确使用含氯消毒剂,特别是"84"消毒剂,培养学生的社会责任感。

3. 以解决实际问题为载体,让学生初步建立分析真实化学情境的一般思路和方法,体会如何将复杂的现实问题转化为简单的化学问题,从而培养学生的问题解决能力,发展学生的化学学科核心素养。

项目导引

2020 年,全球爆发新冠疫情,世界各国纷纷打响疫情保卫战。为了切断新冠病毒的传播途径,在严控人员聚集的同时加强了对环境的消毒。消毒剂走进了人们的视线,成为千家万户的必备品。"84"消毒液作为常用的消毒剂,它是如何生产或制备出来的呢? 该如何科学地使用"84"消毒液呢?

本项目通过探究"84"消毒液的制法及其性质,让学生学会科学地使用含氯消毒剂,并掌握研究物质性质的一般思路和方法。

任务 1　制备"84"消毒液

＊＊＊＊＊＊＊＊＊＊＊＊＊＊＊＊＊＊＊＊＊＊＊＊＊＊＊＊＊＊＊＊＊＊＊＊＊

【交流研讨】

1. 为了切断新冠疫情传播的途径,需要一批"84"消毒液用于环境消毒,如果你是一名"84"消毒液的生产技术人员,在制备"84"消毒液前,你将面临的困难是什么? 解决这类问题的任务类型是什么?

2. 请根据物质制备类问题解决的一般思路,对"84"消毒液的制备进行初步的任务规划,并将规划要点填写在表 10-1 中。

【方法导引】

物质制备类问题解决的一般思路

表 10-1

物质制备类问题解决的一般思路	第一步:分析目标产品	第二步:选择合适的原料	第三步:确定反应原理	第四步:设计反应路径	第五步:设计反应装置	第六步:调控反应条件	第七步:分离提纯产品
任务规划要点							

＊＊＊＊＊＊＊＊＊＊＊＊＊＊＊＊＊＊＊＊＊＊＊＊＊＊＊＊＊＊＊＊＊＊＊＊＊

要制备"84"消毒液,首先要明确"84"消毒液的有效成分、生产原料及反应原理,然后设计出可行的制备方案和实验装置,最后通过控制反应条件进行生产,以获得产品。

＊＊＊＊＊＊＊＊＊＊＊＊＊＊＊＊＊＊＊＊＊＊＊＊＊＊＊＊＊＊＊＊＊＊＊＊＊

【方法导引】

寻找物质制备原理的方法

要确定物质的制备原理,可根据如图 10-1 所示核心元素的价—类图去探寻制备物质可能

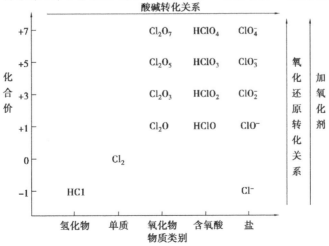

图 10-1　含氯物质的价—类二维图

的方法。在价—类二维图中,横向为酸碱转化关系(注:核心元素化合价不变),即通过加入酸或碱可实现物质间的转化。纵向为氧化还原转化关系(注:核心元素化合价发生变化),若化合价升高,需加入氧化剂才能实现转化;若化合价降低,则需加入还原剂才能实现转化。

* *

活动1 探究制备"84"消毒液的生产原理

要制备"84"消毒液,首先应利用价—类二维图找到制备目标产物的可能途径,然后根据可能的路径去寻找可能需要的原料。接下来,探讨制备"84"消毒液有效成分所需的原料及其生产原理。

* *

【交流研讨】

1. "84"消毒液的主要成分和有效成分分别是什么?

2. 制备"84"消毒液可选用哪些物质作原料?依据是什么?

3. 制备"84"消毒液有哪些可行的方法?用化学方程式表示。

* *

"84"消毒液的主要成分有 $NaCl$、$NaClO$,其有效成分是 $NaClO$。制备 $NaClO$ 可从以下维度进行分析。

①从物质类别的角度来看,$NaClO$ 属于盐,可依据盐的通性来选择原料。可以选择 $HClO$ 和 $NaOH$ 反应来制备,也可以选择 Cl_2O 与碱反应来制备,还可以利用盐与盐反应来制备,如 $HClO+NaOH \xrightarrow{} NaClO+H_2O$、$Cl_2O+2NaOH \xrightarrow{} 2NaClO+H_2O$、$Ca(ClO)_2+Na_2CO_3 \xrightarrow{} CaCO_3+2NaClO$。$HClO$ 和 Cl_2O 都并非常用物质,使用时需要现制。制备"84"消毒液可选用漂白粉[注:漂白粉的有效成分为 $Ca(ClO)_2$]与纯碱反应制备。

②从核心元素的价态观来看,可采用液碱氯化法来制备。反应原理为

$$Cl_2+2NaOH \xrightarrow{} NaCl+NaClO+H_2O$$

$$Cl_2+Na_2CO_3 \xrightarrow{} NaCl+NaClO+CO_2$$

此外,还可以通过电解法制备 $NaClO$,其反应原理是:①电解饱和食盐水制 Cl_2 和 $NaOH$:$2NaCl+2H_2O \xrightarrow{\text{电解}} 2NaOH+H_2 \uparrow +Cl_2 \uparrow$。②生成的 $NaOH$ 和 Cl_2 再发生反应生成 $NaClO$:$Cl_2+2NaOH \xrightarrow{} NaCl+NaClO+H_2O$,从而制得消毒液。

综上所述,制备 $NaClO$ 有3种途径:一是利用漂白粉与纯碱反应制备;二是利用液氯与碱性物质发生歧化反应制备(俗称"液碱氯化法");三是电解法制备。

* *

【交流研讨】

制备次氯酸钠有3种途径,你认为哪种途径最佳?为什么?

【拓展视野】

表10-2 每生产1 t次氯酸钠所需原料费用

原料	液氯	氯化钠	氢氧化钠	纯碱	漂白粉
价格	477 元	157 元	1 611 元	2 988 元	1 740 元

* *

利用漂白粉与碳酸钠混合制备次氯酸钠溶液不及液氯碱化的适用性强。因为漂白粉需要通过液氯与石灰乳反应来制备：$2Cl_2+2Ca(OH)_2\text{===}CaCl_2+Ca(ClO)_2+2H_2O$。从原料使用的安全性来看，液碱氯化法容易出现液氯泄漏而引发安全事故，不符合绿色化学理念的基本要求。从生产相同质量产品所需要的原料成本来看，电解饱和食盐水法所需的成本远小于液碱氯化法和利用漂白粉与纯碱反应生产消毒液的原料成本（表 10-3）。从生产过程能耗来看，电解法需要消耗一定的电能。此外，液碱氯化法可能发生副反应：$3Cl_2+6NaOH\text{===}5NaCl+NaClO_3+3H_2O$、$3NaClO\text{===}2NaCl+NaClO_3$。显然液碱氯化法需要严格控制氯气用量，否则会影响消毒液的质量。综合经济效益和社会效益，电解饱和食盐水法生产消毒液是相对较佳的方法。

表 10-3　三种制备消毒液的方法对比（均以生产 1 t 次氯酸钠为依据计算成本）

制备方法	原料及成本	是否环保	能源消耗情况
漂白粉与纯碱反应制备	漂白粉：1 740 元 纯碱：2 988 元	符合绿色化学理念	不涉及能源消耗
液碱氯化法	液氯：477 元 烧碱：1 611 元	液氯泄漏，容易引发中毒事故，危及人体健康	不涉及能源消耗
	液氯：477 元 纯碱：2 988 元	液氯泄漏，容易引发中毒事故，危及人体健康	不涉及能源消耗
电解饱和食盐水法	氯化钠：157 元	符合绿色化学理念	要消耗电能

＊ ＊

【方法导引】

电解质溶液中离子的放电规律

离子在电极反应失去或得到电子的过程称为"放电"。当电解质溶液中存在多种阴离子或阳离子时，离子的放电顺序是有规律的。根据大量的实验研究，人们得出了一条重要的规律：在阴极，氧化性强的离子优先放电；在阳极，还原性强的原子或离子优先放电。

常见阴极放电顺序为：$K^+>Ca^{2+}>Na^+>Mg^{2+}>Al^{3+}>Zn^{2+}>Fe^{2+}>Sn^{4+}>Pb^{2+}>H^+>Cu^{2+}>Fe^{3+}>Hg^{2+}>Ag^+>Au^+$（氧化性增强，得电子能力增强，放电能力增加）。

常见阳极放电顺序为：活泼金属电极（除 Pt、Au 外）$>S^{2-}>I^->Br^->Cl^->OH^->SO_4^{2-}>\cdots>F^-$。

＊ ＊

活动 2　设计电解制备"84"消毒液的反应装置

电解法制备 NaClO 分为两个阶段：第一阶段是电解电解质本身和水，是一个产氢生碱的过程，反应为 $2Cl^-+2H_2O\xrightarrow{\text{电解}}Cl_2\uparrow+H_2\uparrow+2OH^-$；第二个阶段是生成的 Cl_2 与碱相遇发生反应生成次氯酸钠（即"84"消毒液的有效成分），即 $Cl_2+2OH^-\text{===}Cl^-+ClO^-+H_2O$。要制备"84"消毒液，该如何设计电解装置呢？

＊＊＊＊＊＊＊＊＊＊＊＊＊＊＊＊＊＊＊＊＊＊＊＊＊＊＊＊＊＊＊＊＊＊＊

【交流研讨】

请结合电解饱和食盐水制备"84"消毒液的反应原理回答下列问题：

1. 电解饱和食盐水法制备"84"消毒液时，应选择什么物质作离子导体？

2. 电解装置的阳极、阴极材料应如何选择？选择的依据是什么？

3. 在阴极和阳极发生反应的反应物是什么？其发生的电极反应是什么？

4. 绘制电解法制备"84"消毒液的装置示意图，并阐述该装置电解时的工作原理。

＊＊＊＊＊＊＊＊＊＊＊＊＊＊＊＊＊＊＊＊＊＊＊＊＊＊＊＊＊＊＊＊＊＊＊

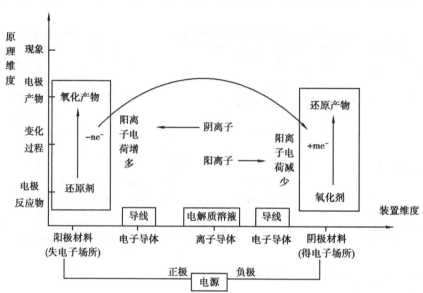

图 10-2　电解池的装置—原理二维分析模型

如图 10-2 所示，根据电解池的装置—原理二维分析模型可知，电解池的构造应包括直流电源、电极材料（阳极和阴极）、电子导体和离子导体 4 个组成部分。其中，离子导体和电极材料的选择是设计电解装置的关键。它们的选择必须依据电解原理和电极反应来进行。在电解饱和食盐水法制备"84"消毒液的装置中，其离子导体就是饱和食盐水。电解时，阳极反应为 $2Cl^- - 2e^- \underline{\underline{\qquad}} Cl_2\uparrow$（$Cl^-$ 优于溶液中的 OH^- 放电），这表明阳极电极材料并未参与反应，应为惰性导电材料，可选择石墨电极、铂电极、Ru-Ir/Ti 电极等。阴极反应为 $2H_2O + 2e^- \underline{\underline{\qquad}}$ $H_2\uparrow + 2OH^-$，阴极材料也不参与反应，只起导电的作用。阴极材料只要能够导电就行。阴极材料可以是石墨、金属电极、掺杂电极 Ru-Ir/Ti 等。次氯酸钠的制备是由阳极产生的氯气和阴极产生的碱在离子导体中相遇而发生歧化反应形成的。从这个意义上看，在电解装置的设计上应将阴极材料置于阳极材料的上方才行。由此得到的电解装置如图 10-3 所示。

活动3　调控电解制备"84"消毒液的生产条件

使用电解池电解食盐水时，施加在阳极与阴极之间的电压高低对生产"84"消毒液的生产成本具有重要影响。找到影响两极电压的主要因素并调控这些因素，对降低生产成本和提高生产效率具有积极意义。

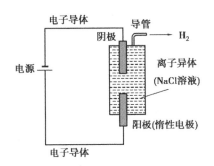

图 10-3　电解法制备"84"消毒液示意图

* *

【信息检索】

请借助互联网查询影响电解池槽电压的因素,并绘制成思维导图。

【展示交流】

展示影响电解池槽电压(即两极间电压)的主要因素及其规律,并在小组内讨论、完善。

* *

影响电解池两极电压的因素较多,主要包括电子导体的性能、离子导体的性质、两极板表面的粗糙程度、极板间正对面积和极间距离等[①]。

电子导体消耗的电能与通过电子导体的电流强度和电子导体电阻有关,而电子导体的电阻又其电阻率和长度成正比,与其截面积成反比。为了降低能耗,应选择电阻率低、长度小、横截面积大的金属作电子导体(即导线)。通常选用铜导线作阳极导线、铁导线作阴极导线。若有超导体材料,则用超导体材料作电子导体是电解池设计的最佳选择。

离子导体的性质主要取决于离子导体的浓度、温度、杂质离子等。具体表现在:①离子导体浓度越高,电解时所需的两极电压就越低。在电解氯化钠溶液时常选用饱和的食盐水作离子导体。②离子导体的环境温度越高,越有利于离子导体中导电离子的运动与扩散,离子导体的电阻就越小,电导率就越大(表 10-4),电解时所需的两极电压就越低。温度越高越有利于电解饱和食盐水时阳极产生的氯气的逸出,降低氯气溶解度和防止氯气与碱发生副反应生成氯酸盐。在工业生产中,电解饱和食盐水的温度通常控制在 85 ~ 95 ℃。在该温度下,还可以避免食盐晶体析出导致电解恶化,且此时的食盐溶液平衡蒸气压与大气压相近。③离子导体中含有导电杂质离子(如 Ca^{2+}、Mg^{2+} 等)时,可能会与离子导体中需要电解或生成的离子沉淀附着在电极表面,影响电解。在电解饱和食盐水之前,应对食盐进行精制。④电解时间越长,产生的气体和碱越多,就可能使饱和食盐水中含有的杂质离子 Mg^{2+} 产生 $Mg(OH)_2$ 的量越多,沉积在电极表面影响电解。为实现电解过程的连续进行,往往需要通过控制碱的浓度来控制电解时间。⑤溶液的 pH 值会影响离子导体的性质。电解时,OH^- 向阳极运动,Cl^- 浓度因放电而降低,运动到阳极附近的 OH^- 也可能放电,导致需要的两极电压升高。适宜 pH 值的离子导体也是电解饱和食盐水时所必需的。

---

① 林冠发. 食盐水电解槽槽电压的影响因素及其分析[J]. 西北轻工业学院学报,2001,19(1):79-84.

表 10-4　离子导体浓度与电导率的关系

NaCl/%	5	10	15	20	25
电导率 S/m	6.72	12.11	16.42	19.57	21.35

　　两极极板的表面积及极间距会影响两极电压。在电解池中,阴、阳两极(正对)的表面积越大,两极间的距离越小,两极间离子导体的电阻就越小,离子导体消耗的电能越少,电解时需要的两极电压就越低。需要说明的是,两极极板表面积越大,设备成本投入与操作费用越多,电解池不宜选择表面积过大或过小的电极板。

　　此外,电解时的工作电压和电流强度会影响电解池(或电解槽)中两极电压,进而影响电解饱和食盐水的效率。

　　综上所述,在电解饱和食盐水制备"84"消毒液时,需要对电解工艺进行调控:①使用精制的饱和食盐水,尽可能减少 Mg^{2+}、Ca^{2+} 等杂质离子的含量。②控制好电解时所需的温度和时间,温度控制在 $85 \sim 95$ ℃。③控制好饱和食盐水中 NaOH 浓度,pH 值要适宜。④选择的阴、阳极极板材料的导电性能要尽可能好,安装时正对的两极表面积尽要可能大,极间的距离要尽可能小。⑤选择的工作电压不宜过高,电流强度不宜太大,应使电解饱和食盐水时产生的 Cl_2 速度适宜,能够与生成的 NaOH 恰好反应为好,以避免 Cl_2 来不及与 NaOH 反应而逸出。

＊＊＊＊＊＊＊＊＊＊＊＊＊＊＊＊＊＊＊＊＊＊＊＊＊＊＊＊＊＊＊＊＊＊＊

【拓展视野】

"84"消毒液中有效氯含量的测定

　　测定原理: $Cl_2 + 2KI = 2KCl + I_2$

$$ClO^- + Cl^- + 2H^+ = H_2O + Cl_2$$

$$Cl_2 + 2I^- = I_2 + 2Cl^-$$

$$I_2 + 2Na_2S_2O_3 = 2NaI + Na_2S_4O_6$$

根据上述反应可计算出"84"消毒液中有效氯的质量分数 $\omega(Cl)$,即

$$\omega(Cl) = \frac{c(Na_2S_2O_3) \times V(Na_2S_2O_3) \times 0.035\ 45}{m(消毒液)} \times 100\%$$

　　注:0.035 45 是与 1 mL1mol·L^{-1} $Na_2S_2O_3$ 标准溶液相当的氯的质量(g)

　　操作步骤:用 25 mL 移液管吸取"84"消毒液样品 5 mL 于具塞磨口锥形瓶或碘量瓶中,再加入 100 g/LKI 溶液 20 mL(过量)和 1 mol/L 硫酸溶液 10 mL,塞上瓶塞。在暗处放置 5 ~ 10 min,在室温以下用 0.1 mol/L$Na_2S_2O_3$ 标准溶液滴定至淡黄色,再加入新配制的 10 g/L 淀粉指示液 1 mL,继续滴定至蓝色消失。记下所用 $Na_2S_2O_3$ 标准溶液的消耗体积,平行测定 3 次,计算样品中有效氯的含量,取其平均值为测定结果。

＊＊＊＊＊＊＊＊＊＊＊＊＊＊＊＊＊＊＊＊＊＊＊＊＊＊＊＊＊＊＊＊＊＊＊

　　在设计好电解饱和食盐水制备"84"消毒液的生产装置和需要调控的工艺条件后,接下来就可以动手制作"84"消毒液了。

活动 4　动手制备"84"消毒液

* *

【实验探究】

实验目的:利用自己设计的电解装置和提供的实验器材、药品制备"84"消毒液。

提供的试剂:饱和食盐水、NaOH 溶液、Na_2CO_3 溶液、100 g/L 碘化钾溶液、1 mol/L 硫酸溶液、0.1 mol/L 硫代硫酸钠、10 g/L 可溶性淀粉溶液。

提供的仪器:学生电源、石墨电极、铂电极、掺杂电极 Ru-Ir/Ti、导线、硬质玻璃两通管、电源开关、研钵、250 mL 碘量瓶、称量瓶、20 mL 量筒、10 mL 量筒、5 mL 量筒、150 mL 烧杯、250 mL 容量瓶、具塞磨口锥形瓶、0.000 1 g 分析天平、0.1 g 台秤、酸式滴定管、棕色试剂瓶、滤纸、25 mL 移液管、洗耳球。

方案设计与实施:

表 10-5　设计制备"84"消毒液的电解方案

实验内容	设计的电解装置图	阳极材料及现象		阴极材料及现象		"84"消毒液中有效氯含量
电解法制备"84"消毒液		阳极材料		阴极材料		
		实验现象		实验现象		

问题与讨论:

1. 通常情况下,市售"84"消毒液的有效氯标准值为 5.5%～6.5%,你制得的"84"消毒液的有效氯含量符合销售标准吗?

2. 如果你制得的"84"消毒液的有效氯含量低于国家标准,请分析造成"84"消毒液中有效氯含量偏低的主要原因,并阐述你的改进措施。

* *

影响"84"消毒液中有效氯含量偏低的因素,既有来自生产设备自身的因素,也有来自操作层面的因素。从操作的层面来看,可能是制得的"84"消毒液没有及时测定其有效氯含量,也可能是在测定有效氯含量时所加的 KI 溶液的量偏少,还可能是测定有效氯含量时过早地判断滴定终点等。具体是什么原因造成制得的"84"消毒液中有效氯含量偏低,还得具体问题具体分析。

* *

【总结概括】

根据制备"84"消毒液的研讨,总结概括无机物制备的一般思路和方法。

* *

无机物制备流程可按如图 10-4 所示的思路进行展开和设计。利用该模型自主设计并完成无机物的生产工艺。

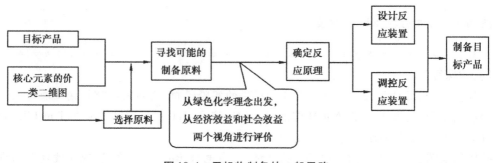

图 10-4　无机物制备的一般思路

* *

【迁移应用】

请结合"84"消毒液制备的一般思路和方法,设计二氧化氯消毒液的制备方案。

* *

任务2　科学使用"84"消毒液

使用"84"消毒液对环境消毒成为疫情期间人们日常生活的重要组成部分。环境消毒涉及各个公共场所、住宅小区、家庭消毒等。如何正确使用,才能更好地让消毒剂发挥最佳效率呢?本任务通过揭秘消毒剂消毒原理、探究消毒剂的性质等系列活动让你明白如何科学地运用"84"消毒液。

* *

【交流研讨】

1.如果你是疫情期间的一名环境消毒员,在对环境进行消毒前,你将面临的困难是什么?解决这类问题的任务类型是什么?

2.请根据解决研究物质性质类问题的一般思路,对认识"84"消毒液的性质进行初步的任务规划,并将规划要点填写在表10-6中。

【方法导引】

表 10.6　解决研究物质性质类问题的一般思路

解决研究物质性质类问题的一般思路	第一步:明确研究目标	第二步:观察物质外部特征	第二步:基于物质性质认识视角预测物质性质	第三步:实验和观察	第四步:解释和结论
任务规划要点					

* *

知道所选用的消毒剂的有效成分、消毒原理以及掌握消毒剂的理化性质,是环境消毒员在对环境实施消毒前必须解决的问题。这类问题属于研究物质性质类型的。在明确了需要解决的问题之后,就可以针对具体的问题进行探讨和研究了。

＊＊＊＊＊＊＊＊＊＊＊＊＊＊＊＊＊＊＊＊＊＊＊＊＊＊＊＊＊＊＊＊＊＊＊

【方法导引】

研究物质氧化性和还原性的一般思路

1. 根据核心元素的化合价是否有升或降的可能,预测物质是否具有还原性或氧化性。若核心元素化合价可以升高,则该物质可能具有还原性;反之,物质则可能具有氧化性。

2. 若预测某物质具有氧化性,就需要找具有还原性的另一物质,通过实验检验两者能否发生氧化还原反应,以验证预测;若预测某物质具有还原性,就需要找具有氧化性的另一物质,通过实验检验两者能否发生氧化还原反应,以验证预测。

＊＊＊＊＊＊＊＊＊＊＊＊＊＊＊＊＊＊＊＊＊＊＊＊＊＊＊＊＊＊＊＊＊＊＊

活动 1　揭秘"84"消毒液的消毒原理

＊＊＊＊＊＊＊＊＊＊＊＊＊＊＊＊＊＊＊＊＊＊＊＊＊＊＊＊＊＊＊＊＊＊＊

【拓展视野】

医用双氧水常用于皮肤、黏膜伤口的消毒。双氧水之所以能消毒是因为它具有氧化性,可将细菌氧化。双氧水还可作漂白剂。与双氧水相似,许多消毒剂都因具有氧化性而用于消毒杀菌。

【交流研讨】

1. "84"消毒液的主要成分是什么?

2. 为什么"84"消毒液能够对环境进行消毒?请从认识物质性质的视角进行预测。

＊＊＊＊＊＊＊＊＊＊＊＊＊＊＊＊＊＊＊＊＊＊＊＊＊＊＊＊＊＊＊＊＊＊＊

"84"消毒液的主要成分是 $NaClO$。从物质类别的视角来看,$NaClO$ 属于盐,具有盐的通性,能够与酸性比次氯酸($HClO$)强的酸发生反应生成 $HClO$,$HClO$ 能够使蛋白质变性。从核心元素的化合价来看,$NaClO$ 中氯元素的化合价为 $\overset{+1}{Cl}$,它可以降低到 $\overset{-1}{Cl}$,说明 $NaClO$ 具有氧化性。具有氧化性的物质可以使蛋白质变性。无论 $NaClO$ 溶液中是否含酸,都可以用来杀菌消毒。

理论推测的结果需要通过实验论证,才能得到正确的结论。接下来,设计实验来论证"84"消毒液的消毒原理。

＊＊＊＊＊＊＊＊＊＊＊＊＊＊＊＊＊＊＊＊＊＊＊＊＊＊＊＊＊＊＊＊＊＊＊

【实验探究】

请利用下面提供的实验用品自主设计方案,并验证你的猜想是否正确。

实验用品: "84"消毒液、KI 溶液、淀粉溶液、$FeSO_4$ 溶液、稀盐酸、稀硫酸、NaOH 溶液、KI-淀粉试纸、pH 值试纸、胶头滴管、培养皿、表面皿、棉花、玻璃棒。

实验方案设计及实施:

表 10.7　预测并论证"84"消毒液的性质

预测的性质	实验内容	选择的试剂	实验方案	现象和结论

【展示交流】

展示预测 NaClO 具有氧化性的实验方案和实验论证结果,并进行小组内评价。

* *

要论证 NaClO 具有氧化性,需要选择具有还原性的物质来验证,使两者之间发生氧化还原反应,产生具有特殊颜色的溶液或沉淀即可。基于这一思路,可设计如图 10-5—图 10-7 所示的实验方案来进行论证。

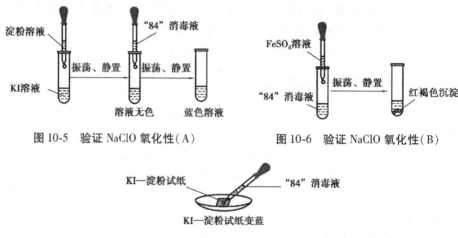

图 10-5　验证 NaClO 氧化性(A)　　　图 10-6　验证 NaClO 氧化性(B)

图 10-7　验证 NaClO 氧化性(C)

KI 中的碘元素呈-1 价,具有还原性,能够与 NaClO 发生氧化还原反应,KI 被氧化生成 I_2,I_2 遇淀粉变蓝。图 10-5 和图 10-7 所示实验的结果表明 NaClO 具有氧化性,此时发生的离子反应为 $ClO^- + 2I^- + H_2O =\!=\!= Cl^- + I_2 + 2OH^-$。

$FeSO_4$ 中的铁元素呈+2 价,能够升高到+3 价,具有还原性,能够与 NaClO 发生氧化还原反应。图 10-6 所示的实验结果表明 NaClO 与 $FeSO_4$ 反应生成了 $Fe(OH)_3$ 红褐色沉淀,发生的离子反应方程式为 $3ClO^- + 6Fe^{2+} + 3H_2O =\!=\!= 2Fe(OH)_3 + 3Cl^- + 4Fe^{3+}$。

活动2　验证"84"消毒液的其他性质

* *

【实验探究】

请设计实验方案证明 NaClO 溶液呈酸性、中性还是碱性,自选试剂和仪器。

实验用品:"84"消毒液、红色石蕊试纸、pH 值试纸、胶头滴管、培养皿、表面皿、棉花、玻璃棒。

实验方案设计及实施:

表 10-8　实验论证"84"消毒液中 NaClO 的酸碱性

预测的性质	实验内容	选择的试剂	实验方案	现象和结论

【展示交流】

1.展示验证预测 NaClO 溶液呈现酸碱性的实验方案和实验论证结果,并进行小组内评价。

2.NaClO 溶液的漂白性是何种成分作用的结果?

* *

NaClO 溶液能够使 pH 试纸、红色石蕊试纸先变蓝后褪色,说明 NaClO 溶液不仅呈碱性,还具有漂白性。NaClO 溶液呈碱性是 ClO^- 发生了水解: $ClO^- + H_2O \rightleftharpoons HClO + OH^-$;NaClO 溶液的漂白性是 ClO^- 水解产生了 HClO 的缘故。NaClO 的水溶液都能使变蓝后的试纸退色。

活动3　研讨"84"消毒液说明书,解释使用说明

* *

【交流研讨】

结合"84"消毒液说明书(图 10-8),你认为应该如何正确使用"84"消毒液? 这些注意事项都是必要的吗? 依据是什么?

产品特点	适用范围及方法
本品是以次氯酸钠为主要成分的液体消毒液,有效氯含量为5.1%~6.9%,可杀灭肠道致病菌,化脓性球菌,致病性酵母菌,并能灭活病毒。 **注意事项:** 1.外用消毒剂,须稀释后使用,勿口服。 2.如原液接触皮肤,用清水冲洗即可。 3.本品不适用于钢和铝制品的消毒。 4.本品易使有色衣物脱色,禁用于丝、毛、麻织物的清洗。 5.置于蔽光、阴凉处保存。 6.不得将本品与酸性产品(如洁厕类清洁产品)同时使用。	**饮食用具消毒** 按1:150的比例用水稀释,有效氯含量约为400 mg/L,饮食用具清洗后进行浸泡消毒,20 min后用生活用水将残留消毒剂洗净。 **果蔬消毒** 按1:600的比例用水稀释,有效氯含量约为100 mg/L,果蔬清洗后进行浸泡消毒,10 min后用生活用水将残留消毒剂洗净。 **织物消毒** 按1:240的比例用水稀释,有效氯含量约为250 mg/L,消毒时将织物全部浸泡在消毒液中,20 min后用生活饮用水将残留消毒剂洗净。 **血液及黏液等液体污染物品的消毒** 按1:10的比例用水稀释,有效氯含量约为6 000 mg/L,将各类传染病原体污染物品浸没在消毒液中,浸泡消毒60 min。 **一般物体表面消毒** 马桶、水槽、瓷砖、地板的消毒,按1:150的比例用水稀释,有效氯含量约为400 mg/L,对各类需消毒的物体表面擦拭、浸泡、冲洗、喷洒消毒20 min(喷洒量以喷湿为准)。

图 10-8　"84"消毒液说明书

* *

通过"84"消毒液的说明书可知,在使用"84"消毒液时需要注意 4 个核心问题:不能用于钢、铝制品的消毒;不能用于有色衣物的清洗;不能与酸性产品混合使用;要置于避光、阴暗处保存。

* *

【方法导引】

分析和解决与化学相关的实际问题的基本思路

第一,分析实际问题中涉及的物质,有多少种可能,可逐一研究,也可以分类后选定代表

物进行研究。

第二,预测物质可能具有的性质和可能发生的反应。

第三,推测事件中的现象或问题可能是由什么物质和变化引起的,提出相应的假设。

第四,设计实验方案进行论证,注意实验条件与真实情境保持一致,必要时设计控制变量进行对比。

第五,思考对同一现象的解释是否存在其他假设;若有,则需要进行验证。

* *

接下来,针对"84"消毒液提出的使用注意事项,探讨几个现实的问题。

* *

【交流研讨】

1.使用"84"消毒液时,为何需要将被消毒的物品浸泡一段时间来增强消毒或漂白效果?分析原因并说明理由。

2.请各小组针对上述问题展开讨论,设计实验证明猜想,并说出你的设计思路。

* *

"84"消毒液在对物质进行消毒或漂白时,通常需要放置一段时间,是为了让消毒液中的 $NaClO$ 溶液转化为 $HClO$,起到杀菌、消毒的作用。其反应原理为 $NaClO+CO_2+H_2O \Longrightarrow HClO+NaHCO_3$。消毒液中的 $NaClO$ 是否具有漂白性,可以通过设置如图 10-9—图 10-13 所示的对比实验来论证。

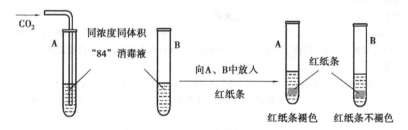

图 10-9　验证 $HClO$ 有漂白性的方案设计一

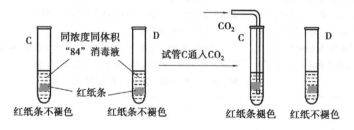

图 10-10　验证 $HClO$ 有漂白性的方案设计二

图 10-9 所示方案是取两支试管,编号 A、B,分别加入等量的"84"消毒液;然后向 A 中通入 CO_2;再向两支试管中加入红纸条。结果显示通入 CO_2 的试管中红纸条褪色,说明起漂白作用的是 $HClO$ 而非 $NaClO$。图 10-10 所示方案与图 10-9 所示方案的区别在于加入试剂先后的区别,但得到的结论是一致的。

图 10-11 所示方案是取两支试管,编号 E、F,分别加入"84"消毒液;然后加入紫色石蕊试液,两支试管中的溶液均变蓝;再向试管 E 中通入 CO_2,结合 E 中溶液褪色。说明起漂白作用

的是 HClO。

图 10-12 所示方案是向试管中先加入"84"消毒液和放入红纸条,再用植物油液封。红纸条变蓝但未褪色,然后通入 CO_2,红纸条褪色。说明起漂白作用的是 HClO。

图 10-13 所示方案生成的 HClO 的浓度较大,光照可观察到带火星的木条复燃,浓度太小时,观察不到明显现象,此法欠妥。

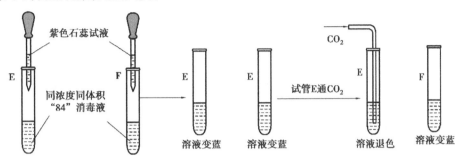

图 10-11 验证 HClO 有漂白性的方案设计三

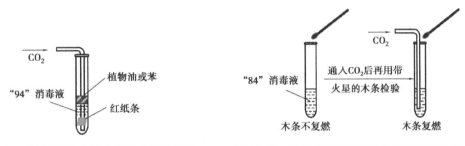

图 10-12 验证 HClO 有漂白性的方案设计四   图 10-13 验证 HClO 有漂白性的方案设计五

＊＊＊＊＊＊＊＊＊＊＊＊＊＊＊＊＊＊＊＊＊＊＊＊＊＊＊＊＊＊＊＊＊＊＊＊

【交流研讨】

1."84"消毒液消毒衣服时,为何先要用水稀释再浸泡一段时间?但时间不宜过长,也不宜用 50℃以上的热水,为什么?

2.为什么"84"消毒液对碳钢和铝制品有腐蚀作用,对织物有漂白作用,禁用于丝、毛等织物的消毒?

＊＊＊＊＊＊＊＊＊＊＊＊＊＊＊＊＊＊＊＊＊＊＊＊＊＊＊＊＊＊＊＊＊＊＊＊

"84"消毒液在放置过程中,空气中的 CO_2 会溶于"84"消毒液,与 NaClO 发生反应,生成氧化性比 NaClO 更强、具有漂白性的 HClO。用"84"消毒液浸泡衣物时,浸泡时间越长,生成的 HClO 越多,对衣物的漂白能力会越强。HClO 不稳定,受热或见光易分解:

$$2HClO \xrightarrow{\text{光照或加热}} 2HCl + O_2 \uparrow$$

HClO 的分解产物 HCl 不具有漂白性。对衣物进行消毒时水温不宜过高,也不宜过长。

＊＊＊＊＊＊＊＊＊＊＊＊＊＊＊＊＊＊＊＊＊＊＊＊＊＊＊＊＊＊＊＊＊＊＊＊

【交流研讨】

1.为什么不能将"84"消毒液和酸性产品(洁厕灵)混合使用?

2.请利用下列提供的试剂和用品设计实验方案并证明自己的观点。

提供的试剂:稀释后的"84"消毒液、洁厕灵(主要成分是盐酸)、红纸条、KI—淀粉试纸、

NaCl 溶液、NaOH 溶液、蒸馏水。

提供的仪器:表面皿(两个)、培养皿(两个)、点滴板、镊子、胶头滴管、脱脂棉。

实验方案设计与实施:

表 10-9　实验论证洁厕灵能否与"84"消毒液混用

预测的性质	实验内容	实验方案	现象和结论

【问题与探讨】

1. 洁厕灵与"84"消毒液混合,产生的黄绿体是什么? 由此说明洁厕灵与"84"消毒液混合时发生的化学反应是什么?

2. NaCl 溶液和 NaClO 溶液混合,能直接发生归中反应吗? 为什么?

* *

"84"消毒液中的 NaClO,从核心元素价态观的视角来看具有氧化性;从物质类别的视角来看具有盐的通性,能够与酸发生复分解反应。而洁厕灵中的盐酸,从核心元素价态观的视角来看,盐酸(HCl)中的氯元素呈 -1 价,具有还原性;从物质类别的视角来看,其具有酸的通性,能够与盐发生复分解反应。当"84"消毒液与洁厕灵混合时,可能发生的反应有两种可能:一是发生复分解反应:$NaClO+HCl \Longrightarrow HClO+NaCl$;二是发生氧化还原反应 $NaClO+2HCl \Longrightarrow Cl_2\uparrow+NaCl+H_2O$。究竟发生何种类型的反应呢? 关键是看两者混合后是否产生黄绿色气体。通过如图 10-14 所示的实验,可以观察到装置内有黄绿色气体产生,湿润的 KI—淀粉试纸变蓝,表明洁厕灵与"84"消毒液混合产生了氯气,其反应类型为氧化还原反应。

图 10-14　洁厕灵与"84"消毒液的反应

为了进一步探索 Cl^- 与 ClO^- 离子能否直接发生归中反应生成 Cl_2。发现"84"消毒液与 NaCl 溶液直接混合并无明显现象,但加入稀硫酸后,却出现了黄绿色气体 Cl_2(图 10-15)。这表明 ClO^- 与 Cl^- 之间发生归中反应是有条件的。

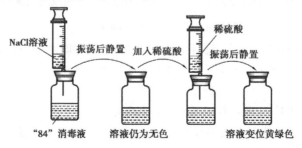

图 10-15　"84"消毒液与 NaCl 溶液、稀硫酸的反应

活动 4   科学保存"84"消毒液

* *

【交流研讨】

"84"消毒液应该如何保存？为什么？

* *

根据前面的活动探讨可知，"84"消毒液在放置过程中，溶解在消毒液中的 CO_2 会与其中的 $NaClO$ 反应生成次氯酸，而次氯酸不稳定，见光或受热会发生分解。

$$CO_2 + H_2O + NaClO = HClO + NaHCO_3$$

$$2HClO \xrightarrow{\triangle} 2HCl + O_2\uparrow$$

"84"消毒液置于低温条件下密封保存，否则会造成"84"消毒液失效。

* *

【总结概括】

请结合对"84"消毒液性质的探讨，总结研究物质性质的一般思路和方法。

* *

人们研究物质的性质有一个基本的探究过程，为了提高对物质性质探究的效率，可以采用如图 10-16 所示的流程对陌生物质的性质进行研究。

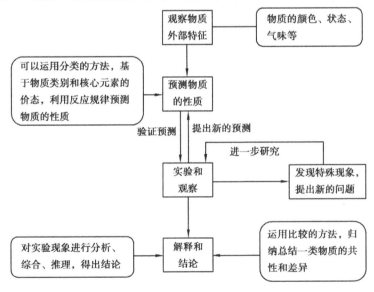

图 10-16   研究物质性质的一般思路

* *

【迁移应用】

请利用研究物质性质的一般思路去研究消毒液双氧水的性质。

【拓展视野】

含氯消毒剂

目前，含氯消毒剂主要有无机物和有机物两大类。常见的无机含氯消毒剂主要有次氯酸钠、二氧化氯、漂白粉、漂白精、三合二等；有机含氯消毒剂主要有二氯异氰尿酸（防消散）、二氯异氰尿钠(优氯净)、三氯异氰尿酸(强氯精)、三氯异氰尿酸钠、二氯海因、溴氯海海因、氯胺 T、氯胺 B、氯胺 C 等制剂①。无机含氯消毒剂以次氯酸盐为主,杀菌时将 ClO^- 转化为 HClO 或将次氯酸转化为活性氧(即 $HClO \Longrightarrow HCl+[O]$),直接作用于菌体蛋白质。另外,二氧化氯的强氧化能力可以将蛋白质氧化。无机含氯消毒剂通常具有杀菌较快,性质不稳定的特点。有机含氯消毒剂以胺类为主,在水溶液中缓慢转化为 HClO 而起到杀菌作用,这类消毒剂具有性质稳定、杀菌作用缓慢的特点。

* *

项目学习评价

【成果交流】

在家自制"84"消毒液的简易装置,所选材料任选。要求写出装置使用说明书。

【活动评价】

1.通过交流研讨、拓展视野、信息检索、总结概括等栏目,引导学生积极思考、主动获取信息、提炼核心知识,加深对知识的理解。从而诊断学生的信息获取、核心观念提炼、问题解决等多方面的能力。

2.通过方法导引栏目,引导学生利用解决物质制备类问题的一般思路和解决研究物质性质类问题的一般思路对制备"84"消毒液及其性质的认识进行任务规划,诊断学生的模型认知能力及模型思维能力。

3.通过动手操作、实验探究栏目,诊断学生的动手能力、观察能力和数据处理能力。

【自我评价】

通过"科学使用含氯消毒剂"的项目学习,重点发展学生"模型认知与证据推理"核心素养。评价要点见表 10-10。

表 10-10 "科学使用含氯消毒剂"项目重点发展的核心素养及学业要求

发展的核心素养		学业要求
模型认知与证据推理	能基于物质制备类和研究物质性质类问题解决的一般思路,对制备"84"消毒液和认识"84"消毒液的性质进行任务规划,并通过实验寻找证据,得出结论	能基于物质制备类问题解决的一般思路科学规划"84"消毒液的制法; 能基于研究物质性质的一般思路认识"84"消毒液的性质; 能通过实验制备"84"消毒液和验证"84"消毒液的性质

① 刘春燕.含氯消毒剂的研究进展[J].中国家禽,2004,26(10):51-52.

项目**11**
揭秘阿司匹林

项目学习目标

1. 能够综合运用分子组成、官能团、化学键、空间结构、碳骨架基团间的相互影响等视角完成推断阿司匹林结构及官能团检验的任务。

2. 通过对阿司匹林结构的确定,掌握有机物结构测定的一般思路和方法。能够依据阿司匹林中可能出现的官能团组合及相互干扰关系设计检验方案。

3. 能够根据有机物化合物官能团的定性检验结果及相关谱图提供的分析结果,判断和确定阿司匹林的组成与结构,发展"证据推理与模型认知"核心素养。

4. 通过对制备阿司匹林实验方案的设计及产物的分离提纯,复习有机制备实验的思路与方法。巩固利用有机化学反应实现官能团转化的方法。

项目导引

阿司匹林作为一种家庭常备药物,具有消炎解热止痛、抗凝血、抗癌、防止癌细胞转移和扩散等功效,常用于治疗发烧、预防关节炎、防治心脏病、预防脑卒中(中风)、预防癌症[①]等看似与之不相关的领域。这种"百年神药"究竟是怎样合成的呢?

本项目通过确定阿司匹林结构、设计方案并制备阿司匹林、改良阿司匹林等一系列的任务活动,让学生认识有机物的结构、反应、性质,理解解决有机合成类问题的一般思路和方法,培养学生证据推理与模型认知、实验探究与创新精神等核心素养。

---

① 袁越.“神药”阿司匹林[J].大众健康,2017(7):114-115.

* *

【方法引导】

表 11-1　解决有机合成类问题的一般思路

解决有机合成类问题的一般思路	第一步:明确目标产物的结构	第二步:设计合成路线	第三步:合成目标产物	第四步:检测目标	第五步:改良目标产品
任务规划要点					

* *

任务 1　确定阿司匹林的结构

* *

【交流研讨】

1.如果你是一名药物研发工程师,你与你的团队将一起共同研发阿司匹林药物,在研发之前需要解决的问题是什么? 解决这类问题的任务属于何种类型?

2.请根据有机物结构确定的一般思路,对确定阿司匹林结构进行初步的任务规划,并将规划后的任务要点填写在表 11-2 中。

【方法导引】

表 11-2　解决有机物结构类问题的一般思路

解决有机物结构类问题的一般思路	第一步:明确目标	第二步:确定有机物的分子式	第三步:寻找有机物可能含有的官能团	第四步:确定有机物的官能团	第五步:达成目标
任务规划要点					

* *

研发药物之前,首先应弄清目标产物的结构;其次依据目标产物的结构设计目标产物的合成路线,随后依据方案合成目标有机物;最后对目标产物进行检测和改良。明确需要解决的目标之后,按照有机合成的一般思路(图 11-1)逐步解决阿司匹林研制过程中遇到的各个问题。

现在,来解决第一个问题——确定阿司匹林的分子结构。

* *

【交流研讨】

1.如果要测定阿司匹林的分子结构,需要知道哪些基本信息?

2.有机物的分子组成的确定方法有哪些?

3.要确定有机物中的官能团,有哪些基本途径?

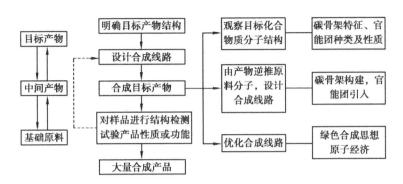

图 11-1　有机合成的基本流程

* *

事实上,要确定一种有机物的结构,首先要知道有机物的分子组成;其次要知道碳骨架(即碳原子之间的连接方式)、化学键、官能团及其空间结构等。分子组成的测定主要包括元素测定和相对分子质量的测定。通常情况下,利用元素分析法来测定有机物中所含有的具体元素及其组成比(即实验式、最简式);利用质谱法来确定有机物的相对分子质量。将最简式和相对分子质量相结合,即可确定有机物的分子式。官能团的确定一般有 3 种途径:一是不饱和度法,该法可以确定有机物中可能含有的官能团和官能团的数量;二是化学检验法,选择特定的化学试剂,结合特定的灵敏反应检测相应的官能团;三是物理检验法,如紫外光谱法、红外光谱法、核磁共振氢谱法等。此外,有机物的空间结构可以使用 X 射线衍射来测定(图 11-2)。

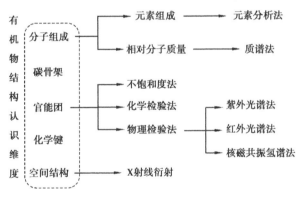

图 11-2　有机物结构的认识维度

活动 1　确定阿司匹林分子式

* *

【交流研讨】

根据下列两则信息如何确定阿司匹林的分子式?

信息 1:已知阿司匹林只含碳、氢、氧 3 种元素,经实验测得 72 g 阿司匹林完全燃烧可以生成 3.6 mol CO_2(标准状况)、1.6mol H_2O(l)。

信息 2:阿司匹林的质谱图(图 11-3)。

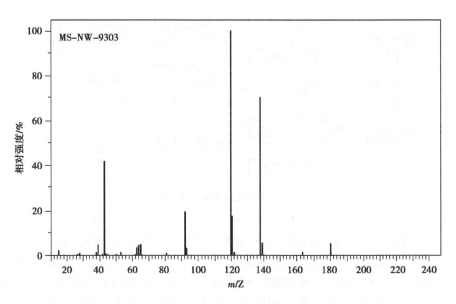

图 11-3 乙酰水杨酸的质谱图

* *

根据信息 1 可以确定阿司匹林的组成元素为 C、H、O 这 3 种元素。根据 72 g 阿司匹林燃烧生成 3.6 mol CO_2 和 1.6 mol H_2O 可知,72 g 阿司匹林中含有的碳、氢元素的质量分别为 $m(C)=3.6$ mol×12 g/mol=43.2 g、$m(H)=1.6$ mol×2×1 g/mol=3.2 g,阿司匹林中氧元素的质量为 $m(O)=72$ g-43.2 g-3.2 g=25.6 g,即 $n(O)=1.6$ mol。阿司匹林中 C、H、O 这 3 种元素的原子个数比为 $n(C):n(H):n(O)=3.6:3.2:1.6=9:8:4$。由此可知其最简式为 $C_9H_8O_4$,其式量为 180。

根据乙酰水杨酸(即阿司匹林)的质谱图可知,阿司匹林的最大荷质比为 180,即相对分子质量为 180。因阿司匹林的最简式式量与其相对分子质量相等,故其最简式为阿司匹林的分子式。

活动 2　确定阿司匹林官能团的组合

* *

【方法导引】

根据分子式推导有机物的可能结构时,可先由分子式推导出有机物的不饱和度(又称缺氢指数,符号"Ω"),再根据不饱和度确定有机物可能含有的结构片段或官能团。

若有机物中含有 C、H、O(或 S)、N(或 P)、X(X 代表卤族元素 F、Cl、Br、I 等)时,可假设分子式为 $C_xH_yX_m(NH)_nO_z$,则不饱和度 $\Omega=x+1-\dfrac{y+m}{2}$。

* *

通过活动 1 获得了阿司匹林的分子式(即 $C_9H_8O_4$)。接下来,根据分子式推导阿司匹林可能的结构简式。

＊＊＊＊＊＊＊＊＊＊＊＊＊＊＊＊＊＊＊＊＊＊＊＊＊＊＊＊＊＊＊＊＊＊＊＊

【交流研讨】

已知：阿司匹林分子中含有苯环，不含有其他环状结构。请根据阿司匹林的分子式推断其可能含有的结构片段分别是什么。

＊＊＊＊＊＊＊＊＊＊＊＊＊＊＊＊＊＊＊＊＊＊＊＊＊＊＊＊＊＊＊＊＊＊＊＊

由阿司匹林的分子式 $C_9H_8O_4$ 可知，该有机物的不饱和度 $\Omega = 9 + 1 - \dfrac{8}{2} = 6$，阿司匹林中含有苯环结构，苯环结构的不饱和度 $\Omega = 4$。除苯环外，阿司匹林的不饱和度还余下 2。阿司匹林不含有其他环状结构，由此可知阿司匹林含有其他结构单元有以下几种情况：

①含 1 个碳碳三键（—C≡C—，$\Omega = 2$）、4 个酚羟基（—OH）、1 个甲基（—CH₃）。

②含 1 个碳碳三键（—C≡C—，$\Omega = 2$）、3 个酚羟基（—OH）、1 个羟甲基（—CH₂OH）。

③含 1 个碳碳双键（>=<，$\Omega = 1$）、1 个醛基（—CHO，$\Omega = 1$）、3 个酚羟基（—OH）。

④含 1 个碳碳双键（>=<，$\Omega = 1$）、1 个羧基（—COOH，$\Omega = 1$）、2 个酚羟基（—OH）。

⑤含 1 个碳碳双键（>=<，$\Omega = 1$）、1 个酯基（—COO—，$\Omega = 1$）、2 个酚羟基（—OH）。

⑥含 1 个羧基（—COOH，$\Omega = 1$）、1 个酯基（—COO—，$\Omega = 1$）、1 个甲基（—CH₃）。

⑦1 个羧基（—COOH，$\Omega = 1$）、1 个酯基（—COO—，$\Omega = 1$）、1 个亚甲基（—CH₂—）。

上述每一种情况和苯环相连都会出现几种甚至更多的结构，而每种有机物的结构只能存在一种。面对众多的结构可能，该如何确定阿司匹林的真实结构呢？此时，只能通过鉴定有机物中可能存在的官能团才能最终确定。

活动 3　检验阿司匹林中可能含有的官能团

＊＊＊＊＊＊＊＊＊＊＊＊＊＊＊＊＊＊＊＊＊＊＊＊＊＊＊＊＊＊＊＊＊＊＊＊

【交流研讨】

对有机物官能团进行鉴定时应如何选择试剂？选择的试剂应满足什么条件？举例说明。

＊＊＊＊＊＊＊＊＊＊＊＊＊＊＊＊＊＊＊＊＊＊＊＊＊＊＊＊＊＊＊＊＊＊＊＊

有机物中官能团的检验应遵循"操作简便、现象明显、灵敏度高、专一性强"的基本原则。其中，"灵敏度高"是指反应快速、检测限量低；"专一性强"是指检测试剂只能用于某类官能团的检验，可以排除其他官能团的干扰。符合上述原则的检测试剂，可以看作某种或某类官能团检测的最佳试剂。

＊＊＊＊＊＊＊＊＊＊＊＊＊＊＊＊＊＊＊＊＊＊＊＊＊＊＊＊＊＊＊＊＊＊＊＊

【交流研讨】

阿司匹林中含有的官能团可能是碳碳三键、碳碳双键、醛基、酚羟基、羧基、酯基等中的一种或几种。针对具体的官能团，应选择什么样的试剂作为检验试剂？判断检测结果的依据是什么？将要点填写在表 11-3 中。

表 11-3　常见有机物官能团的检测方法

官能团	检验时选择的试剂	反应条件	判断依据	备注

* *

根据现行人教版高中化学中的有机化学基础,可以得到一些常见官能团的常规检验方法(表 11-4)。

表 11-4　常见有机物官能团的检测方法

官能团	检验时选择的试剂	反应条件	判断依据	备注
$C=C$ 或 $C\equiv C$	溴水或 Br_2/CCl_4	常温	溴水或 Br_2/CCl_4 褪色	
	酸性 $KMnO_4$ 溶液	常温	酸性 $KMnO_4$ 溶液褪色	
—CHO	银氨溶液	水浴	产生银镜	需现配现用
	新制 $Cu(OH)_2$ 悬浊液	煮沸	产生砖红色沉淀	溶液要呈碱性
醇—OH	金属钠	常温	有气体产生	
酚—OH	$FeCl_3$ 溶液	常温	溶液呈紫色	
	浓溴水	常温	产生白色沉淀	
—COOH	紫色石蕊试液	常温	溶液显红色	
	$NaHCO_3$ 溶液	常温	有无色气体 CO_2 产生	

在官能团的常规检测方法中,所选择的检测试剂并非都是最佳试剂。例如,选用酸性 $KMnO_4$ 溶液检测碳碳双键时,碳碳三键对碳碳双键的检验会产生干扰;含有 α-H 的苯的同系物、醇类物质、酚类物质、醛类物质、甲酸和甲酸酯等,都会使酸性 $KMnO_4$ 溶液褪色,会对碳碳双键的检验造成干扰。从这个层面上讲,酸性 $KMnO_4$ 溶液不是检验碳碳双键的最佳试剂。而银氨溶液与新制的 $Cu(OH)_2$ 悬浊液却是检验醛基的最佳试剂,因为只有含醛基结构的物质才能与它们发生反应,而且现象明显。

* *

【交流研讨】

以小组为单位,研讨下列问题:

1. 如果对阿司匹林中可能含有的官能团进行逐一检验加以排除,势必操作费时,效率低下。为了提高检测、排除官能团的效率,应该采取什么措施来优化检测步骤?优化检测步骤的依据何在?结合表 11-4 中的信息加以说明。

2. 各小组根据自己的优化检测步骤,设计阿司匹林中可能存在的官能团的检验和筛选方案,并自选实验仪器和试剂进行论证。

【成果展示】

各小组选取一名代表,展示检验和筛选阿司匹林中可能存在的官能团的实验方案,并结合实验现象加以说明。小组间展开互评。

* *

　　将可能存在的官能团进行分类检测,是不断缩小筛选范围、提高检测效率常用的方法之一。根据官能团是否具有还原性,阿司匹林中可能存在的官能团可分为具有还原性的官能团(如碳碳双键、碳碳三键、醛基、酚羟基、醇羟基)和没有还原性的官能团(如酯基、羧基等)两大类。在检验阿司匹林中存在的官能团时,可先向阿司匹林溶液中加入酸性 $KMnO_4$ 溶液,检验是否存在具有还原性的官能团,再向另一份阿司匹林溶液中加入 $NaHCO_3$ 溶液或紫色石蕊试液,检验是否存在羧基,即可判断阿司匹林中含有的官能团。

　　实验探究的结果表明,向阿司匹林溶液中加入酸性 $KMnO_4$ 溶液,振荡,未见酸性 $KMnO_4$ 溶液褪色,这说明阿司匹林中不存在具有还原性的官能团,即排除碳碳双键、碳碳三键、醛基、酚羟基、羟甲基($—CH_2OH$)、甲酸酯($HCOO—$)结构存在的可能性。于是,将阿司匹林中存在的官能团定位在羧基和酯基这一有限的范围内。再向阿司匹林溶液中滴加紫色石蕊试液,发现溶液呈红色,这表明阿司匹林中存在官能团羧基($—COOH$)。结合前面对阿司匹林中可能存在的官能团的预测,可以确定阿司匹林中一定含有羧基和酯基。阿司匹林可能的结构如图 11-4 所示。

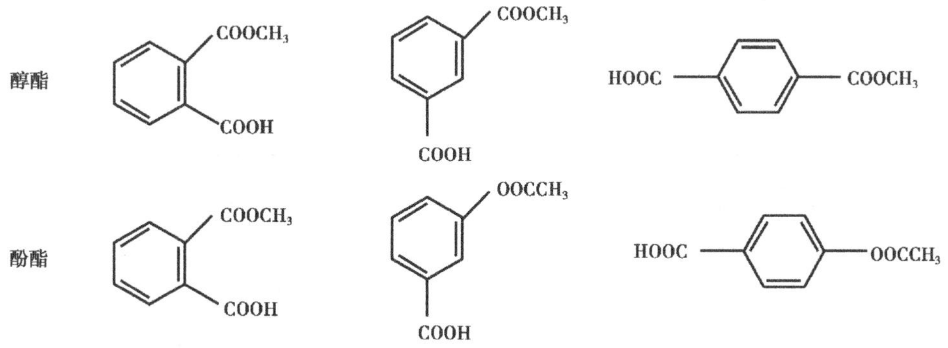

图 11-4　阿司匹林可能的结构

＊＊＊＊＊＊＊＊＊＊＊＊＊＊＊＊＊＊＊＊＊＊＊＊＊＊＊＊＊＊＊＊＊＊＊＊

【交流研讨】

　　阿司匹林中含有的酯的结构属于醇酯还是酚酯? 该如何进行检验? 请设计方案加以证明。

＊＊＊＊＊＊＊＊＊＊＊＊＊＊＊＊＊＊＊＊＊＊＊＊＊＊＊＊＊＊＊＊＊＊＊＊

　　醇酯和酚酯的不同点在于它们的水解产物不同。醇酯水解产物为羧酸和醇,而酚酯的水解产物为羧基酸和酚。

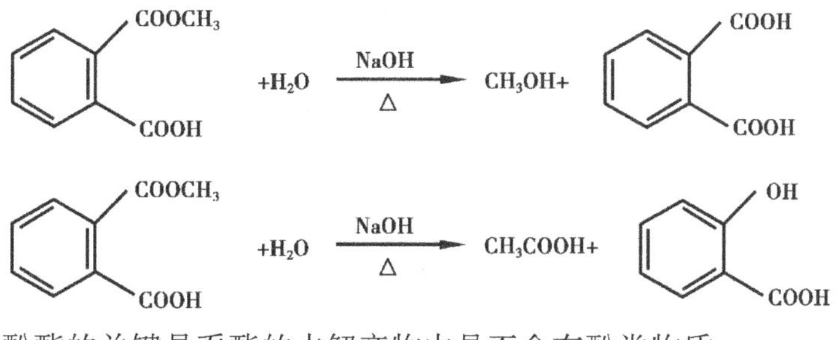

　　区分醇酯和酚酯的关键是看酯的水解产物中是否含有酚类物质。

向酸化后的阿司匹林水解液中加入浓溴水或 $FeCl_3$ 溶液,产生了白色沉淀或形成紫色溶液,则说明阿司匹林含有酚酯结构,但需要进一步确认羧基(—COOH)与酚酯(—CH_3COO)两者在苯环上的位置关系。

活动4　确定阿司匹林的结构

＊＊＊＊＊＊＊＊＊＊＊＊＊＊＊＊＊＊＊＊＊＊＊＊＊＊＊＊＊＊＊＊＊＊＊＊

【交流研讨】

请根据以下信息确定阿司匹林的结构简式,并说明理由。

信息1:阿司匹林的核磁共振氢谱(图11-5)。

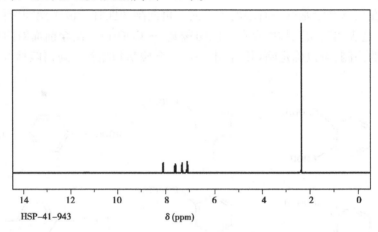

HSP-41-943　　　　　　　　δ(ppm)

图11-5　乙酰水杨酸(阿司匹林)的 ^1H NMR 谱

信息2:1 mol 阿司匹林在碱性条件下水解,酸化后最多消耗 2 mol Br_2。

＊＊＊＊＊＊＊＊＊＊＊＊＊＊＊＊＊＊＊＊＊＊＊＊＊＊＊＊＊＊＊＊＊＊＊＊

阿司匹林的酚酯结构中,羧基(—COOH)与酚酯(—$OOCCH_3$)在苯环上存在邻、间、对 3 种位置关系。它们的核磁共振氢谱吸收峰及其碱性水解后酸化所得的酚类物质与 Br_2 反应的用量关系见表11-5。

表11-5　阿司匹林3种可能的酚酯结构分析

阿司匹林的可能结构		邻位结构	间位结构	对位结构
核磁共振氢谱吸收峰	个数	6	6	4
	峰面积之比	1:1:1:1:1:3	1:1:1:1:1:3	1:2:2:3
水解产物生成的酚	结构	邻羟基苯甲酸	间羟基苯甲酸	对羟基苯甲酸
	与浓溴水反应量	1:2(Br_2)	1:3(Br_2)	1:2(Br_2)

根据信息 1:阿司匹林的核磁共振氢谱有 6 组峰,可排除羧基(—COOH)与酚酯(—OOCCH$_3$)在对位的可能。

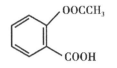

图 11-6　阿司匹林的结构

根据信息 2:阿司匹林碱性水解产物酸化后形成的酚与 Br$_2$ 反应用量比为 1:2,说明酚羟基的邻位已被占用 1 个。

结合信息 1 和信息 2,可以推出阿司匹林的结构如图 11-6 所示。

阿司匹林的结构是否为邻位的乙酰水杨酸,还可以通过红外光谱来确定。

＊＊＊＊＊＊＊＊＊＊＊＊＊＊＊＊＊＊＊＊＊＊＊＊＊＊＊＊＊＊＊＊＊＊＊＊＊

【交流研讨】

请根据阿司匹林的红外光谱图(图 11-7),分析阿司匹林的结构。

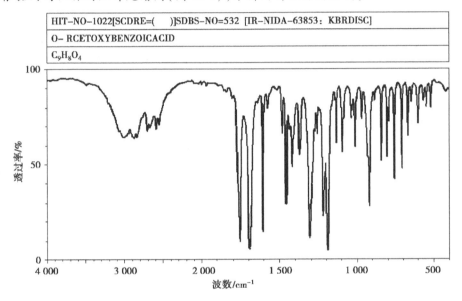

图 11-7　乙酰水杨酸(阿司匹林)的红外光谱图

【方法导引】

图 11-8　红外光谱图的分析方法

＊＊＊＊＊＊＊＊＊＊＊＊＊＊＊＊＊＊＊＊＊＊＊＊＊＊＊＊＊＊＊＊＊＊＊＊＊

根据阿司匹林的红外光谱图可知,波长 $\lambda = 3\,200 \sim 2\,500$ cm^{-1} 是羧酸中缔合羟基的吸收峰,说明含有羧基(—OH);$\lambda = 1\,751$ cm^{-1} 是酯基的伸缩振动吸收峰,说明含有酯基(—COO—);$\lambda = 1\,700$ cm^{-1} 是羰基伸缩振动吸收峰,说明含有羧基(—COOH);$\lambda = 1\,370$ cm^{-1} 是甲基弯曲振动吸收峰,说明结构中含有甲基(—CH$_3$);$\lambda = 1\,250$ cm^{-1}、$1\,035$ cm^{-1} 是芳香族 =C—O—C 伸缩振动吸收峰,$\lambda = 1\,129$ cm^{-1} 是酚的 C—O 伸缩振动吸收峰,两者均说明含有

酚的结构;$\lambda = 751 \ cm^{-1}$ 是苯环邻二取代碳氢弯曲振动吸收峰,说明含有苯环。由此可知,阿司匹林的结构如图 11-9 所示。

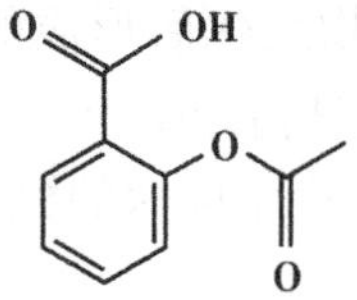

图 11-9　阿司匹林的结构

* *

【总结概括】

请根据阿司匹林结构确定的研究过程,总结提炼确定有机物结构的关键策略。

* *

确定有机物的结构有两个关键环节:一是借助实验探究和物理检测手段在确定有机物可能官能团的基础上进行不断评估、筛选,确定有机物含有的官能团和结构片段;二是通过核磁共振氢谱、红外光谱分别确定等效氢、化学键(含官能团),从而确定有机物的结构简式。评估、筛选官能团的过程是否有效,不但与官能团之间的检测顺序有关,还与所选检测试剂的灵敏度、专一性有关。如何确定有机物的官能团检测顺序,通常应遵循以下原则:①优先利用各官能团的特征反应;②综合分析官能团本身的性质及官能团之间的相互影响,确定检测顺序;③利用官能团的相似性或差异性将官能团进行分类,再进行检验。

* *

【迁移应用】

请利用有机物结构确定的一般思路去研究葡萄糖的结构,并确定葡萄糖的结构简式。

* *

任务2　制备阿司匹林

阿司匹林是家庭中的一种常备药,具有解热、消炎、镇痛等功效。

* *

【拓展视野】

阿司匹林的功效

阿司匹林在治疗疾病方面具有极其重要的用途,具体表现为:①解热镇痛消炎:用于治疗伤风、感冒、头痛、发烧、神经痛、关节痛及风湿病等。②抑制凝血:预防血栓形成、治疗心血管疾病。③抵抗癌症、预防消化道肿瘤。

* *

活动 1　设计阿司匹林的制备方法

＊＊＊＊＊＊＊＊＊＊＊＊＊＊＊＊＊＊＊＊＊＊＊＊＊＊＊＊＊＊＊＊＊＊

【交流研讨】

1.如果你是一名药物研究者,现需要制备阿司匹林,你在制备阿司匹林前需要解决的问题是什么? 解决这类问题的任务类型是什么?

2.请根据解决有机物制备类问题的一般思路,对阿司匹林制备任务进行初步规划,并将规划要点填写在表11-6中。

【方法导引】

表 11-6　解决有机物制备类问题的一般思路

解决有机物制备类问题的一般思路	第一步:明确目的,即需要制备的产品及其结构	第二步:分析实验原理	第三步:设计制备实验方案	第四步:方案实施	第五步:产品检测,达成目标
任务规划要点					

＊＊＊＊＊＊＊＊＊＊＊＊＊＊＊＊＊＊＊＊＊＊＊＊＊＊＊＊＊＊＊＊＊＊

要制备阿司匹林,首先应明确制备阿司匹林的原料及其反应原理,其次结合反应原理设计实验方案,最后制备阿司匹林并进行产品检测。这是制备阿司匹林前需要解决的问题。明确制备阿司匹林需要解决的问题之后,接下来将按照有机物制备的一般思路展开研究。

＊＊＊＊＊＊＊＊＊＊＊＊＊＊＊＊＊＊＊＊＊＊＊＊＊＊＊＊＊＊＊＊＊＊

【自主探究】

根据阿司匹林的结构简式自主预测合成阿司匹林所需的试剂,写出制备阿司匹林的反应原理,并在小组内交流,相互评价。

【展示交流】

明确合成阿司匹林的所需的试剂及相应的反应方程式,并在小组内展开互评。

＊＊＊＊＊＊＊＊＊＊＊＊＊＊＊＊＊＊＊＊＊＊＊＊＊＊＊＊＊＊＊＊＊＊

根据提示信息可知,酯化反应与酯的水解反应之间构成可逆关系。根据酯的结构可以推测其反应原料。阿司匹林的结构中含有酯基,根据酯基逆推合成阿司匹林的原料,推测过程如图11-10所示。

根据图11-10的推导发现,合成阿司匹林的原料有3种可能:①邻羟基苯甲酸和乙酸;②邻羟基苯甲酸和乙酰氯;③邻羟基苯甲酸和乙酸酐。由此可以确定合成阿司匹林有以下3种可能的方案。

227

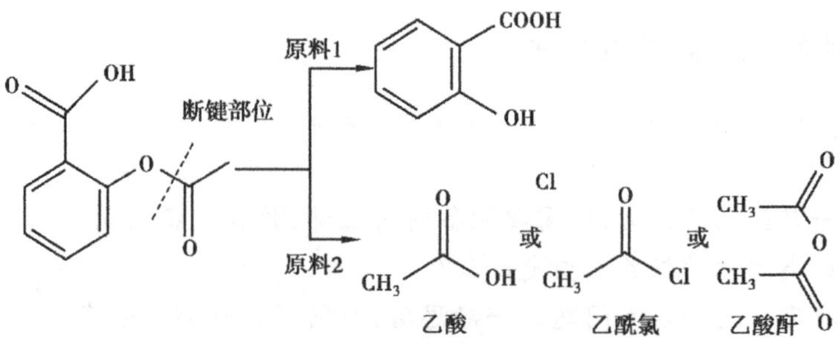

图 11-10 逆合成法推导阿司匹林的原料

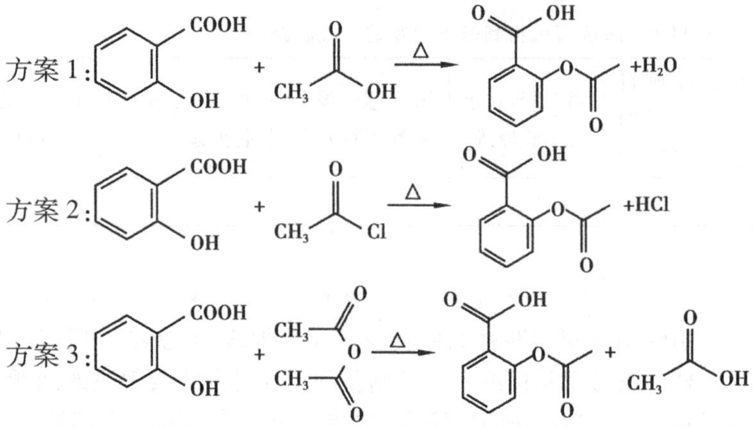

* *

【交流研讨】

比较上述 3 个制备阿司匹林的反应原理的优劣,选择适宜用于制备阿司匹林的原理。

* *

在邻羟基甲酸中,酚羟基受苯环的影响,使得酚羟基中 O—H 键的极性比醇羟基中 O—H 键的极性要强得多。邻羟基苯甲酸中的酚羟基参与反应时,主要断裂的是 O—H 键而非苯环与羟基相连的 C—O 键。在参加反应的酰化试剂中,乙酰氯中 C—Cl 受 C $=$ O 的影响,C—Cl 键的极性增加,比卤代烃中的 C—Cl 更容易断裂;乙酸酐中的 C—O 键受两个 C $=$ O 的影响,此时的 C—O 单键比 CH_3COOH 中的 C—O 键更容易断裂。水杨酸的酰化试剂的活性强弱为乙酰氯>乙酸酐>乙酸,在阿司匹林的制备中一般不选用 CH_3COOH 而选用 CH_3COCl、$(CH_3CO)_2O$。

* *

【交流研讨】

无论采用方案 2 还是方案 3 来制备阿司匹林,都可能发生副反应。请结合已有知识讨论:制备阿司匹林时可能发生的副反应有哪些? 写出相应的反应方程式,并阐明理由。

* *

水杨酸中含有羧基和羟基,属于双官能团化合物,可以发生脱水反应生成酯。两个分子水杨酸可发生如下反应。

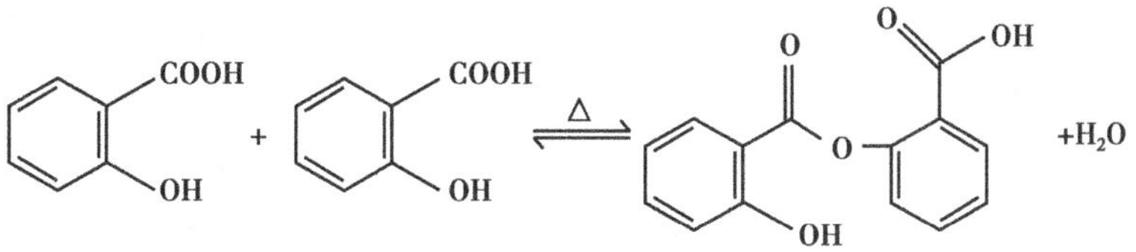

若干个水杨酸分子发生脱水缩合则可以生成聚水杨酸酯。

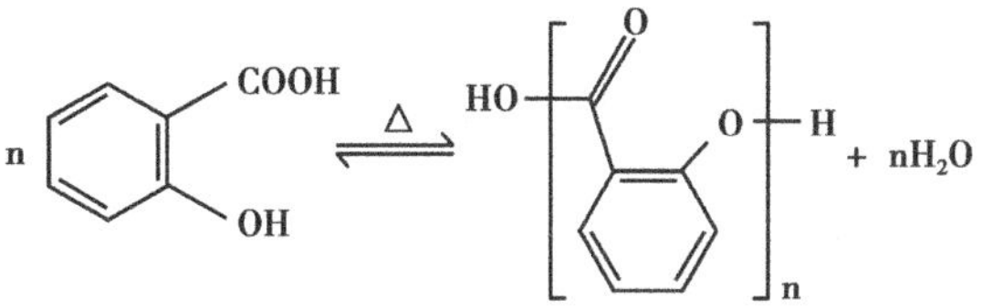

水杨酸中的酚羟基还可以与阿司匹林结构中含有的羧基发生反应,形成新的化合物。

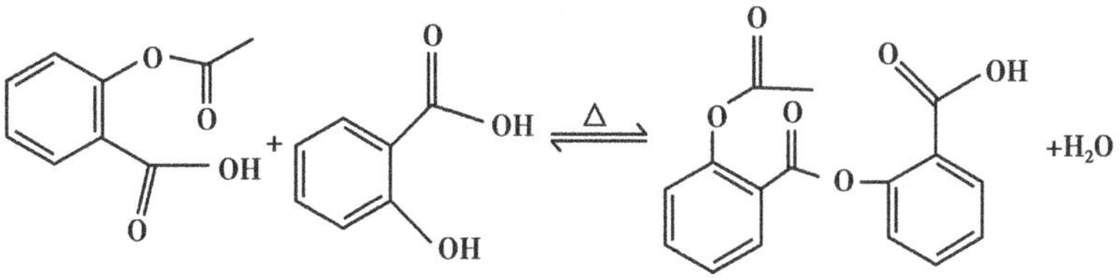

此外,水杨酸除能与水分子之间形成氢键外,还可以通过自身形成分子间氢键,即水杨酸

的二聚体

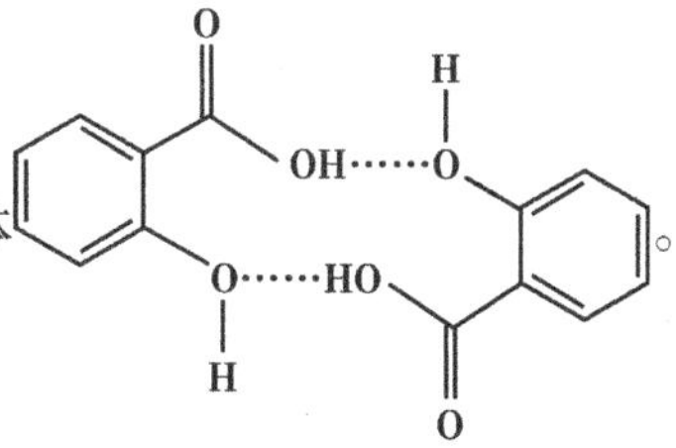

* *

【交流研讨】

如果要制备阿司匹林,既要提高其反应速率,又要使阿司匹林的产率尽可能高,应该采取的措施有哪些?

【方法导引】

根据反应原理寻找影响产品产率的因素时,需要从速率、平衡、反应的选择性等视角进行分析,再根据影响因素是否一致进行评估、筛选,最终确定影响产品的关键因素。

* *

在工业生产中,既要考虑经济效益,也要考虑社会效益。在制备产品时,需要尽可能地将原料转化为产品,同时要考虑生产产品的速率问题。探讨产品的生产问题,除考虑速率和平衡问题外,还应考虑反应的选择性和减少水杨酸二聚体的形成。

从提高产品产率的角度来看,无论是使用前面提及的方案 2 还是方案 3 制备阿司匹林,可以采取的措施如下:①选择合适的原料配比,即改变 $\dfrac{n(乙酰氯)}{n(水杨酸)}$ 或 $\dfrac{n(乙酸酐)}{n(水杨酸)}$ 的配比,使原料的转化率达到最大。如果原料配比过小,水杨酸转化率不高,阿司匹林的产率自然就低。但配比过大,生成的阿司匹林会溶解在乙酸酐或乙酰氯中,会影响阿司匹林的产率。原料配比的选择应当适宜。②降低产物 HCl 或 CH_3COOH 的浓度,及时从反应体系中分离出 HCl 或 CH_3COOH。HCl 和 CH_3COOH 都具有挥发性,且呈酸性,从反应体系中分离它们,有两种途径可以实现:一是适当升高温度,加速 HCl 或 CH_3COOH 的挥发;二是向反应体系中加入适量的碱性物质,使 HCl 或 CH_3COOH 转化为相应的盐。通过上述方式,均可促使反应平衡体系正向移动,从而增大水杨酸的转化率,增大阿司匹林的产率。③选择合适的催化剂,增强反应的选择性,减少副反应的发生。④破坏水杨酸二聚体(即破坏水杨酸分子间氢键),增加水杨酸与乙酰卤或乙酸酐发生酰化的量。⑤选择适宜的温度。制备阿司匹林的反应为放热反应,高温不利于阿司匹林的生成。

从提高产品的生成速率来看,要提高阿司匹林的生成速率,可以采取的措施有:①使用合适的催化剂。催化剂能够加快反应速率。②增大反应物的浓度。③升高温度。

由此可知,制备阿司匹林需要控制的条件应包括反应原料的配比、催化剂的种类及用量、反应温度和反应时间等。

接下来,以利用水杨酸与乙酸酐为例,探究如何选择合适的反应条件制备阿司匹林。

* *

【调查研究】

借助互联网查询利用水杨酸与乙酸酐反应制备阿司匹林的相关资料,汇总分析制备阿司匹林的生产条件。

【展示交流】

在小组内展示利用水杨酸与乙酸酐制备阿司匹林需要控制的条件范围。展开组内互评,互评时需要对评价的要点进行必要的解释。

* *

根据已有研究文献可知,使用不同的原料配比、不同种类的催化剂及其用量、不同加热温度或加热方式,获得阿司匹林较高产率时所需的时间不同(表11-7)。

表11-7 制备阿司匹林的条件控制

催化剂的种类及用量		$\dfrac{n(乙酸酐)}{n(水杨酸)}$	反应温度/℃	反应时间	阿司匹林产率/%	备注
酸性催化剂	$H_2C_2O_4$ 0.5 g	1:3	75	60 min	89.3	
	三氟甲磺酸 0.2%	1:2	50	50 min	90.4	
	柠檬酸 1.0 g	1:3	70	40 min	91	
碱性催化剂	三乙胺 10%	1:2	80	20 min	74.3	400 W 微波辐射加热
	NaOH 10%	1:2.5	40	8 min	93	160 W 超声辐射加热
	Na_2CO_3 2.5%	1:2	60~65	45~90 s	91	微波辐射
	$NaHCO_3$ 11%	1:2		60 s	76.38	400 W
其它催化剂	谷氨酸的硫酸盐离子液体	1:2	70	30 min	84.8	
	盐酸酸化的膨润土	1:3.7	85~90	30~60 s	90.44	
	3A 分子筛 5%	1:2		2.5 min	95.1	200 W 微波辐射加热

从表 11-7 中的信息可知：

①制备阿司匹林的催化剂可分为酸性催化剂、碱性催化剂及其他类催化剂。使用酸性催化剂有利于乙酸酐中的羰基氧被氢质子化，增强羰基碳的正电性，便于水杨酸中羟基氧进攻，加快酰化反应。常见的酸性催化剂有浓硫酸、草酸、三氟甲磺酸、柠檬酸等。用于催化阿司匹林的碱性催化剂有三乙胺、$NaOH$、Na_2CO_3、$NaHCO_3$ 等，除利用三乙胺作催化剂时阿司匹林的产率较低外，其余均可达到 90% 左右。由于碱性条件下会使生成的阿司匹林发生水解，或与水杨酸发生反应，影响产率，因此选用的碱性催化剂最好不能与酚羟基反应，也不利于阿司匹林水解。符合这一条件的最佳碱性催化剂可选择 $NaHCO_3$。其他类催化剂属于新型催化剂，包括离子液体类、膨润土、分子筛类等催化剂，从目前的研究来看，使用酸性或碱性催化剂时，阿司匹林的产率相对较高，反应较快。考虑中学现有实验条件，可选浓硫酸、柠檬酸、Na_2CO_3、3A 分子筛等作催化剂，其用量可控制在水杨酸质量的 0.2% ~ 10%。

②制备阿司匹林时，原料配比 $\dfrac{n(乙酸酐)}{n(水杨酸)}$ 可控制在 $\dfrac{1}{2}$ ~ $\dfrac{1}{3.7}$ 之间，反应温度可控制在 60 ~ 90 ℃、反应时间控制在 1 ~ 5 min。

在明确了制备阿司匹林的关键性条件之后，接下来探讨制备过程中需要关注的两个基本问题，即不同反应原料的混合问题和乙酸酐的制备问题。

* *

【交流研讨】

1. 在制备的过程中乙酸酐需要新蒸，制备时装置需要干燥，为什么？

2. 分析水杨酸和乙酸酐的状态，判断如何获得水杨酸、乙酸酐和催化剂的混合物，说明原因。

* *

不同物质之间的混合一般遵循下列原则：①液体之间的混合，一般情况是将密度大的液体加入密度较小的液体之中；②固体与液体之间的混合，一般是先向容器中加入固体，再加入液体。制备阿司匹林时所用原料中水杨酸是固体、乙酸酐为无色液体（$\rho = 1.087 \text{ g/cm}^3$）、使用的催化剂为浓硫酸（$\rho = 1.84 \text{ g/cm}^3$），向反应装置中加入试剂的顺序为水杨酸—乙酸酐—浓硫酸；若使用的催化剂为固体，加入试剂的顺序则为水杨酸—催化剂—乙酸酐（或催化剂—水杨酸—乙酸酐）。

* *

【交流研讨】

1. 在制备阿司匹林时应如何控制反应温度？怎样防止水杨酸升华造成产率下降？

2. 如何对从反应体系中出来的气体进行处理？依据何在？

3. 请设计一套反应装置，提出装置设计的理由或依据。

【方法导引】

加热方式的选择应根据反应温度的高低来确定。当反应温度不高于 100 ℃ 时，则可采用水浴加热或借助恒温磁力搅拌器加热；当温度高于 100 ℃ 而低于 260 ℃ 时，可采用油浴加热，所用油一般为石油醚；当温度高于 300 ℃ 时，可采用砂浴加热，加热所用的砂需用 60 ~ 80 目的筛过滤，容器为厚壁生铁锅。

* *

有机反应的制备装置包括反应容器、温控装置、冷凝回流装置和尾气处理装置等。为便于使用温度计测定反应液温度、利用滴液漏斗滴加液和安装冷凝回装置,有机反应常用三口烧瓶作反应容器。为了避免液体受热不均而发生暴沸,在反应容器中往往会添加碎瓷片或磁子。温控装置的使用则依据反应温度进行选择,可使用恒温水浴锅、恒温油浴锅、砂浴锅、恒温磁力搅拌器等设备作为温控装置。尾气处理装置中所需试剂,应根据反应体系中逸出物质的性质来决定。若需要处理的物质为无机物,则根据物质的类别通性和核心元素的价态观来推导物质具有的性质,选择相应的处理试剂。若需要处理的物质为有机物,则找出该有机物含有的官能团,从官能团的视角推测该有机物具有的性质,再选择试剂。如制备阿司匹林时,从反应装置中逸出的物质有乙酸,其含有的官能团为羧基,羧基属于酸性官能团,消除乙酸,可以用碱性试剂来消除,如利用饱和碳酸钠溶液来消除乙酸等。

根据制备阿司匹林的反应温度、反应物和产物的物理性质,可设计如图 11-11 所示的装置作为阿司匹林的制备装置。装置中的冷凝管可对反应过程中的水杨酸起到很好的冷凝回流作用,提高水杨酸的利用率,增加阿司匹林的产率。

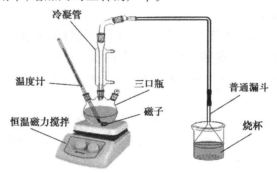

图 11-11　阿司匹林制备装置

* *

【总结概括】

根据阿司匹林制备过程的探讨,请归纳有机物制备的一般思路,并用流程图的形式进行概括。

* *

有机物制备的一般研究思路如图 11-12 所示。

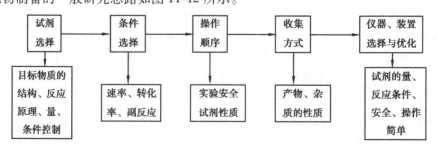

图 11-12　有机物制备的一般研究思路

* *

【拓展视野】

表 11-8　几种物质的理化性质

理化性质 物质	熔点 /℃	沸点 /℃	升华 /℃	密度 /(g·cm⁻³)	溶解性	外观与性状
水杨酸	159	211	76	1.376	易溶于乙醇、乙醚、氯仿,微溶于水,在沸水中溶解	白色针状晶体或毛状结晶状粉末
乙酸酐	−73	140		1.087	溶于冷水,与水反应生成乙酸,易溶于乙醇、乙醚、苯等有机溶剂	一种有强烈乙酸酸味的、低毒无色透明液体、吸湿性强;易燃、有腐蚀性;有催泪性
阿司匹林	135～140	321.4		1.35	微溶于水,易溶于乙醇、可溶于乙醚、氯仿	白色结晶或结晶性粉末,无臭或略带醋酸臭;水溶液呈酸性。126～135 ℃时发生分解
乙酸	16.6	117.9		1.05	能溶于水、乙醇、乙醚、CCl₄、甘油等有机溶剂	无色透明液体,有刺激性气味

* *

活动 2　分离提纯阿司匹林粗产品

* *

【交流研讨】

1. 要从制备阿司匹林后形成的有机混合物中获取阿司匹林,在获取阿司匹林之前需要解决的问题是什么? 解决这类问题的任务属于何种类型?

2. 请根据解决物质分离提纯类问题的一般思路,对从混合体系中提取阿司匹林的任务进行初步规划,并将规划要点填写在表 11-9 中。

【方法导引】

表 11-9　解决物质分离提纯类问题的一般思路

解决物质分离提纯类问题的一般思路	第一步:明确分离体系及分离目标	第二步:寻找分离体系各组分性质差异	第三步:寻找相变转化途径	第四步:选择合适的分离方法	第五步:纯度检验
任务规划要点					

* *

要从反应混合物中获取阿司匹林,首先应当明确分离体系中含有的成分及其所处的状态,然后根据各组分的性质差异将阿司匹林和其他成分转化为不能自动混合的状态,接着依

233

据转化后的阿司匹林和其他组分所处的状态选择合适的分离方法和分离设备(或分离仪器),最后动手操作。这是在进行物质分离提纯前需要解决的问题。从分离体系中获取阿司匹林的任务属于物质分离提纯类任务。在明确分离提纯阿司匹林的任务之后,接下来针对各个需要解决的问题,按照逻辑顺序,逐一展开探讨。

* *

【交流研讨】

在反应混合体系中是否存在阿司匹林? 如果不存在,应通过何种途径来获取阿司匹林?

* *

如果利用酸性催化剂催化水杨酸与乙酸酐的反应制备阿司匹林,则反应形成的混合体系中存在的主要成分有阿司匹林、未反应完的乙酸酐、生成的乙酸和副反应产物聚水杨酸、酸性催化剂以及极少量的水杨酸等;如果使用的是碱性催化剂,则反应混合体系中存在的主要成分有乙酰水杨酸形成的盐(即阿司匹林的钠盐)、未反应的乙酸酐、生成的乙酸盐和副反应产物聚水杨酸、碱性催化剂以及极少量的水杨酸盐。无论何种情况,都应将反应体系中的各种成分先转化成相应的盐,再进行酸化。为此,可先在所得的反应混合体系中加入足量的饱和 $NaHCO_3$ 溶液,将反应体系中某些成分转化为易溶于水的钠盐;再用盐酸酸化混合体系,即可得到含有阿司匹林的混合液。此时,混合液中的主要成分有 CH_3COOH、阿司匹林(即乙酰水杨酸)、极少量的水杨酸、聚水杨酸、过量的盐酸及 $NaCl$ 等。

* *

【交流研讨】

在加入盐酸酸化后的混合体系中,各种组分之间有何性质差异?

* *

阿司匹林和残留的水杨酸都是一种微溶于水而易溶于热水的白色晶体;乙酸、盐酸、$NaCl$ 等均为易溶于水的物质。盐酸酸化的混合体系置于冰水中冷却可转化不能完全自动混合的两"相"——固相的白色晶体和液相的水溶液。

* *

【交流研讨】

应采用什么样的方法将阿司匹林与水溶液分离开来? 分离时应选择什么样的装置来分离?

* *

阿司匹林与水溶液之间构成了"固相—液相"这种不能自动混合的状态,可采用过滤的方式来进行分离。为了使"固相—液相"之间的分离更加彻底,将经冰水冷却后的分离体系进行抽滤,并用冰水进行洗涤,去除固体表面附着的溶质,如 CH_3COOH、HCl、$NaCl$ 等。经抽滤、冰水洗涤后得到的固体即为阿司匹林粗产品。

* *

【交流研讨】

初次抽滤得到的阿司匹林粗产品含有哪些成分? 如何才能更加有效地实现阿司匹林与其他成分之间的有效分离?

* *

阿司匹林粗产品除乙酰水杨酸外,还含有聚水杨酸、微量水杨酸。要实现阿司匹林与聚水杨酸的有效分离,必须将阿司匹林与聚水杨酸转化为不能自动混合的两种状态。

＊＊＊＊＊＊＊＊＊＊＊＊＊＊＊＊＊＊＊＊＊＊＊＊＊＊＊＊＊＊＊＊＊

【交流研讨】

如何将阿司匹林粗产品中乙酰水杨酸与聚水杨酸转化为不能自动混合的状态? 转化的途径是什么?

＊＊＊＊＊＊＊＊＊＊＊＊＊＊＊＊＊＊＊＊＊＊＊＊＊＊＊＊＊＊＊＊＊

聚水杨酸是难溶于水的有机物,它不能在常温下发生碱性水解,转化为易溶于水的物质。阿司匹林微溶于水,但能与碱性物质作用转化为易溶于水的盐。要将阿司匹林与聚水杨酸转化为不能自动混合的状态,应将阿司匹林固体转化为液相,聚水杨酸保持固相,即将阿司匹林粗产品转化为"固相—液相"状态而实现分离。要将阿司匹林固相转化为液相,可采取的措施是将阿司匹林粗产品全部转移到足量饱和的 $NaHCO_3$ 溶液或饱和 Na_2CO_3 溶液中即可,但不能使用 NaOH 溶液。NaOH 碱性较强,会导致阿司匹林水解。

＊＊＊＊＊＊＊＊＊＊＊＊＊＊＊＊＊＊＊＊＊＊＊＊＊＊＊＊＊＊＊＊＊

【交流研讨】

将阿司匹林粗产品全部转移到饱和 $NaHCO_3$ 溶液后,形成"固相—液相"不能自动混合的状态。要将这种状态进行分离,应选用什么样的分离方法? 分离后得到的液相成分主要有哪些?

＊＊＊＊＊＊＊＊＊＊＊＊＊＊＊＊＊＊＊＊＊＊＊＊＊＊＊＊＊＊＊＊＊

对于"固相-液相"这种不能自动混合的状态,通常采用过滤的方式进行分离。为了实现固相的聚水杨酸与液相的阿司匹林钠盐溶液更好地分离,分离方式采用抽滤,并用水洗涤残留在布氏漏斗中的固体。分离后所得的液相即为阿司匹林钠盐的水溶液。

＊＊＊＊＊＊＊＊＊＊＊＊＊＊＊＊＊＊＊＊＊＊＊＊＊＊＊＊＊＊＊＊＊

【交流研讨】

如何从阿司匹林的钠盐溶液中获取并分离出阿司匹林?

＊＊＊＊＊＊＊＊＊＊＊＊＊＊＊＊＊＊＊＊＊＊＊＊＊＊＊＊＊＊＊＊＊

要从阿司匹林钠盐溶液中获取阿司匹林,首先需要将阿司匹林的钠盐转化为阿司匹林,然后把阿司匹林与水溶液转化为不能自动混合的状态,最后采取合适的分离方法即可。要将阿司匹林的钠盐转化为阿司匹林,可向溶液中加入盐酸酸化。

酸化后的混合体系中含有阿司匹林、NaCl、少量的盐酸,其中部分阿司匹林已从溶液中析出。要从这一混合体系中分离出阿司匹林,仍然需要将阿司匹林与其他成分转化为不能自动混合的状态。

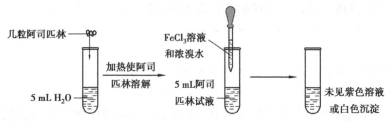

（化学结构式反应）

＊ ＊

【交流研讨】

依据酸化后的阿司匹林钠盐溶液中各成分的性质,怎样才能将阿司匹林和其他成分分别转化为不能自动混合的状态? 实现这种转化的基本途径是什么?

＊ ＊

将阿司匹林由液相(即溶液)转化为固相(即晶体),其他成分仍然保留在液相(即溶液)中,就能实现分离。将阿司匹林由液相变成固相,只需对原溶液进行降温结晶(即重结晶)就可以实现转化。为此,需要将盐酸酸化后的溶液置于冰水中冷却 15 min 以上,使溶液温度与冰水温度保持一致。

＊ ＊

【交流研讨】

要将固相的阿司匹林与液相的水溶液分离,应选择什么样的分离方法? 用什么仪器进行分离?

＊ ＊

分离固相的阿司匹林和液相的水溶液,仍然采用抽滤。为了尽可能减少阿司匹林的损失,应用冰水洗涤阿司匹林。经冰水洗涤后的阿司匹林就是纯净的阿司匹林。

＊ ＊

【交流研讨】

通过一系列的分离提纯操作后得到的样品属于纯净的阿司匹林吗? 该如何进行鉴定呢? 请设计实验加以证明。

＊ ＊

阿司匹林是否纯净,只需要检验样品中是否含有水杨酸即可。因为水杨酸中含有酚羟基,而阿司匹林的结构中没有。检测样品时,可选用 $FeCl_3$ 溶液或浓溴水作检测试剂。具体的检测方案如图 11-13 所示。利用 $FeCl_3$ 检验样品时未出现紫色溶液,说明阿司匹林已经纯净。

几粒阿司匹林 ——

5 mL H_2O —— 加热使阿司匹林溶解 —— 5 mL 阿司匹林试液 —— $FeCl_3$溶液和浓溴水 —— 未见紫色溶液或白色沉淀

图 11-13 阿司匹林纯度检验方案

＊ ＊

【总结概括】

总结分离提纯阿司匹林的操作过程,并用流程图的形式进行呈现。

＊ ＊

从反应混合液中分离阿司匹林的流程如图 11-14 所示。

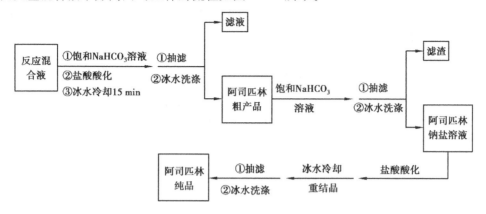

图 11-14 阿司匹林分离提纯的流程图

活动 3 动手制备阿司匹林

通过前面的探讨,初步掌握了阿司匹林的制备和分离提纯的操作要领。接下来将动手制备阿司匹林。

* *

【交流研讨】

1. 如果你是一名药物生产工程师,当你准备生产阿司匹林之前,面临的困难是什么? 解决此类困难的任务属于何种类型?

2. 请根据解决产品设计类问题的一般思路,对制备阿司匹林进行初步的任务规划,将规划要点填写在表 11-10 中。

【方法导引】

表 11-10 解决产品设计类问题的一般思路

解决产品设计类问题的一般思路	第一步:明确目标	第二步:概念设计	第三步:具体设计	第四步:权衡、优化统整	第五步:循环、重复设计	第六步:反思提炼问题解决的关键策略
任务规划要点						

* *

要制备阿司匹林,首先要知道合成阿司匹林的工艺流程,然后选择合适的工艺条件进行生产,这是制备阿司匹林前需要解决的问题。接下来,将对制备阿司匹林进行设计与研究。

* *

【动手设计】

请根据前面活动 1 和活动 2 的探讨过程,结合实际情况,设计阿司匹林的制备方案(注:制备方案以流程图的形式呈现)。

【展示交流】

在小组内展示制备阿司匹林的制备方案,并对操作过程的关键环节进行解说,阐明设计的理由。同时,对设计的方案进行自评和互评。

＊＊＊＊＊＊＊＊＊＊＊＊＊＊＊＊＊＊＊＊＊＊＊＊＊＊＊＊＊＊＊＊＊＊＊

经过研讨、完善制备方案,得到如图 11-15 所示的阿司匹林制备工艺流程。

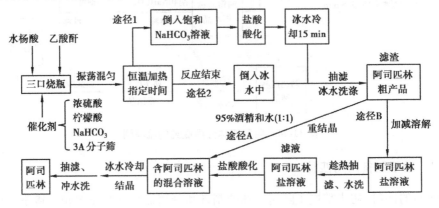

图 11-15　阿司匹林制备的流程图

＊＊＊＊＊＊＊＊＊＊＊＊＊＊＊＊＊＊＊＊＊＊＊＊＊＊＊＊＊＊＊＊＊＊＊

【交流研讨】

1. 根据"活动 1　设计阿司匹林的制备方法"的探讨,你认为制备阿司匹林时需要控制的外界条件有哪些?

2. 提高制备阿司匹林的效率是多个因素协同作用的结果,面对原料配比、催化剂、温度、时间等多个变量,应如何进行实验设计才能确定制备阿司匹林的最佳生产条件?

＊＊＊＊＊＊＊＊＊＊＊＊＊＊＊＊＊＊＊＊＊＊＊＊＊＊＊＊＊＊＊＊＊＊＊

从提高原料转化率和加快反应速率的视角来看,制备阿司匹林需要控制的条件应包括原料的配比、催化剂的种类及其用量、反应温度及反应时间等因素。按照常规的实验设计,往往是采用单因素实验,逐步探究各个因素对阿司匹林产率的影响,但这种方法得到的结果并不可靠。要探究原料配比、催化剂种类及其用量、反应温度及反应时间等因素协同作用对阿司匹林产率的影响,应当通过正交实验或响应面实验设计来确定最佳的控制条件。接下来,使用正交实验设计来探讨制备阿司匹林的最佳生产工艺。

＊＊＊＊＊＊＊＊＊＊＊＊＊＊＊＊＊＊＊＊＊＊＊＊＊＊＊＊＊＊＊＊＊＊＊

【实验探究】

实验目的:探究原料配比、催化剂种类及用量、反应温度及反应时间等因素协同作用对阿司匹林产率的影响。

提供的试剂:浓硫酸,$NaHCO_3$ 固体,柠檬酸(食品级),3A 分子筛,水杨酸($Mr = 138$),乙酸酐($Mr = 102$,$\rho = 1.087$ g/cm^3,新装,未打开过),饱和 $NaHCO_3$ 溶液,稀盐酸,冰水混合物。

提供的仪器:200 mL 三颈烧瓶(或三口烧瓶)、温度计、冷凝管、恒温磁力搅拌器(含磁子)、抽滤装置(含滤纸)、药匙、移液管、分析天平、250 mL 烧杯、导管、漏斗、胶头滴管、乳胶管等。

实验方案及其实施:

第一步:设计影响阿司匹林产率的影响因素与水平(表 11-11)。

表 11-6　影响阿司匹林产率的因素与水平

水平	因素				
	(A)$\dfrac{n(乙酸酐)}{n(水杨酸)}$	(B)催化剂的种类	(C)催化剂的用量 /%	(D)反应温度 /℃	(E)反应时间 /min
1	1:2	浓硫酸	1%	60	1
2	1:2.5	柠檬酸	1.5	70	3
3	1:3	NaHCO$_3$	2	80	5
4	1:3.5	3A 型分子筛	2.5	90	7

注:催化剂的用量指催化剂与所用水杨酸的质量百分数(%)。

第二步:设计影响阿司匹林产率的 L$_{16}$(4^5)正交实验设计(表 11-12)。

表 11-12　影响阿司匹林产率 L$_{16}$(4^5)的正交实验及结果处理

编号	A	B	C	D	E	阿司匹林产率
1	1	1	1	1	1	
2	1	2	3	4	2	
3	1	3	4	2	3	
4	1	4	2	3	4	
5	2	1	4	3	2	
6	2	2	2	2	1	
7	2	3	1	4	4	
8	2	4	3	1	3	
9	3	1	2	4	3	
10	3	2	4	1	4	
11	3	3	3	3	1	
12	3	4	1	2	2	
13	4	1	3	2	4	
14	4	2	1	3	3	
15	4	3	2	1	2	
16	4	4	4	4	1	
均值 1						
均值 2						
均值 3						
极值 R						

第三步：分小组进行实验。操作按如图 11-15 所示流程进行，其中，水杨酸用量为 2.76 g；乙酸酐用量、催化剂用量按表中各实验编号的要求并通过计算确定；反应温度、反应时间按指定温度和时间进行控制。同时测定所得阿司匹林的质量，计算阿司匹林的产率 $\left(\text{产率} = \dfrac{\text{实际产量}}{\text{理论产量}} \times 100\% \right)$。计算结果填写在表 11-12 中。

第四步：对实验数据进行处理，将处理结果记录在表 11-12 中。

问题与讨论：

1. 在 $\dfrac{n(\text{乙酸酐})}{n(\text{水杨酸})}$、催化剂种类、催化剂用量、反应温度、反应时间等因素中，对阿司匹林产品的产率产生影响的因素主次顺序如何？判断的依据是什么？

2. 当阿司匹林的产率达到最佳时的实验组合是什么？由此推断最佳的实验条件是什么？

＊＊＊＊＊＊＊＊＊＊＊＊＊＊＊＊＊＊＊＊＊＊＊＊＊＊＊＊＊＊＊＊＊＊＊＊

通过正交实验及其数据处理，观测极值 R 的大小和比较各个水平的均值，可以判断各个因素对阿司匹林产率的影响程度大小和获取阿司匹林最大产率的最佳实验组合。以该实验组合为依据，进行实验验证，计算其产率，以判定该实验组合（即生产工艺）能否达到理想状态。

＊＊＊＊＊＊＊＊＊＊＊＊＊＊＊＊＊＊＊＊＊＊＊＊＊＊＊＊＊＊＊＊＊＊＊＊

【动手实验】

按照实验获得的最佳工艺条件制备阿司匹林，并计算产率。判断该条件下的阿司匹林产率能否达到理想状态。

＊＊＊＊＊＊＊＊＊＊＊＊＊＊＊＊＊＊＊＊＊＊＊＊＊＊＊＊＊＊＊＊＊＊＊＊

利用正交实验获取的阿司匹林生产工艺，能够使阿司匹林的产率达到最佳状态。

活动4　鉴定样品是否为阿司匹林

实验制备的样品是否为阿司匹林，该怎样鉴定呢？接下来，围绕阿司匹林的鉴定展开研究。

＊＊＊＊＊＊＊＊＊＊＊＊＊＊＊＊＊＊＊＊＊＊＊＊＊＊＊＊＊＊＊＊＊＊＊＊

【交流研讨】

1. 如果你是一名化验员，在鉴定某种样品是否为阿司匹林前所面临的困难是什么？解决这类问题的任务类型是什么？

2. 根据解决物质检验类问题的一般思路，对鉴定阿司匹林样品进行任务规划，并将规划要点填写在表 11-13 中。

【方法导引】

表 11-13　解决物质检验类问题的一般思路

解决物质检验类问题的一般思路	第一步：明确检验目标	第二步：选择合适的检测试剂或检测方法	第三步：拟订检验方案	第四步：方案实施，并达成目标
任务规划要点				

＊＊＊＊＊＊＊＊＊＊＊＊＊＊＊＊＊＊＊＊＊＊＊＊＊＊＊＊＊＊＊＊＊＊＊＊

　　要检验阿司匹林,首先应明确检测对象的结构特点和所含有的官能团特征,其次结合阿司匹林的理化性质选择科学的物理检测方法或检测试剂,设计规范、合理的检测方案,最后付诸实施;得出结果。这就是一名检验员在进行物质检验前需要解决的问题。这类问题属于物质检验类任务。明确了检验阿司匹林需要解决的问题之后,接下来对需要解决的问题进行逐一解决。

* *

【交流研讨】

　　检测样品是否为阿司匹林有哪些方法? 请借助互联网或图书馆查询相关文献解决。

* *

　　检验阿司匹林的方法可分为化学方法和物理方法。常用的化学方法主要是酸碱滴定法,而物理方法主要有薄层色谱法、HPLC 法、红外光谱法、测熔点法等。

* *

【交流研讨】

　　利用测熔点法和 KBr 压片法测定物质的红外光谱应如何操作? 有哪些注意事项?

* *

　　任何一种物质都有一定的熔点,阿司匹林也不例外。测定物质的熔点可以利用熔点测定仪来测定(图 11-16),测定方法是将待检物装入毛细管,再将毛细管放入仪器后测定,将测定结果和文献值进行比较。如果测定的样品熔点与阿司匹林熔点的文献值非常接近或相同,即可判断该样品是阿司匹林。

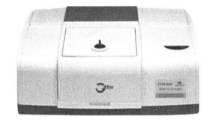

　　图 11-16　全自动视频熔点仪　　　　　　　图 11-17　傅立叶红外光谱仪

　　利用 KBr 压片法测定样品产物的红外光谱时,首先需要制作 KBr 压片,然后放入红外光谱仪中进行检测,根据检测得到的光谱图分析,如果得出的物质结构与阿司匹林的结构一致,则说明该待检物为阿司匹林(图 11-17—图 11-19)。

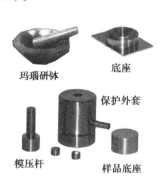

　　图 11-16　红外光谱仪压片机　　　图 11-17　KBr 压片模具

* *

【拓展视野】

利用红外光谱仪作为物质分子结构和化学成分分析的仪器。在测定样品成分或分子结构之前,首先要制作样品和 KBr 的压片,然后将制作好的压片放入红外光谱仪中进行测定。如何制作阿司匹林样品和 KBr 的压片,其操作方法可通过扫描二维码获取。

图 11-20　制作阿司匹林样品和 KBr 的压片

【动手实验】

1. 利用熔点测定仪测定阿司匹林样品的熔点。

2. 利用红外光谱仪测绘阿司匹林样品的光谱图,根据图谱分析并测定其结构简式。

* *

利用熔点测定仪测得样品的熔点 135 ℃比阿司匹林的熔点文献值 136～140 ℃略低,表明该样品是阿司匹林。

利用红外光谱仪测得阿司匹林样品的红外光谱图如图 11-21 所示。经对图谱进行分析,样品的结构简式为 ，与阿司匹林的结构简式一致,说明样品就是阿司匹林。

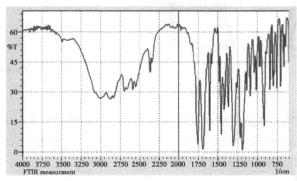

图 11-21　阿司匹林样品的红外光谱图

任务 3　改良阿司匹林

阿司匹林作为经典的非甾体抗炎药,药效与其剂量密切相关。大剂量的阿司匹林具有消炎作用;中剂量可达到镇痛目的;小剂量可以起到抑制血小板凝结、减少血管堵塞等心血管疾病的发生率①。虽然阿司匹林在治疗各种疾病方面具有积极的疗效,但会引起一些不良反应。常见的不良反应主要表现为胃肠道反应,如消化不良、上腹痛疼、恶心等。长期大剂量服用阿司匹林会导致胃、十二指肠糜烂、溃疡,以及胃穿孔、胃出血等②。为了消除直接服用或大剂量服用阿司匹林产生的不良反应,药物研究者把阿司匹林连接在高分子载体上制成缓释长效药剂,既防止阿司匹林释放药效过快,又延长了药效、除掉了酸性,减少了阿司匹林对人体的副作用。

阿司匹林缓释剂是怎样作用于人体并发挥药效的?如何改良?本任务对阿司匹林缓释剂的分子结构与缓释性能的关系、阿司匹林缓释剂的优化等展开探究,让学生理解有机结构与性质在生活中的另一种应用。

* *

【拓展视野】

阿司匹林的发展史

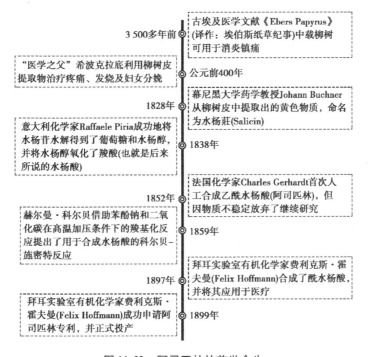

图11-22 阿司匹林的前世今生

* *

一种产品的出现总是要经历一个不断优化、改良的过程。阿司匹林的发展过程也不例外,它经历了由柳树皮提取液到水杨酸、水杨酸改良成阿司匹林、阿司匹林改良到阿司匹林缓释剂的过程。每一个改良的过程都是对原有物质性能不断完善的过程。接下来,从有机物结构认识的视角来探究水杨酸不断改良背后的原因。

---

① SANTIAGO R,SANTOS-GALLEGO C G,PATRICIA G,et al. Acetylsalicylic acid inhibits cell proliferation by involving transforming growth factor-beta[J]. Circulation,2003,107(4):626-629.

② 温晓娜,毛静怡.非甾体抗炎药的不良反应[J].中国药师,2006,9(10):959-960.

活动 1 从有机物结构的视角探究水杨酸改良阿司匹林的原因

古人发现水杨酸具有消炎、镇痛的功效,并用于治疗疼痛、发烧、孕妇分娩等,但其具有难闻的气味,服用后对消化黏膜造成刺激、呕吐,某些患者甚至出现消化道溃疡。拜耳实验室有机学家霍夫曼将其改良为阿司匹林,消除了水杨酸难闻的气味。

* *

【交流研讨】

根据结构与性质的关系,对下列问题展开讨论:

1. 水杨酸为什么会产生难闻的气味?

2. 服用水杨酸来消炎、镇痛,为什么会出现不良反应?

* *

水杨酸含有两种重要的官能团——羧基和羟基,羧基在水溶液中发生电离产生 H^+,使溶液呈现酸味;羟基在水溶液中电离产生 H^+,而且会被氧化成难闻的醌类物质。由此可知,水杨酸产生难闻的气味与其含有的官能团有着密切的联系。

服用水杨酸后,在胃里,羧基电离产生的 H^+,使胃酸酸度增大,造成人体胃酸过多,出现反胃、呕吐,对胃、肠内壁产生强烈的刺激,引起肠、胃不适;严重者会引发胃出血、胃溃疡,甚至胃穿孔等。

将水杨酸改良为阿司匹林后,只是将水杨酸中的羟基变成酯基,羧基仍然被保留下来,阿司匹林的结构仍然含有羧基,仍然不能消除羧基造成的胃酸偏多所引发的不适。但是阿司匹林不会再被氧化成难闻的醌类物质。将水杨酸改良为阿司匹林,只是消除了水杨酸难闻的气味。

活动 2 从性能需求探究阿司匹林肠溶片的缓释原理

* *

【拓展视野】

资料 1:阿司匹林虽然可以用来抗血栓、预防心血管疾病和癌症,但会产生胃溃疡、胃出血等并发症[①]。寻找品质优良、适合用作药物载体的高分子材料是实现阿司匹林的缓释和控释

---

① 邹方东.静电纺丝法制备 POC/PLA 纳米纤维材料的研究[D].上海:东华大学,2017.

以减轻其对胃肠道刺激的关键所在①。常用的药物载体有天然高分子材料和人工合成高分子材料②。常见的天然高分子材料主要有胶原蛋白、纤维素、壳聚糖、海藻酸钠及其衍生物等。天然高分子材料虽然生物相溶性好且无副作用,但不能控制药物的释放速率[5]。合成高分子材料能够通过调节高分子材料的比例和组成来控制药物的释放速率,易于对载体进行修饰。常见的合成高分子材料有聚乳酸、聚己内酯(PCL)、聚乳酸-聚羟基乙酸共聚物(PLGA)、聚氨酯、淀粉/PVA复合纳米纤维膜、聚乙二醇等[5]。其中,聚乙二醇载阿司匹林的复合材料,阿司匹林的释放速率随聚乙二醇相对分子质量的提高而提高,能够较好地控制阿司匹林的释放速度,使水杨酸在胃液和肠液中保持一定浓度的释放,能够在一定程度上减少阿司匹林对胃肠道的刺激③。聚己内酯具有良好的生物相溶性,且降解物无毒,对药物具有很好的透过性和相溶性,具有令人满意的药物释放能力④。聚甲基丙烯酸羟乙酯载阿司匹林的复合材料能够较好地控制阿司匹林的释放环境和释放剂量,并使药剂只能在中性或碱性的肠道中缓慢释放阿司匹林。如图11-23所示为用作阿司匹林缓释剂的部分载体。

图11-23　常用作阿司匹林缓释剂的部分载体

资料2:酯基是羧基和羟基反应后的形成的官能团,形成过程如下:

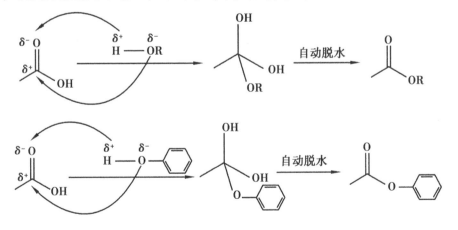

---

①　刘淑琼,刘瑞来,饶瑞晔.阿司匹林对聚己内酯载体材料的结构和缓释性能的影响[J]材料研究学报.2018,32 (12):913-920.

②　SONG N,CHEN S,HUANG X et al. Immobilization of catalase by using Zr(Ⅳ)—modified collagen fiber as the supporting matrix[J]. Process Biochemistry. 2011,46(11):2187-2193.

③　肖琛.聚乙二醇—阿司匹林缓释药物的研究[D].赣州:赣南师范学院,2012.

④　WEN C X,ZHOU Y,ZHOU C,et al. Enhanced radiosensitization effect of curcumin delivered by PVP-PCL nanoparticle in lung cancer[J]. J. Journal of Nanomaterials,2017:9625909.

形成的酯可以在特定的条件下发生水解,水解机理如下[①]:

(1)酯酸催化水解机理

①一般的酯酸性水解原理:

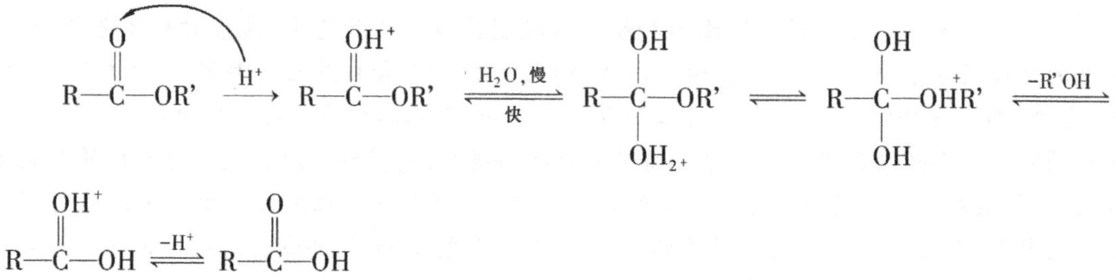

②叔醇酯和二苯甲醇酯的水解原理:

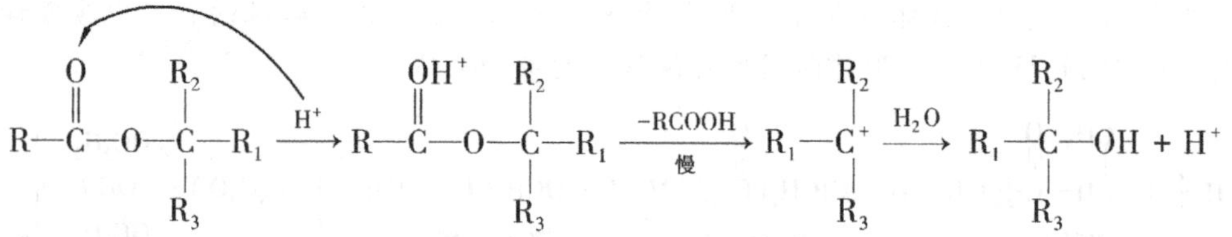

③芳香酸酯的水解原理:Ar=2,4,5-三甲基苄基

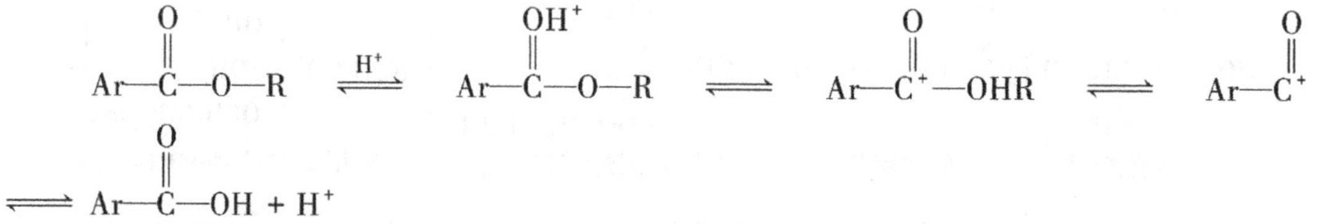

(2)酯碱水解原理

①多数酯的碱性水解原理:

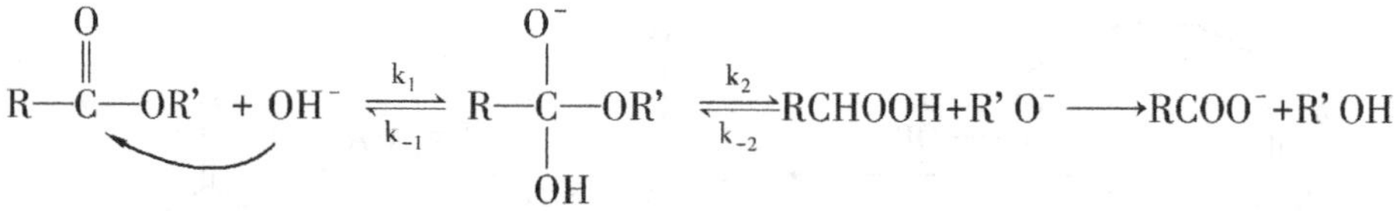

②芳香酸酯的碱性水解:

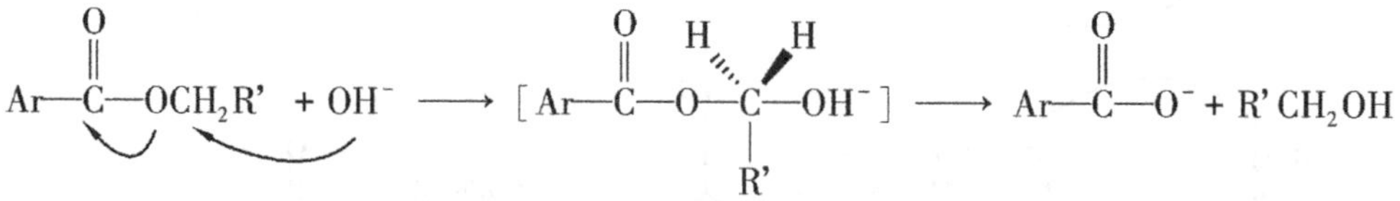

注:β-内酯水解原则同上。

对酯(RCOOR')水解的难易程度取决于R、R'的结构和性质,而R、R'对水解速率的影响受反应机理影响。具体来说,影响因素包括电子效应和空间效应:①电子效应:羰基与供电子基团相连时,共轭效应对酯有稳定作用,使其水解速度减小;羰基与吸电子基团相连时,使羰基的极性增加,不利于酯的稳定,水解速率增大。②空间效应。R、R'的空间效应越大,越不利于中间体的生成,酯的水解速度就越小。

* *

① 马军营.羧酸酯水解的类型及影响因素[J].信阳师范学院学报(自然科学版),1998,11(4):417-421.

理想的阿司匹林肠溶片是对阿司匹林的再改良,经改良后的阿司匹林缓释剂应满足以下性能:①在血液中缓慢释放出的阿司匹林通过使环氧化酶失活,抑制细胞膜磷脂释放的花生四烯酸转化为血栓素 A_2 和前列环素,从而起到抑制血小板聚集与预防血栓形成的目的;②阿司匹林只能在中性或碱性条件下才能缓慢释放出阿司匹林,且释放的剂量小、时间长;③能够消除阿司匹林含有羧基所引起的胃酸过多导致的消化道不良反应。

* *

【交流研讨】

利用"拓展视野"提供的信息,结合对有机物结构与性质的认识,研讨下列问题:

1. 从物质结构和性质的角度解读服用后"缓慢释放出阿司匹林""能够消除直接服用阿司匹林所带来的消化道不良反应""小剂量、长时间释放阿司匹林"等性能。请概括满足上述性能需求的有机物分子在性质、结构上应具有哪些特征? 将讨论结果填写在表 11-14 中。

表 11-14　阿司匹林缓释剂的结构预测

阿司匹林缓释剂的性能需求	相应有机物应具有的性质特征	相应有机物的结构特征
小剂量、长时间、缓慢释放阿司匹林		
能够消除服用后产生的消化道不良反应		

2. 分析聚乙二醇阿司匹林缓释剂的分子结构,解释其产生缓释效果的机理。该阿司匹林缓释剂的分子结构中含有哪些官能团? 官能团之间有何影响? 官能团缓释过程中分别起什么作用? 在缓释过程发生了什么反应? 反应的条件是什么?

* *

根据阿司匹林缓释剂的性能需求可知,阿司匹林缓释剂的有机分子结构应具有以下特点:①含有羧酸酯结构。该结构由含有羟基官能团的高分子载体与阿司匹林中的羧基脱水形成。②分子中含有两种酯的结构——酚酯和醇酯。酚酯结构中的羰基碳与供电子基团(甲基)相连,酚酯水解的速度小。醇酯的羰基碳虽然连接的是吸电子基团,但其空间位阻大。烷氧基中的氧原子连接的是高分子载体,其空间位阻较大。醇酯中的酯基发生水解的程度比较小。③分子结构中的高分子载体部分一般是通过二元醇、氨基酸、羟基酸等发生缩聚而形成,有的通过加聚或混聚形成,其缓慢降解后的产物对人体无副作用。具备了上述特点的阿司匹林缓释剂,服用后不会出现胃溃疡、胃出血等并发症,真正做到在特定条件下具有缓释、长效的特点。

对有机物的分子结构,不仅要关注官能团、官能团与邻近基团之间的相互作用,还应关注官能团中化学键的极性与饱和度。只有这样才能有效地、科学地解释或预测有机物的性质(或可能发生的反应)。对有机反应,需要关注反应物和产物的结构特点、反应试剂和反应条件,以便根据实际情境调控和利用有机反应。尤其要关注有机反应的条件控制,以及通过改变反应物特定部位的结构来改变有机物的反应活性。如图 11-24 所示为某种阿司匹林缓释剂的结构与性能的关系。

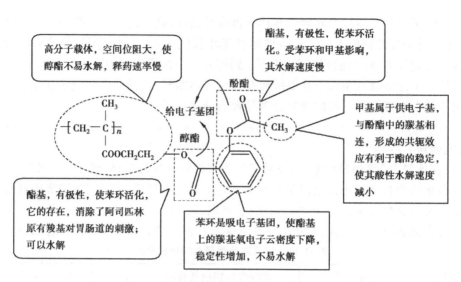

图 11-24　某种阿司匹林缓释剂的结构与性能的关系

活动3　通过结构转化改进阿司匹林的安全性等性能

* *

【拓展视野】

阿司匹林肠溶片

　　阿司匹林肠溶缓冲片主要有肠溶片、肠溶胶囊、肠溶滴丸、肠溶微囊等。肠溶片是将阿司匹林与淀粉、微晶纤维素、羧甲基淀粉钠混匀后加入2% HPMC 黏合剂(含酒石酸或枸橼酸)制作软材,使用丙烯酸树脂Ⅱ号等肠溶材料进行包衣制得。主要用作缺血发作、心肌梗死的急救药物。肠溶胶囊是指将经过肠溶材料包衣的颗粒或小丸填入胶囊壳内制成的胶囊剂,与肠溶片相比,具有吸收快、胃肠道不良反应少、体外溶出度好的优点。肠溶滴丸是将阿司匹林高度分散于不同的基质中制成,具有速释、高效的特点,能够在 15 min 内释放阿司匹林达 50% 以上,45 min 基本释放完成。肠溶微囊是利用天然高分子或人工合成高分子材料作为囊膜壁壳,将囊心物(固体或液态药物)包裹而成的小药库型胶囊,具有能够延长释药时间和靶向给药的特点,但易造成局部给药浓度较高。肠溶微囊的包衣由壳聚糖与戊二醛交联后吸附 Fe_3O_4 形成,有的肠溶微囊采用壳聚糖-阿拉伯胶、壳聚糖-海藻酸钠、壳聚糖-聚丙烯酸共聚物等作为囊材来包裹阿司匹林。

* *

　　直接服用阿司匹林缓释剂,不可避免胃酸与药物接触时出现少量阿司匹林释放的情况。为了避免阿司匹林在胃中被释放而对胃壁黏膜产生刺激,药物学家将阿司匹林缓释剂制作成胶囊和微囊,给阿司匹林缓释剂穿上一层外衣,即包衣,从而实现阿司匹林缓释剂的长效、缓释功效。

* *

【交流研讨】

　　1. 结合如图 11-25、图 11-26 所示的阿司匹林缓释剂的分子结构,写出其在胃液作用下释放药物的可能反应式。

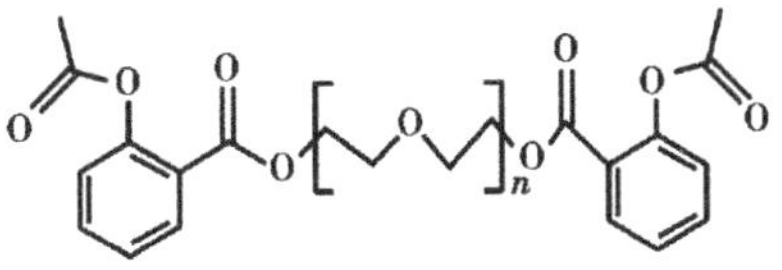

图 11-25 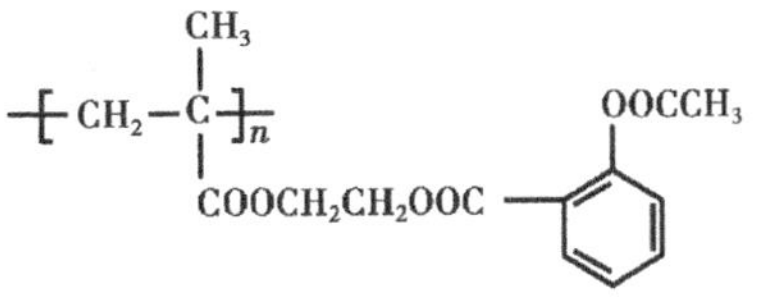　　　　　　　　　　　　图 11-26

2. 结合上面的资料卡片,适宜做阿司匹林缓释剂包衣的物质应具有什么样的结构特点? 它可以由什么样的物质来合成? 举例说明。

＊＊＊＊＊＊＊＊＊＊＊＊＊＊＊＊＊＊＊＊＊＊＊＊＊＊＊＊＊＊＊＊＊＊＊

在胃液的作用下,阿司匹林缓释剂参与的化学反应可以表示为

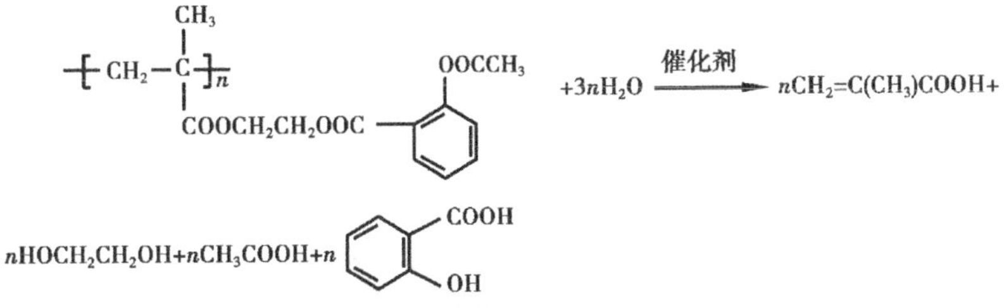

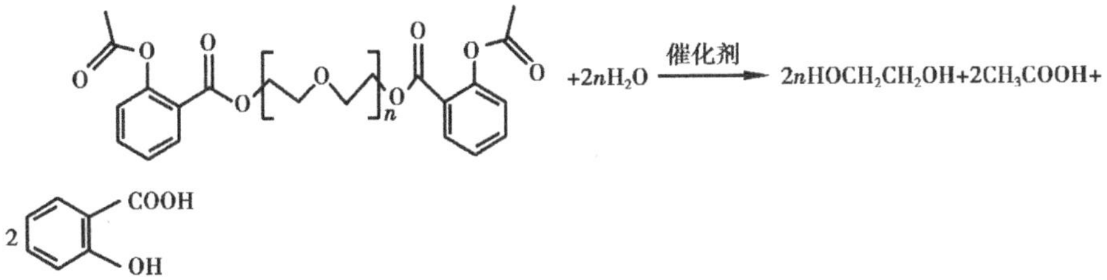

阿司匹林缓释剂水解产生的酸会直接导致胃酸增多,这是服用阿司匹林产生不良反应的原因。要避免上述反应发生,阿司匹林缓释剂的包衣所起的作用就是要杜绝这种情况的发生。包衣的成分应具有下列特点:①不能与胃液中的成分发生反应。包衣中不能含有蛋白质,蛋白质会被胃蛋白酶消化生成水溶性的多肽等。②能够在胃液中稳定存在。不能含有酯的结构和醚的结构,因为酯基和醚基在酸性条件下不稳定,会发生反应转化为相应的羧酸和醇。具有上述特点的物质,常见的有糖衣、聚酰胺类、丙烯酸树脂等。其中,将壳聚糖与阻滞剂[如甲基纤维素(MC)、乙基纤维素(EC)、羧甲基纤维钠(CMC-Na)、羟丙基纤维素(HPC)(图 11-27)、羟丙甲纤维素 K_{15} 等]交联制作包衣目前研究较多。

＊＊＊＊＊＊＊＊＊＊＊＊＊＊＊＊＊＊＊＊＊＊＊＊＊＊＊＊＊＊＊＊＊＊＊

【总结概括】

请结合阿司匹林的改良过程,总结药物改良过程应用有机反应的一般思路,利用流程图进行展示。

＊＊＊＊＊＊＊＊＊＊＊＊＊＊＊＊＊＊＊＊＊＊＊＊＊＊＊＊＊＊＊＊＊＊＊

药物改良过程应用有机反应的思路和方法如图 11-29 所示。

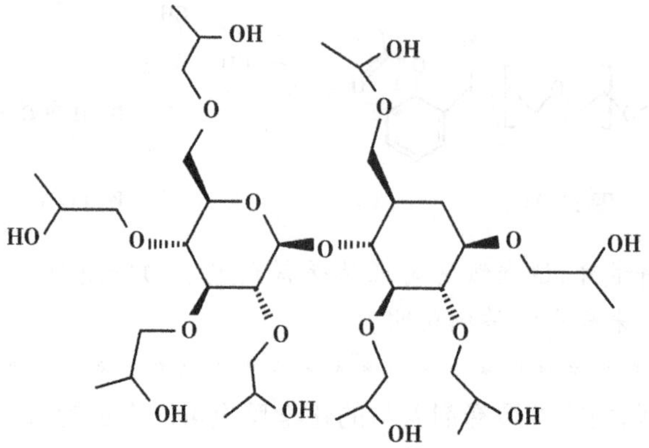

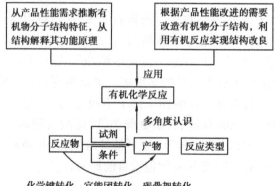

图 11-27　HPC 的结构

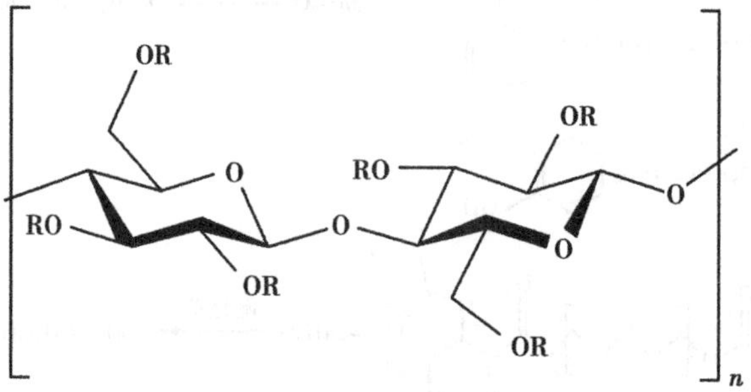

R代表—H、—CH₃、—CH₂CHOHCH₃

图 11-28　K15 的结构

图 11-29　药物改良过程应用有机反应的一般思路

项目学习评价

【成果交流】

总结提炼解决有机合成类问题的关键策略,并绘制相应的思维导图。

【活动评价】

1.通过设计交流研讨、拓展视野、展示交流、总结概括等栏目,引导学生积极思考、主动获取信息、提炼核心知识,加深对知识的理解,从而诊断学生的信息获取、核心观念提炼、问题解决等多方面的能力。

2.通过设计方法导引栏目,引导学生利用解决有机合成类问题的一般思路对阿司匹林结构的确定、制备、改良等项目任务进行活动规划,诊断学生的模型认知能力及模型思维能力。

3.通过设计动手设计、动手实验、实验探究等栏目,诊断学生的动手能力、观察能力和数据处理能力。

【自我评价】

通过"揭秘阿司匹林"的项目学习,重点发展学生"模型认知与证据推理"核心素养。评价要点见表 11-15。

表 11-15　"揭秘阿司匹林"项目重点发展的核心素养及学业要求

发展的核心素养		学业要求
模型认知与证据推理	能基于解决有机物结构类问题的一般思路对确定阿司匹林的结构进行任务规划; 能基于解决有机物制备类问题的一般思路对制备阿司匹林进行任务规划; 能基于有机物的结构认识阿司匹林改良的基本思路。	能从不饱和度的视角预测阿司匹林的可能结构; 能根据有机物官能团的类别特点筛选阿司匹林的可能结构; 能运用核磁共振氢谱和红外光谱确定阿司匹林的结构; 能基于解决有机物制备类问题的一般思路对阿司匹林的制备进行活动规划;能基于物质分离提纯的一般思路,不断提纯阿司匹林; 能基于阿司匹林的结构,对阿司匹林进行改良

项目 **12**

打造绿色家居，维护身体健康

项目学习目标

1. 能基于解决麻烦类问题的一般思路对消除居室中的甲醛、TVOC 进行任务规划；能从甲醛、TVOC 的中毒机制出发，寻找影响居室中甲醛、TVOC 含量的影响因素，从而确定消除居室污染的主要措施。

2. 能通过实验寻找影响居室污染物含量的可靠证据，并得出消除居室污染的可靠措施。

项目导引

受室内外大气污染物的影响(图 12-1)，人们的健康正面临着威胁。据央视新闻报道：对津、京、沪三大城市的居室抽检，甲醛含量分别超标 81%、79%、82%。对国内 1 000 家大型医

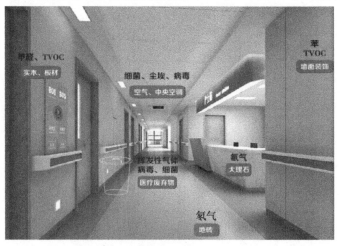

图 12-1 居室内产生的大气污染物

院的临床数据分析,发现68%的孕妇胎儿畸形与居室甲醛超标有关,80%的白血病患儿家中半年内装修过。甲醛超标能够导致儿童的血液性疾病,情节严重者表现为急性淋巴细胞性白血病,诱发儿童哮喘病发作。如何打造绿色家居环境,引起了人们的广泛关注。

本项目通过设计控制室内空气中甲醛含量健康指南、设计控制室内苯及同系物含量的健康指南两大任务,让学生懂得如何通过项目学习打造绿色家居,并掌握解决麻烦类问题的一般思路和方法。

任务1   设计控制室内空气中甲醛含量的健康指南

甲醛是居室装修中的一种隐形杀手,它对人体的危害极大(图12-2)。甲醛一旦进入人体,就会对人的免疫系统、神经系统、呼吸系统、生殖系统等造成损伤,并诱发癌症、引起白血病等,严重者会导致死亡。消除居室甲醛污染、维护人体健康是人们对健康生活的美好追求。

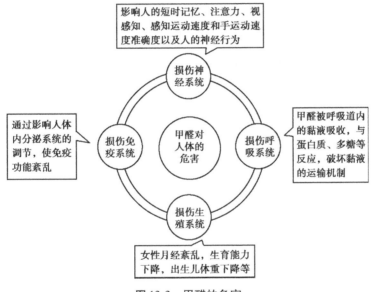

图 12-2   甲醛的危害

* *

【交流研讨】

请根据解决麻烦类问题的一般思路对控制居室内甲醛含量进行初步的任务规划,将规划要点填写在表12-1中。

【方法导引】

表 12-1   解决麻烦类问题解决的一般思路

解决麻烦类问题的一般思路	第一步:定义麻烦	第二步:寻找形成原因或影响因素	第三步:达成目标
任务规划要点			

* *

居室装修是造成居室内气体污染的主要渠道。居室装修所带来的甲醛是所有气体污染物中对人体伤害最大的污染物。其含量超标会诱导细胞核内的基因发生突变,具体表现为DNA与蛋白质交联、抑制DNA损伤的修复、DNA单链内交联及引起白血病、染色体异常等（图12-3）。在家居装修过程中需要解决的首要麻烦就是想方设法消除居室内空气中的甲醛,使其降低到安全范围。在明确了需要解决的麻烦之后,接下来应该寻找麻烦产生的原因（或机理）和消除麻烦的可能途径,最终形成解决麻烦的实施方案,达成目标。

图12-3　超标甲醛引发的疾病

活动1　寻找居室中甲醛来源和认识甲醛中毒的原理

* *

【信息检索】

请借助互联网、图书馆等资源,查询与室内空气污染、甲醛的相关知识,了解室内甲醛的主要来源等,并绘制甲醛来源的思维导图。

【展示交流】

展示甲醛来源的思维导图,进行自我评价,并进行小组内互评。

* *

居室中的甲醛主要来自室外的大气污染和室内的装修材料。室外大气中的甲醛可能来自汽车排放的尾气、工厂排放的不达标工业废气、光化学烟雾等。这部分甲醛含量相对较低,年平均浓度为 $0.006 \sim 0.015 \ mg/m^3$,不会对室内污染产生重要影响。居室内产生的甲醛主要来自4个方面:①胶合板、细木板、中密度纤维板、刨花板、木芯板等人造板材含有以HCHO为主要成分的脲醛树脂胶黏剂,会缓慢释放HCHO;②地板砖、墙面的墙纸等装饰材料,释放的HCHO、苯系物等会对人体健康造成严重危害,导致空气质量下降;③燃料、香烟的不完全燃烧会释放出少量甲醛;④人们在日常生活中所用的化学产品、食品、衣物及家中所存放的图书等。居室内装修材料、生活用品含有甲醛,会随着时间的推移而被释放出来,造成大气污染。

* *

【交流研讨】

甲醛使人体中毒的原因是人体内含有的蛋白质与甲醛发生反应,使蛋白质发生变性。请结合化学知识,对甲醛的中毒原理进行解释,并用化学方程式表示。

【方法导引】

有机物之间发生的化学反应书写的基本思路如下:①找出可能参与反应的官能团或活泼氢,确定其断键部位;②利用电负性分析断键部位的电荷分布;③利用"正接负、负接正"的规律预测断键后的分子片段重组产物(注:单键部位发生取代,重键部位发生加成)。

＊＊＊＊＊＊＊＊＊＊＊＊＊＊＊＊＊＊＊＊＊＊＊＊＊＊＊＊＊＊＊＊＊＊＊＊＊＊＊

蛋白质的结构除含有肽键外,还含有两个端基(即 C 端的羧基、N 端的氨基)。其中,氨基中的活泼氢,能够与甲醛中的羰基发生加成反应。用"$R-C-\text{\textasciitilde}\text{\textasciitilde}-C-NH_2$"表示蛋白质的结构,则蛋白质遇甲醛发生变性的化学反应可以表示为

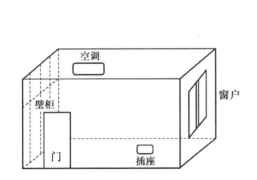

加成反应的产物可以进一步与蛋白质的活泼氨基氢发生取代反应:

由此可知,甲醛使蛋白质发生变性而引起中毒的原理是先发生加成反应,再发生取代反应。

活动2　探究影响居室内空气中甲醛含量的主要因素

＊＊＊＊＊＊＊＊＊＊＊＊＊＊＊＊＊＊＊＊＊＊＊＊＊＊＊＊＊＊＊＊＊＊＊＊＊＊＊

【动手实验】

选择刚装修好的住户,选择含有门、窗、家具、空调等设施的房间(图12-4),利用电化学传感器测定房间内空气中甲醛的含量(图12-5)。

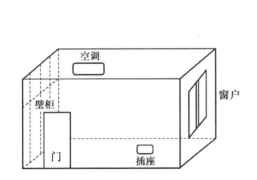

图12-4　居室空气中甲醛含量的测定环境示意图

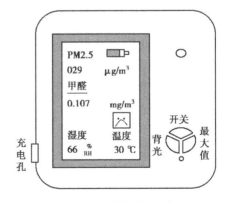

图12-5　甲醛检测仪示意图

测定的内容如下:

1.在空调和空气加湿器未启用、门和窗户全打开状态下(通风条件),测定室内空气中甲醛的含量。

2.在空调和空气加湿器未启用、门和窗户全关闭状态下(封闭环境),测定室内空气中甲醛的含量。

3.打开空气加湿器增加空气湿度,测定房间处于关闭状态和通风状态条件下空气中甲醛的含量。

4.打开空调,选择"制热"或"加热"模式,先在房间关闭状态下使室内温度升高。1 h后测定空气中甲醛的含量。

5.门窗处于关闭状态下,测定在房间内放置绿色植物前后空气中甲醛含量。

将上述实验结果记录在表12-2中。

表12-2　不同条件下同一房间内空气中甲醛含量的测定

编号	条件设置					电化学传感器显示数据		
	空调（制热）	空气加湿器	门	窗户	绿色植物	温度 /℃	湿度 /%	甲醛含量 /(mg·cm⁻³)
1	关闭	关闭	关闭	关闭	未摆放			
2	关闭	关闭	开启	开启	未摆放			
3	关闭	开启	关闭	关闭	未摆放			
4	关闭	开启	开启	开启	未摆放			
5	开启	关闭	关闭	关闭	未摆放			
6	开启	关闭	开启	开启	未摆放			
7	关闭	关闭	关闭	关闭	摆放			

问题与讨论:

根据表12-2的实验结果,你推测哪些因素会影响空气中甲醛的含量? 这些因素对空气中甲醛含量的影响有何规律?

【拓展视野】

电化学甲醛测定仪的使用方法

甲醛检测仪是一种无须校准、开机直接使用的一种电化学检测仪。

初次使用时,需要在清新空气的地方通风,等甲醛低于0.04时拿入需要测定的房间进行甲醛测定即可。测试时需要将仪器竖立放置在固定点测试,切不可平放。甲醛测定结果大于0.08则表示甲醛含量超标。为了确保测定结果的准确性,测定时需要避开酒水、香水、花露水、酸性水果等物质。

* *

影响空气中甲醛含量的因素较多,主要包括室内的温度、湿度、通风条件、具有吸附功能的物质等。

在相同条件下,温度越高,甲醛挥发速度越快,空气中甲醛的含量越高。温度低于25 ℃时,空气中甲醛含量较低;高于25 ℃时,空气中甲醛含量较高,且随温度的升高呈成倍增长的趋势[1]。

---

① 刘学,刘付建.家居环境中甲醛的毒性及其控制[J].环境与发展,2017,29(4):64-65.

空气湿度对居室内空气中甲醛的影响,相对于温度来说要小得多。通常情况下,空气湿度越大,居室内装饰材料和家具等释放的甲醛的量越多,空气中甲醛的含量就越高,这与甲醛极易溶于水有着密切的联系。

居室的通风条件对空气中甲醛含量的高低会产生影响,通风条件能够有效地降低空气中甲醛的含量。研究表明,将居室的门窗全部打开,5 min 后可以将空气中甲醛含量降到原来的1/3,通风 10 min 可以把甲醛降至原来的 1/9。空气流动速度越快,空气置换频率越高,空气中甲醛含量也越低。即使在通风条件下,居室中环境装饰材料释放的甲醛较多,但通过空气带走的甲醛较多,从总体上讲,可以使居室内空气中甲醛含量保持较低水平[①]。

室内摆放具有吸附甲醛的物质可以降低空气中甲醛的含量。

活动3 设计控制室内甲醛含量的预防措施

＊＊＊＊＊＊＊＊＊＊＊＊＊＊＊＊＊＊＊＊＊＊＊＊＊＊＊＊＊＊＊＊＊＊＊＊＊

【交流研讨】

请结合所学知识预测控制居室内空气中甲醛含量的可能措施及其操作中的注意事项,并在小组内进行交流、完善。

【方法导引】

寻找控制有害物质含量的措施,可以从 3 个方面入手进行解决:一是从源头上控制,减少或控制有害物质的产生。二是从控制有害物质释放的外界条件出发,寻找将有害物质含量控制在食品安全范围之内的方法。三是从消除目标产物的视角,消除有害物质。消除时要充分利用认识物质性质的一般思路和方法。

＊＊＊＊＊＊＊＊＊＊＊＊＊＊＊＊＊＊＊＊＊＊＊＊＊＊＊＊＊＊＊＊＊＊＊＊＊

控制居室内甲醛含量的方法比较多。概括起来,包括以下 3 个方面的措施:

①从源头上控制甲醛的释放。在可能存在甲醛挥发的家庭装饰材料表面喷涂一层封闭剂,阻止或延缓甲醛的释放。

②控制好环境通风。通风法是常见的一种去除室内甲醛的方法,该方法通过室内与室外空气的流通,能够有效降低室内空气中甲醛等有害气体的含量,从而减轻对人体健康的危害。但是在冬天,北方天气寒冷,人们常常紧闭门窗,造成室内外空气不能流通,从而引起室内甲醛等有害气体含量的增加,对人们的身体健康带来了极大的危害。通风法在地域方面限制比较大,寒冷地区不适宜选用通风法去除室内甲醛。

③采取空气净化技术。空气净化的措施包括物理吸附吸收法、化学降解法、植物净化技术等。

a. 物理吸附吸收法是指利用改性膨胀石墨、氧化铝、分子筛、多孔粘土矿石、活性炭纤维、硅胶等[②]吸附空气中的有害物质,其原理是依靠其自身发达的比表面积和孔隙结构,通过空气流通被动地吸附甲醛等污染物到活性炭的空隙中。活性炭的吸附能力受自身的孔径结构、吸附物质的相对分子质量大小影响。一般说来,活性炭的孔径越大、比表面越大、吸附物质的相

---

① 张磊. 新装修房屋室内甲醛含量及其影响因素分析[C]//Proceedings of Conference on Environmental Pollution and Public Health(CEPPH$_{2011}$). 武汉,2011:234-237.

② 张晓博. 室内甲醛污染的控制与治理[J]. 品牌与标准化,2012(2):50.

对分子质量越大,该活性炭的吸附能力就越强。无论使用何种吸附剂来吸附甲醛,其吸附量都是有限的。当吸附甲醛达到饱和时,需要及时更换吸附剂,以避免被吸附的甲醛再次释放引起二次污染。如图 12-6 所示为常用的空气净化吸附剂。

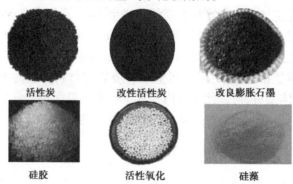

图 12-6　常用的空气净化吸附剂

　　b. 化学降解法包括光催化氧化技术、低温等离子分解和氧化法等。光催化氧化技术是指当紫外光照射在外加半导体催化剂(如 TiO_2)表面,发生气-固多相催化反应,产生具有强氧化性的负氧离子和羟基自由基,使游离的甲醛被氧化成 CO_2 和 H_2O,从而达到消除甲醛的目的[①]。等离子体是由电子、离子、自由基和中性粒子等组成的导电液体,但其整体保持电中性;在产生等离子体的过程中,会释放大量能量,打开某些气体污染物分子化学键,使气体污染物分解成无害物质;利用低温等离子体技术,通过提高施加的电源和功率,可以提高 HCHO的降解率,每消耗电功 1 kW·h 就能处理大约 10.86 mg 甲醛气体。甲醛具有还原性,能够被强氧化剂氧化,如酸性 $KMnO_4$ 溶液、酸性 $K_2Cr_2O_7$ 溶液、二氧化氯等。二氧化氯作为一种广谱高效的绿色灭菌消毒剂,将其喷洒在空气中,能够将空气中的甲醛氧化成 CO_2,而多余的ClO_2 在空气中能见光自动分解,对人体影响很小。

　　c. 植物净化技术是指利用绿色植物来吸收空气中的甲醛,植物将吸收的甲醛通过光合作用转化为自身所需的养分。常用于吸收空气中甲醛的绿色植物主要有吊兰、虎尾兰、芦荟、一叶兰、龟背竹(图 12-7)等,这些植物是天然的清道夫,可以用来清除甲醛等室内空气中的有害物质,其中吸收效果最好的是绿萝,最差的是君子兰。当甲醛质量浓度达到国际标准(0.08mg/m^{-3})的 23～57 倍时,吸收甲醛效果较好的是广东万年青、绿萝、虎尾兰、龟背竹、垂叶榕。

图 12-7　可用于吸附甲醛的植物

---

①　齐虹. 光催化氧化技术降解室内甲醛气体的研究[D]. 哈尔滨:哈尔滨工业大学,2007.

任务 2　设计控制室内空气中 TVOC 含量的健康指南

TVOC 是空气中各种挥发性有机物的总称，包括苯类、烷类、芳烃类、烯类、卤烃类、酯类、醛类、酮类和其他物质，通常指 6～10 个碳原子的挥发性有机物。居室内存在的 TVOC 主要来自建筑、装修材料，主要成分为苯、甲苯、二甲苯、丙苯、异丁烯苯、二苯酮、十一烷等。人在短时间内吸入高浓度的甲苯、二甲苯，会引起中枢神经系统麻痹，轻者头晕、头痛、恶心、呕吐、胸闷、乏力等，重者出现昏迷，导致呼吸、循环衰竭而死。长期接触一定浓度的苯、甲苯、二甲苯会引起慢性中毒，导致再生障碍性贫血，甚至白血病。孕妇吸入会引起流产或致胎儿畸形。甲苯、二甲苯对中枢神经和植物神经系统具有麻醉作用，对皮肤黏膜具有较强的刺激作用，皮肤接触后可能会引起皮炎、湿疹、皲裂等。苯及其同系物通过呼吸道进入人体内引起中毒，是近年来造成儿童白血病患者增多的重要原因，同时是被医学证明的致癌物质之一。苯主要对皮肤、眼睛和上呼吸道有刺激作用，长期接触会使皮肤变干燥、脱屑，甚至出现过敏性湿疹。轻度中毒会造成失眠、头昏、记忆力减退、精神萎靡、思维及判断力降低等症状；严重时会对人体的神经系统、造血系统造成损伤。在居室装修中，除预防甲醛超标引起的中毒外，还应重视 TVOC 超标对人体造成的伤害。

* *

【交流研讨】

请根据解决麻烦类问题的一般思路对控制居室内 TVOC 含量进行初步的任务规划，将规划要点填写在表 12-3 中。

【方法导引】

表 12-3　解决麻烦类问题的一般思路

解决麻烦类问题解决的一般思路	第一步：定义麻烦	第二步：寻找形成原因或影响因素	第三步：达成目标
任务规划要点			

* *

在居室装修过程中，防止居室内空气中 TVOC 含量超标，避免其对人体健康造成伤害，是打造绿色家居时需要解决的一个麻烦。要避免 TVOC 对人体造成伤害，首先应搞清楚室内空气中 TVOC 的来源，然后找到影响 TVOC 含量超标的影响因素，确立控制 TVOC 含量超标的主要措施。接下来，围绕解决 TVOC 含量超标这一麻烦展开研究。

活动 1　寻找居室内 TVOC 的主要来源

* *

【信息检索】

请借助互联网、图书馆等资源，查询"居室内空气污染""居室内空气中 TVOC 的来源及其便捷式检测手段"，并绘制居室空气中 TVOC 的来源与检测思维导图。

【展示交流】

展示 TVOC 的思维导图,进行自我评价,并进行小组内互评。

* *

　　苯是无色有特殊芳香气味的液体,是室内挥发性有机物中的一种,在新装修的居室内常含有较高浓度的苯。苯的同系物主要包括甲苯、二甲苯等,它们主要来自各种装修材料、油漆、涂料的添加剂、稀释剂,防水材料和溶剂型胶黏剂的溶剂等。劣质家具、壁纸、地板等也会释放苯及其同系物等大气污染物。

活动2　探究影响室内 TVOC 含量的主要因素

* *

【实验探究】

1.利用空气质量检测仪测定同一房间(刚装修好)在是否通风、不同温度、不同湿度、是否摆放绿色植物条件下空气中 TVOC 的含量,在表 12-4 中记录下测定结果。

表 12-4　不同条件下测定室内空气中 TVOC 含量的结果处理

编号	测试环境的条件控制				测定的 TVOC 含量 /($\mu g \cdot mL^{-1}$)
	是否通风	温度	湿度	绿色植物	
1	否				
2	是				
3					
4					
5					
6					
7					
8					
9					

2.比较不同绿色植物对空气中 TVOC 的吸收能力。

选择一间刚装修好的房间,在里面摆放 2 盆金边虎尾兰。然后在密封条件下测定 1 天后居室内空气中 TVOC 的含量。将金边虎尾兰替换成白鹤芋(或长寿花、芦荟),重复上述操作,并将测定结果记录在表 12-5 中。

表 12-5　在相同条件下摆放不同植物对室内空气中 TVOC 含量的影响

编号	室内摆放绿色植物的种类	测定的 TVOC 含量/($\mu g \cdot mL^{-1}$)
1	未摆放植物	
2	金边虎尾兰	
3	白鹤芋	
4	长寿花	
5	芦荟	

问题与讨论:

1. 影响居室内空气中 TVOC 含量高低的因素主要有哪些? 有何规律?

2. 不同植物对空气中 TVOC 的吸收能力是否相同? 在表 12-5 中涉及的 5 种植物,其吸收效果最佳的植物是哪种?

【方法导引】

利用空气质量检测仪测量空气中 TVOC 的含量

将空气质量检测仪放置在居室内的一张桌子上,按下空气质量检测仪的开关键,接通电源(图 12-8)。待显示屏上的读数稳定时,即可读出 TVOC 的值。

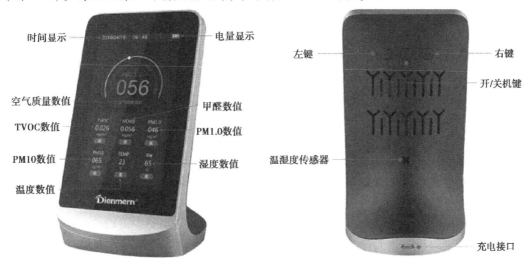

图 12-8　空气质量检测仪

* *

居室内 TVOC 主要来自装修材料所释放的苯及其同系物,它们在居室内空气中含量的高低受通风条件、湿度、温度以及是否摆放吸收苯系物的绿色植物、具有吸附功能的吸附剂等影响。通风条件、温度对室内 TVOC 含量的影响与甲醛相同,但湿度对 TVOC 含量的影响不显著,几乎没有影响。不同的绿色植物对 TVOC 的吸收效果不同,对 TVOC 吸收效果较好的绿色植物主要有玻璃海棠、吊兰、绿萝、竹柏、铁树、金边虎尾兰等。

活动 3　设计控制室内 TVOC 含量的预防措施

* *

【交流研讨】

1. 预防居室内空气中苯系物含量超标的根本措施是什么?

2. 从源头上怎样控制空气中苯系物的释放? 有哪些途径? 最佳途径是什么?

3. 有人提出在室内摆放绿色植物可以消除居室内的气体污染物,为什么摆放绿色植物可以消除大气中的有毒物质? 原理是什么?

【方法导引】

寻找控制有害物质含量的措施,可以从 3 个方面入手进行解决:一是从源头上控制,减少或控制有害物质的产生。二是从控制有害物质释放的外界条件出发,寻找将有害物质含量控制在食品安全范围之内。三是从消除目标产物的视角,消除有害物质。消除时要充分利用认识物质性质的一般思路和方法。

* *

从源头上治理污染,是一切环境治理的根本措施。要防止苯及其同系物对居室的污染,其根本措施是尽可能地减少苯及其同系物的释放,而不是产生了污染再去治理。怎样才能减少苯及其同系物的排放? 关键在于尽可能选择不含有苯及其同系物的装饰材料或家具。在进行居家装修时,要重软装轻硬装,选择的各类材料应当具有正规的绿色、环保标志。

家装过程不可避免地出现苯及其同系物的释放,对于释放后形成的苯系物质污染的,可以采取稀释和吸收的方式加以解决。对室内空气中苯及其同系物的稀释,最佳的方式就是对房间采取通风处理或安装排风扇。对苯及其同系物的吸收,可以采用物理吸附法、化学吸收法和植物吸收法。用于吸附苯及其同系物的物理吸附方法,常用的是活性炭纤维吸附。研究表明,每平方米需要放置 50 ~ 100 g 活性炭,每隔 2 个月左右取出暴晒 2 ~ 3 h,使用 1 年后即失效。化学吸收法在消除苯及其同系物的污染方面使用有限,目前只有利用二氧化氯喷洒到空气中消除苯及其同系物的报道。植物吸收法在消除苯及其同系物污染的应用较为广泛。

* *

【总结概括】

请结合居室中甲醛及其苯系污染物含量控制的探讨,总结室内空气污染物含量控制的一般思路或关键性策略。

* *

对居室内大气污染物的预防,可以从两个方面着手进行控制:首先是从源头上杜绝或减少含有甲醛、苯系同系物的家装材料,使用绿色装饰材料;其次是对装修好的居室进行通风、湿度控制,使用合适的吸附剂(含绿色植物)吸附居室内产生的有毒有害气体污染物。

* *

【拓展视野】

图 12-9　形形色色的绿色植物

* *

<h1 style="text-align:center">项目学习评价</h1>

【成果交流】

写一篇关于"消除居室污染"的小论文,字数控制在 800 字左右。

【活动评价】

1.通过设计交流研讨、信息检索、拓展视野、总结概括等栏目,引导学生积极思考、主动获取信息、提炼核心知识,加深对知识的理解,从而诊断学生的信息获取、核心观念提炼、问题解决等多方面的能力。

2.通过设计方法导引栏目,引导学生利用解决麻烦类问题的一般思路对消除居室内甲醛、TVOC 等项目任务进行活动规划,诊断模型认知能力及模型思维能力。

3.通过设计动手实验、实验探究等栏目,诊断学生的动手能力和问题解决能力。

【自我评价】

通过"打造绿色家居 维护身体健康"的项目学习,重点发展学生"模型认知与证据推理"核心素养。评价要点见表 12-6。

表 12-6　"打造绿色家居　维护身体健康"项目重点发展的核心素养及学业要求

发展的核心素养		学业要求
模型认知与证据推理	能基于解决麻烦类问题的一般思路对消除居室内甲醛、TVOC 进行任务规划	能基于解决麻烦类问题的一般思路,分别对消除甲醛污染、消除 TVOC 污染进行任务规划;
实验探究与创新意识	能通过实验寻找消除居室内甲醛、TVOC 等气体污染物的可靠证据,从而获得消除居室污染的可靠措施	能从甲醛的中毒机理或 TVOC 的来源出发,通过实验寻找影响甲醛或 TVOC 含量的影响因素,获取消除居室污染物的可靠措施